QGIS 软件及其应用教程

董 昱 胡云锋 王 娜 编著

U0281150

电子工业出版社

Publishing House of Electronics Industry

北京·BEIJING

内 容 简 介

本书是一本关于地理信息系统软件 QGIS 的基础教程类书籍，详细介绍了 QGIS 的基本使用方法和应用实例。本书共包括 12 章，第 1 章主要介绍地理信息系统的基本概念及 QGIS 的基本知识；第 2 章～第 6 章主要介绍 QGIS 最常用的操作，包括数据读取、预处理、选择、筛选、查询、统计及矢量编辑等；第 7 章和第 8 章重点介绍 QGIS 的符号化与制图功能；第 9 章和第 10 章重点介绍常用的空间分析方法；第 11 章介绍 QGIS 功能扩展的主要方法；第 12 章介绍如何使用 QGIS Server 发布网络数据源，以及如何利用 QGIS Desktop 使用网络数据源。

本书内容深入浅出，通俗易懂，是地理信息系统相关从业者和开源软件爱好者学习 QGIS 的入门指南和参考资料。

图书在版编目（CIP）数据

QGIS 软件及其应用教程 / 董昱，胡云锋，王娜编著. —北京：电子工业出版社，2021.3

ISBN 978-7-121-40772-7

Ⅰ．①Q… Ⅱ．①董… ②胡… ③王… Ⅲ．①地理信息系统－应用软件－教材 Ⅳ．①P208.2

中国版本图书馆 CIP 数据核字（2021）第 046796 号

责任编辑：张　迪　　　　特约编辑：田学清
印　　刷：北京七彩京通数码快印有限公司
装　　订：北京七彩京通数码快印有限公司
出版发行：电子工业出版社
　　　　　北京市海淀区万寿路 173 信箱　　邮编：100036
开　　本：787×1092　　1/16　　印张：24　　字数：614 千字
版　　次：2021 年 3 月第 1 版
印　　次：2025 年 2 月第 8 次印刷
定　　价：99.00 元

凡所购买电子工业出版社图书有缺损问题，请向购买书店调换。若书店售缺，请与本社发行部联系，联系及邮购电话：(010) 88254888，88258888。

质量投诉请发邮件至 zlts@phei.com.cn，盗版侵权举报请发邮件至 dbqq@phei.com.cn。

本书咨询联系方式：(010) 88254469，zhangdi@phei.com.cn。

序

以地理信息系统（GIS）技术为代表的现代地球信息科学和技术已经渗入人类社会生产、生活的方方面面。作为最流行的开源 GIS 软件之一，QGIS 正被开源社区推向全球市场。

学习、使用和推广 QGIS，对个人、科研团队、中小型企业具有重要意义。学习 QGIS，能够让使用者花费极小的时间成本，获得大量的地理空间信息存储、计算、分析等高级功能；研究 QGIS，能够让科研工作者和学生从代码底层了解 GIS 软件的运作原理，并开展满足专业研究需要的研发；应用 QGIS，能够让中小微企业大大降低 GIS 底层平台的开发和运行成本。

胡云锋博士是我的同事、好朋友。多年来，在国家发展改革委、科学技术部、国家自然科学基金委、中国科学院等部门的支持下，他承担了多个卫星遥感应用产业化项目、农业信息化项目、生态监测评估项目。在这些直接面向基层、面向应用、面向工程、面向产业的重大项目实施过程中，胡云锋博士、董昱和王娜等技术团队核心成员，应用了包括 QGIS 在内的一系列开源 GIS 和 RS 工具，形成了多个先进的技术系统，积累了丰富的开源 GIS 解决方案。基于这些研究和实践，本书深入浅出地介绍了QGIS 的基本使用方法，用一个个实例讲解了 QGIS 基本操作与常见的空间分析方法。对于 GIS 专业领域的学者和技术人员来说，这是一本不可多得的、可以放在案边常翻常阅的操作手册，具有重要的参考价值。

世界发展得很快，QGIS 发展得也很快。为了方便读者更好地阅读本书，作者贴心地留下了他们的联系方式，邀请读者与他们进一步交互。这种交互不仅为了答疑解惑，也针对一些疏漏错误做好记录，以备修订完善，更是一种出版的责任、工作的热情和对技术进步的追求。

借此机会，向这部工具书的出版表示祝贺！

中国科学院地理科学与资源研究所 研究员

世界数据系统可再生资源与环境数据中心 主任

国际科学理事会世界数据系统科学委员会 委员

2021 年 3 月

前　言

　　"地理者，空间之问题也，历史及百科，莫不根此。"文明的起源、语言文字的发展等"百科"也与地理环境息息相关。古语道：一方水土养育一方人。人类的传统生活习惯、生活方式受到地理条件的影响和制约。在城市扩张、经济全球化、气候变化的背景下，越来越多的自然和人文事物挂上了地理位置的标签，催生了城市地理学、经济地理学、全球变化科学等多种学科。这些具有"地理位置标签"的各类事物在计算机中被抽象为一系列的点、线、面等图形，并衍生出对这些数据进行处理的新技术，即地理信息系统（Geographic Information System，GIS）。

　　GIS 萌芽于 20 世纪 60 年代，经过近 60 年的发展，它已经成为处理地理空间数据的主要技术手段。通过对地理空间数据的采集、存储、分析与管理，GIS 可以为复杂的空间规划、自然与社会管理等实际问题提供关键支持。GIS 已经广泛应用在公共管理、资源开发、交通、水利、电力勘探、石油、矿产、环境保护、城乡规划、林业、农业、军事、公安等行业，为政策制定与科学研究带来了巨大方便。随着全社会对 GIS 技术的认识逐步深入，以及 GIS 的广泛应用，以 GIS 技术为代表的地球信息技术和产业已经成为各国经济发展与社会进步的重要支撑，为全社会带来了巨大的经济与社会效益。在市场与政策的引导下，支撑整个 GIS 产业持续、稳定发展的基础性、商业性平台软件，如 ArcGIS、SuperMap、MapGIS 等，也得到快速发展。

　　除了上述商业性、封闭的 GIS 平台软件，国际 GIS 技术和产业发展中还有一个重要的、开放的力量，那就是 OpenGIS。在过去的几十年，以开源地理空间基金会（Open Source Geospatial Foundation, OSGeo）为首的非营利组织迅速发展，其不断产出和发展简单易用、可扩展性强的 GIS 软件与工具，如 GDAL、OGR、GeoServer 等。QGIS 就是一款 OSGeo 发布的平台型 GIS 软件，具有制图效果好、操作简单、自由、免费等特点。近年来，QGIS 受到越来越多的 GIS 爱好者、第三方商业机构的喜爱，并不断发展壮大。

在 GIS 研发社区与 OSGeo 基金的支持下，QGIS 的更新迭代非常快，大约每月都推出一个新的版本。如此快的更新速度使 QGIS 的功能不断提升、优化，甚至连官方的使用文档都赶不上 QGIS 的更新速度。2018 年 2 月，QGIS 发布了 3.0 版本，QGIS 的界面和业务逻辑进一步得到改善和加强，在数据的读取能力与地图制图方面进一步扩大了其优势。但是，相对于成熟的 ArcGIS、SuperMap 等知名 GIS 软件平台，QGIS 的中文资料很少，因此迫切需要一个系统的、深入浅出的教程来帮助初学者了解 QGIS 的核心功能和基本使用方法。

本书的主要目标即为 QGIS 的新用户提供一个教程和帮助手册，介绍 QGIS 的主要功能及操作。在本书编写过程中，作者主要参考了 QGIS 官方说明、学术论文、GIS 研发论坛和博客等大量英文资料。本书内容特别适合国内各高等院校地理信息系统、遥感等专业学生、地理信息相关产业从业人员，以及地理信息系统爱好者（特别是开源 GIS 的爱好者）阅读。

GIS 的学习需要实践，QGIS 的学习也离不开不断地练习与操作。因此，本书通过实例介绍 QGIS 的基本功能与操作，并配有相应的实例数据文件，以帮助读者巩固知识与动手实践。本书共包括 12 章，第 1 章主要介绍地理信息系统的基本概念及 QGIS 的基本知识；第 2 章～第 6 章主要介绍 QGIS 最常用的操作，包括数据的读取、预处理、选择、筛选、查询、统计及矢量编辑等；第 7 章和第 8 章重点介绍 QGIS 的符号化与制图功能；第 9 章和第 10 章重点介绍常用的空间分析方法；第 11 章介绍 QGIS 功能扩展的主要方法；第 12 章介绍如何使用 QGIS Server 发布网络数据源，以及如何利用 QGIS Desktop 使用网络数据源。作者在长期使用 QGIS 的过程中积累了很多"一点就通"的重要经验和诀窍，这些经验和诀窍均以"小提示"的形式呈现给读者。

本书由董昱、胡云锋提出创意和写作提纲，董昱完成文字初稿，胡云锋完成初步审核，王娜完成全部案例收集和图件编绘任务，三位作者共同完成文稿的内容终审和文字校对工作。本书的出版是胡云锋课题组长期科研积累的成果，更是董昱、王娜具体研究工作的结晶。作者衷心感谢国家发展改革委、科学技术部、国家自然科学基金委、中国科学院等相关部门长期的项目支持。在具体的科研活动中，作者还得到闫慧敏老师及罗亮、杜文鹏、刘晔、温昕、李赟凯等同学的鼓励和支持，在此一并表示最诚挚的感谢！

虽然本书在撰写、出版过程中经过了多次研讨、检查和校对，但是由于作者认识深度、技术能力及文字功底等方面的水平有限，书中难免有疏忽和错漏之处，希望广大读者不吝批评指正。读者对本书内容有任何疑问、建议和批评，都可以与作者（dongyu1009@163.com）直接联系，我们会及时查看邮件并尽快解决您的问题。

关于本书中的测试数据，读者可以登录华信教育资源网（http://www.hxedu.com.cn）免费注册后再进行下载。

作　者

2021 年 3 月

目　　录

第1章

QGIS 与地理信息系统

地理信息系统（Geographic Information System，GIS）是地理学与信息技术的交叉学科，在公共管理、资源开发、环境保护、城乡规划、物流运输、灾害应急、军事安全等领域被广泛应用。信息技术的核心是信息，数据是信息的载体，因此地理信息系统的研究对象就是各种各样的地理空间数据。随着信息技术、遥感等领域的高速发展，各种各样的地理空间数据的获取成本越来越低，而筛选和挖掘有用的地理空间数据成为当前地理信息系统研究的重要课题。然而，管理和分析地理空间数据需要强大的地理信息系统软件的支撑。在开源地理空间基金会（Open Source Geospatial Foundation，OSGeo）的支持与帮助下，诸如 QGIS、GRASS GIS、iDesktop Cross 等开源 GIS 软件不断发展壮大。

QGIS 是一款开源的桌面 GIS 软件，其易用性、稳定性和可扩展性受到越来越多的技术人员和学者的好评与支持，并且基于社区的开发模式使 QGIS 的研发和迭代非常迅速。目前，QGIS 已经具有完整且稳定的桌面 GIS 功能，并且逐渐地在移动 GIS、WebGIS 等方向进行扩展，可以与 MapServer、PostGIS 等众多开源 GIS 软件和模块相互支持，形成工具链（Toolchain），并构成功能全面的 GIS 软件体系，在开源 GIS 中具有独特且完整的应用前景。

本章首先介绍地理信息系统及其重要的行业标准，以及这些行业标准下的地理空间数据组织方式，并简要介绍 GIS 中的一些重要概念，为后面章节的学习提供理论基础。随后，本章介绍 QGIS 发展历史、产品体系和主要功能等，以及 QGIS 作为开源桌面 GIS 在整个 GIS 软件发展中的地位，并将其与常见的 ArcGIS 桌面软件进行简单对比，分析 QGIS 的优缺点。

1.1 地理信息系统及其行业标准

地理信息系统起源于 20 世纪中叶，至今已经有 50 多年的发展历史，形成了 GDAL、SAGA、ArcGIS、MapInfo 等多种开源或商业 GIS 软件和工具。为了方便不同 GIS 软件和工具之间地理空间数据的传递与交流，国际上形成了开放地理空间信息联盟（OGC）、开源地理空间基金会（OSGeo）等行业组织，制定了简单要素模型、Web 服务模型等大量行业标准。目前，包括 QGIS 在内的绝大多数 GIS 软件都或多或少地支持 OGC 标准。

本节介绍这些常见的行业标准及相关概念，掌握这些概念对今后的 QGIS 学习大有裨益。

1.1.1 地理信息与地理信息系统

地理信息（GeoInformation）是指与地理环境相关的所有信息的集合，通常指由类别、数值、文字、图片、视频等表述的空间事物与现象，也可以是这些空间事物与现象之间的相互关系。数据是信息的载体，信息是数据的内涵。地理信息是一个抽象概念，地理空间数据（Geospatial Data）则是地理信息的载体，所有的地理信息必须通过地理空间数据来表达。

地理信息系统（GIS）就是用于采集、存储、管理和分析地理空间数据的工具。自从 Roger Tomlinson 在 1963 年首次提出并应用了加拿大地理信息系统（CGIS）以来，GIS 经历了 50 余年的标准化与应用，如今已经成为地理学科中浓墨重彩的一笔，在一定程度上推动了整个地理学的发展。地理信息系统已经超越文字和地图，成为地理学的第三语言。目前，在地理学及其相关科学的研究中，许多分析和数据表达都不可避免地依赖于 GIS 软件。

GIS 的根基在于地理学，地理学的核心是人地关系，其主要研究对象就是人类关注的地表的各种地理事物（简称"地物"）与地理现象，即地理要素。因而，GIS 研究的地理空间数据就是指抽象化的地理要素，地理位置通常可以抽象为在某坐标系下的点、线、面、体等几何图形，其他信息通常可以抽象为数据表中的一条记录。因此，地理空间数据包括上述空间信息和属性信息，这是地理信息系统与其他信息系统的本质区别。

GIS 的发展并不孤单，还得益于数学、空间科学、遥感学、计算机科学等学科的进步。这些学科不仅向 GIS 提供了新的数据源（如高分辨率遥感数据、无人机遥感数据等），还提供了新的存储与分析方法（如云 GIS、网格 GIS 等），更提供了新的数据展现形式（如三维 GIS 等）。地理信息系统（GIS）与遥感（Remote Sensing，RS）、全球导航卫星技术（Global Navigation Satellite System，GNSS）的关系非常密切，相辅相成，常常共同发展与应用，并构成了强大的技术体系，因此通常并称为"3S"技术。

当前，GIS 的几个前沿发展方向如下。

1. 云 GIS

云 GIS 是指基于云计算的理论、方法和技术，实现地理空间数据或算法的云端集成，提供更加高效的计算能力和数据处理能力，解决地理信息科学领域中计算密集型和数据密集型的各种问题，能够将大规模的矢量数据和栅格数据处理的时间从天压缩到小时甚至分钟的级别，如美国的 Google Earth Engine 平台、日本的 Tellus 平台、中国的 Supermap Online 等。由于分布式处理方式可以充分调动服务器资源，降低 GIS 数据的存储成本和运算成本，因此云 GIS 可以借助云计算平台的优势，以低成本、高度灵活的特征提供 GIS 存储、分析、渲染服务。

2. 3D-GIS/VR-GIS

3D-GIS 采用虚拟的三维空间渲染地理空间数据，VR-GIS 则是指虚拟现实技术与地理信息系统技术相结合的技术，两者都采用多维数据可视化的方法表达数据。数据可视化在图形学、计算机技术乃至互联网技术中应用广泛，并且经历了二维—三维—VR 的发展历程。VR 提供了一个虚拟空间，可以容纳比三维地图多一个层次的维度。事实上，许多地物和现象都是三维甚至更高维度的，如立体交通、埋在地下且相互交错的管网、大气运动等，很难在二维的角度充分、直观地描述其位置关系。通过 3D-GIS 和 VR-GIS 可以"亲身"感受和经历空间数据要传达的信息，在城市规划、电网管理、环境监测等领域具有较好的应用前景。

3. 自发地理信息

自发地理信息（Volunteered Geographic Information，VGI）最早在 2007 年由 M.F.Goodchild 提出，是指用户通过互联网终端自发地创建、编辑带有地理位置的信息。自发地理信息的提出打破了地理信息采集的专业界限，汇集公众智慧，实现了地理信息创建、传递、共享和分析前所未有的转变。带有定位功能的移动终端的普及，以及社交平台的发展使用户对信息发生的位置更加敏感。例如，许多手机导航软件允许用户进行事故上报，从而提供更加精准的导航信息；许多自媒体允许用户在发布信息的同时带有位置标签等。自发地理信息具有动态性、随机性、集中性和低成本性，其发展对地理空间数据的管理提出了更高的要求。

4. Hybrid 制图

Hybrid 制图就是在一个地图中选用多种不同数据来源的图层进行整合渲染。随着地理空间数据的获取越来越容易，地学分析和地图综合不能够局限于单一来源的数据，越来越多的地学研究和 GIS 应用将多种不同的数据源进行整合、分析和展现。由于不同来源的数据在尺度、表现角度上存在差异，因此采用多源数据有利于在不同尺度和维度上对要表达的信息进行展示和分析。为了将多源数据有效整合，地理空间数据标准化组织 OGC 提供了一系列标准（统称"OGC 标准"），对数据发布的形式进行了规定，例如，WMS、WFS 等规范规定了发布的地理空间数据的组织方法和访问方式，方便在互联网上的 Hybrid 制图。另外，Google 地图、百度地图等互联网地图底图服务采用的大多为

Web 墨卡托投影，并且数据切片的大小和格式都非常类似，采用 Leaflets、OpenLayers 等地图控件可以对这些数据进行有效、快速的集成。

1.1.2 OGC 标准

OGC 的全称为开放地理空间信息联盟（Open Geospatial Consortium），成立于 1994 年，前身是 OGF（Open GRASS Foundation），是一个针对地理信息系统规范化的非营利国际标准化组织，与万维网联盟（W3C）、结构化信息标准促进组织（OASIS）等国际标准化组织结成了伙伴关系。OGC 的诞生是为了制定一系列数据访问的规范和准则，以在不同开源 GIS 软件之间进行数据共享和交互性数据处理，但是鉴于其影响力越来越大，一些提供商业 GIS 产品的公司（如 ESRI、Google 等）也逐步加入了 OGC。虽然 OGC 是一个非营利、非政府的组织，其标准也不带有强制性，但是目前绝大多数的 GIS 软件和平台均在不同程度上参考和符合这些标准。

【小提示】在 2004 年以前，OGC 使用"开放地理信息系统协会（Open GIS Consortium）"作为机构名称，因此 OGC 标准也曾被称为"OpenGIS 标准"。现在，OGC 发布的新标准已经不冠以"OpenGIS"简称，但是目前仍有不少学者和开发者使用"OpenGIS"作为开源 GIS 的代名词。

OGC 标准众多，已经正式发布的标准达 30 多种，常见的标准包括：

- 简单要素标准（SFS）：包括矢量简单要素的通用模型，以及针对简单要素的 SQL 操作定义等。
- 常见数据格式标准：包括 GeoPackage、GeoTiff、HDF5、LAS、NetCDF 等。
- 标记语言标准：包括 GML、KML、CityGML、WaterML、ARML 2.0 等。
- Web 服务标准：包括 WMS、WFS、WMTS 等。

除了上述常见标准，OGC 标准还包括概念性地理空间用户反馈（Geospatial User Feedback，GUF）数据模型、开放位置服务接口标准（OpenLS）、地理信息扩展的 RSS 源（GeoRSS）标准、3D 切片标准、RDF 数据的地理查询语言 GeoSPARQL、地理要素运动（Moving Features）等。OGC 标准也在不断发展和壮大，了解 OGC 标准对学习 QGIS 数据管理、数据分析非常有帮助。由于篇幅有限，本节只介绍几种重要的 OGC 标准。

1. 简单要素标准

简单要素标准（OpenGIS Simple Features Interface Standard，SFS）包括简单要素的通用模型和 SQL 操作定义。

1）几何对象类

SFS 抽象一系列的几何对象类来表达地理要素，包括点（Point）、线串（LineString）、多边形（Polygon）等，也可以将相同类型的多个几何对象构成几何对象集合（GeometryCollection），形成多点（MultiPoint）、多线串（MultiLineString）、多多边形（MultiPolygon）等。这些几何对象（集合）的基类定义为几何对象（Geometry），如

图 1-1 所示。

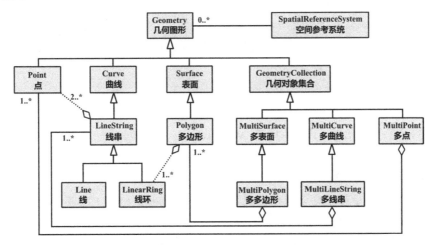

图 1-1　简单要素标准中的各种几何对象类图

2）几何对象的存储与 SQL 操作定义

在 SFS 中，几何对象可以采用 WKT（Well-known Text）和 WKB（Well-known Binary）进行描述，前者采用文本的方式存储信息，后者采用二进制的方式存储信息。通过 WKT 和 WKB 的方式，可以将地理要素的空间特征抽象为文本或二进制码，从而方便地将其存储在数据库中。因此，SFS 还定义了针对存储在数据库中的简单要素的 SQL 操作，这些 SQL 操作定义包括几何对象转换、几何对象属性获取、几何关系判断、几何运算等。

- 几何对象转换：例如，通过 ST_WKTToSQL、ST_WKBToSQL 可以构造 WKT、WKB 描述的几何对象的 SQL 语句；通过 ST_AsText、ST_AsBinary 可以将几何对象转换为 WKT、WKB 描述等。
- 几何对象属性获取：例如，利用 ST_Dimension 获取维度；利用 ST_IsEmpty 判断几何对象是否为空等。
- 几何关系判断：例如，通过 ST_Equals 判断几何对象是否相同；通过 ST_Touches 判断几何对象是否相接等。
- 几何运算：例如，通过 ST_Union 可以合并几何对象；利用 ST_Buffer 可以计算几何对象的缓冲区；利用 ST_Distance 可以计算两个几何对象的距离等。

除此之外，SFS 还包括针对某一特定几何对象的 SQL 操作定义，例如，利用 ST_X、ST_Y 获取点的坐标；利用 ST_NumPoints 获取线串的节点数等。目前，诸如 PostGIS、Oracle Spatial、MySQL Spatial 等 GIS 数据库扩展均在不同程度上支持并实现了 SFS 模型。例如，在 PostGIS 中，可以使用 ST_IsEmpty 判断几何对象是否为空：

```
SELECT ST_IsEmpty(ST_WKTToSQL('POLYGON EMPTY')); -- 第一条 SQL 语句
st_isempty
-----------
t
```

5

```
(1 row)

SELECT ST_IsEmpty(ST_WKTToSQL('POLYGON((1 2, 3 4, 5 6, 1 2))')); -- 第二条
SQL 语句
 st_isempty
------------
 f
(1 row)
```

其中，第一条 SQL 语句用 ST_WKTToSQL 语句创建一个空的面对象，因此 ST_IsEmpty 返回真（t）；第二条 SQL 语句创建一个具有 3 个节点的面对象，因此 ST_IsEmpty 返回假（f）。

【小提示】基于简单要素模型的数据源（如 shapefile 格式）中不存储拓扑关系，而基于拓扑模型的数据源（如 Coverage、GRASS 等）在其数据中包含拓扑关系。例如，多边形的相同边界只在拓扑模型的数据源中存储一次，而简单要素模型需要在两个要素中分别存储两次。因此，拓扑模型的数据源可以相对节约存储空间，但数据的读取、分析更复杂。在 GIS 发展初期，由于计算机存储性能等方面的限制，GIS 工作者更倾向于使用拓扑模型。如今，在存储成本降低和性能提高的基础上，简单要素模型逐渐代替拓扑模型成为主流。

2. GML

GML（Geography Markup Language，地理标记语言）是一种被广泛采用的空间数据的交换类型，主要应用在 WFS 服务进行数据交换。GML 基于 XML（The Extensible Markup Language），而 XML 则非常广泛地应用在不同系统、平台、软件之间进行信息交换。在使用 GML 之前，需要先定义命名空间：

```
<schema xmlns:gml="http://www.opengis.net/gml">
```

然后，就可以使用 GML 定义一个坐标为(112.92, 48.57)的点：

```
<gml:Point srsName="EPSG:4326" srsDimension="2">
    <gml:pos>112.92 48.57</gml:pos>
</gml:Point>
```

上述代码中的"<gml:Point>"元素声明了一个点对象，"srsName"属性定义这个点的坐标系统为"EPSG:4326"；"srsDimension"属性定义其"2"维的空间维度。"<gml:Point>"元素内部的"<gml:pos>"元素保存了点对象的坐标位置，X 坐标和 Y 坐标之间用空格隔开。

类似的，利用 GML 可以定义一个包括(10,20)和(30,40)两个节点的线串对象：

```
<gml:LineString srsName="EPSG:4326" srsDimension="2">
    <gml:posList>10 20 30 40</gml:posList>
</gml:LineString>
```

"<gml:LineString>"元素声明了一个线串，"<gml:posList>"元素用于声明线串的节点坐标，各个节点的坐标按顺序依次排列，并且用空格隔开。

3. KML

KML（Keyhole Markup Language，Keyhole 标记语言）是 Google 旗下的 Keyhole 公司用于描述地理空间数据的 XML 扩展，由 Google 公司向 OGC 提交并形成标准。KML 和 GML 的功能相似，都是利用 XML 交换格式存储空间数据，但是 KML 只能存储几何对象，GML 还可以存储地理要素的符号和属性。目前，KML 主要应用在 Google 地图、Google 地球等相关软件中，并采用"kml"或"kmz"等扩展名保存数据。其中，"kml"格式的文件存储单独的 KML 文本；"kmz"格式的文件以 ZIP 压缩文件的方式出现，不仅存储 KML 文本，还存储各种附属的图形文件等。

例如，通过 KML 定义一个坐标为(10,20)、高程为 0 的点地标的方法如下：

```
<?xml version="1.0" encoding="UTF-8"?>
<kml xmlns="http://www.opengis.net/kml/2.2">
    <Placemark>
        <name>简单地标名称</name>
        <description>地标描述</description>
        <Point>
            <coordinates>10,20,0</coordinates>
        </Point>
    </Placemark>
</kml>
```

"<Placemark>"元素用于定义一个地标，"<name>"、"<description>"和"<Point>"分别定义地标的名称、描述和一个点几何对象。点几何对象中的"<coordinates>"元素用于保存坐标位置，并使用逗号隔开，第一个数字"10"表示 X 坐标，第二个数字"20"表示 Y 坐标，第三个数字"0"（可选）表示 Z 坐标。

4. Web 服务标准

OGC 提出了一系列 Web 服务标准（OWS），包括 Web 地图服务（Web Map Service，WMS）、Web 地图切片服务（Web Map Tile Service，WMTS）、Web 要素服务（Web Feature Service，WFS）和 Web 覆盖服务（Web Coverage Service，WCS）等。许多开源 GIS 服务器（如 GeoServer、MapServer 等）提供了上述 Web 服务标准的具体实现，并且 QGIS 也提供了访问这些 OWS 服务的功能。

1）Web 地图服务（WMS）

WMS 通过 HTTP 为用户提供地图渲染数据，并且支持返回 JPEG、PNG 等多种数据格式。OGC 为 WMS 定义了 GetCapabilities、GetMap 和 GetFeatureInfo 等常见重要方法。通过 GetCapabilities 方法可获得 WMS 服务的基本信息，如服务内容、版本信息等。GetMap 方法是 WMS 的核心，通过它可获得具体地理范围的地图数据。通过 GetFeatureInfo 方法，可根据地理位置坐标获取该位置详细的要素信息。

2）Web 地图切片服务（WMTS）

WMTS 通过 HTTP 提供预渲染或实时计算的地图切片数据的服务。相对于 WMS，WMTS 具有更强的灵活性，并利用缓存技术缓解 Web 服务器端数据处理的压力，提高交互响应速度，大大改善在线地图应用客户端的用户体验，而且应用范围更广泛。

> 【小提示】与 WMTS 类似的协议还包括 WMS-C（WMS-Cached）、TMS（Tile Map Service）、Bing Quadkey 等。WMS-C 是 WMS 的扩展，是一种较原始的切片服务标准。TMS 是 OSGeo 组织提出的标准，只允许正方形切片，并且用于计算切片序号的 Y 轴与 WMTS 相反。目前，提供地图切片服务仍然以 WMTS 标准为主流。

3）Web 要素服务（WFS）

WFS 直接向网络提供矢量要素的数据服务。相对于 WMS 和 WMTS，WFS 的特点是直接提供完整的数据信息，没有经过渲染与符号化，因此它更加灵活，常用于点要素的信息传递及多用户编辑等专业领域。由于 WFS 返回的数据是原始的，完整的要素数据传输到客户端以后才能进行渲染或处理，因此它在一定程度上会加重网络负担和客户端负担。WFS 的核心方法是 GetFeature 方法，用于根据地理范围等参数请求返回矢量要素数据。

4）Web 覆盖服务（WCS）

WCS 可以直接向网络提供遥感影像、数字高程等栅格数据接口。WCS 提供 GetCapabilities、DescribeCoverage、GetCoverage 等主要方法，GetCapabilities 方法用于获取 WCS 的基本信息；DescribeCoverage 方法用于获取栅格数据的元数据信息；GetCoverage 方法是 WCS 的核心方法，用于根据用户请求的范围等参数获取栅格数据。

1.1.3 OSGeo 及其开源项目

OSGeo 成立于 2006 年，主要为自由和开源的地理空间社区提供经济、组织和法律上的帮助。如今，OSGeo 孵化并支持了大量的开源 GIS 软件和工具。

OSGeo 支持的主要开源项目如下。

1. 地理空间数据处理相关类库

地理空间数据处理相关类库是其他 GIS 软件和工具的基础类库，主要包括 GDAL、OGR、GEOS、PROJ 等。

1）GDAL

空间数据抽象库（Geospatial Data Abstraction Library，GDAL）由 Frank Warmerdam 于 1998 年开始研发，主要用于读取栅格数据的抽象数据模型类库，并采用 X/MIT 协议发布。GDAL 支持绝大多数的 GIS 栅格数据，并被大多数桌面 GIS 软件应用，如 QGIS、ArcGIS 等开源或商业软件都使用 GDAL 作为读取、写入栅格数据的基础类库。

2）OGR

与 GDAL 类似，OGR 是用于读写矢量数据的抽象数据模型类库，是 GDAL 开源项目的一个分支，也采用 X/MIT 协议发布。

3）GEOS

GEOS（Geometry Engine，Open Source）是几何对象基本操作类库，实现几何对象的关系判断、合并、简化、距离计算、缓冲区计算等功能，采用 LGPL 协议发布。类似于 Java 拓扑套件（Java Topology Suite，JTS），GEOS 是 C++语言实现几何对象拓扑的套件。

4）PROJ

PROJ 是一款通用的坐标系定义和转换工具，可以将一个坐标系下的坐标转换为另一个坐标系下的坐标，采用 X/MIT 协议发布。

5）GeoTools

GeoTools 是 Java 语言环境下读取、处理栅格数据和矢量数据的工具集，采用 LGPL 协议发布，数据结构基于 OGC 标准。

2. 桌面 GIS 软件

桌面 GIS 软件是指运行在桌面计算机的 GIS 软件，OSGeo 支持的开源桌面 GIS 软件主要包括 QGIS、GRASS GIS、gvSIG 等，详见"1.4.1 开源地理信息系统平台"。

3. 服务器 GIS 软件

OSGeo 支持的服务器 GIS 软件包括 MapServer、GeoServer、deegree、Mapfish 等。

1）MapServer

MapServer 是 C 语言和 C++语言环境下的服务器 GIS 软件，最初由美国明尼苏达大学开发，采用 MIT 协议发布。目前，MapServer 可以运行在绝大多数的操作系统中（如 Windows、Mac OS、Linux 系统等）。自 6.0 版本以来，MapServer 成为包含 MapServer Core、MapCache 和 TinyOWS 三个组成部分的软件体系。

2）GeoServer

GeoServer 起源于 2001 年，是 Java 语言环境下的服务器 GIS 软件，采用 GPL 协议发布。

3）deegree

deegree 是一款 Java 语言环境下的地理空间数据管理组件，于 2002 年由德国波恩大学地理系开发，可以实现数据的可视化、发布和安全保护，采用 LGPL 协议发布。

4）Mapfish

Mapfish 是一个灵活地应用于 Web 制图的完整框架平台，采用 Python 语言开发，并基于 Pylons 框架设计，采用 BSD 协议发布。

4. Web 客户端

1）OpenLayers

OpenLayers 是基于 JavaScript 的 GIS 客户端，采用 FreeBSD 协议发布。

2）GeoMoose

GeoMoose 是一个模块化、可扩展的轻量级 GIS 客户端框架，使用 JavaScript 编写，采用 MIT 协议发布。

5．数据库扩展

PostGIS 是 OSGeo 支持的 PostgreSQL 数据库的 GIS 扩展，可以配合 PostgreSQL 数据库实现完整且稳定的 GIS 数据库，被大量的开发者广泛使用，采用 BSD 协议发布。

6．其他 GIS 软件和工具

OSGeo 支持的常用 GIS 软件和工具还有 GeoNetwork、pycsw、GeoNode、OSGeoLive 等。

1）GeoNetwork

GeoNetwork 是一个标准化的分布式空间信息管理平台，用于对 GIS 数据的元数据进行读取和管理，以便于 GIS 数据在互联网上的传递与共享。通过 GeoNetwork，用户可以快速查找并获取某个地理位置、某个领域的地理空间数据。

2）pycsw

pycsw 是 Python 语言环境下通过网络发布元数据的工具集，可以部署在 Apache 服务器上，对数据库内存储的 XML 格式的元数据进行读取、添加、删除操作。

3）GeoNode

GeoNode 是一个开源的、共享地理空间数据和地图的平台，提供数据集和地图编辑应用，允许用户浏览地图或贡献自己的地图。

4）OSGeoLive

OSGeoLive 是一个基于 Lubuntu 的独立操作系统（经常运行在虚拟机上），其中整合了大量实用的开源 GIS 软件和工具。

【小提示】OSGeo 中国中心是由国家遥感中心发起、Autodesk 中国有限公司协助、经 OSGeo 正式授权的非营利组织。OSGeo 中国中心与 OSGeo 理事会紧密合作，提供大量开源 GIS 软件的中文支持文档等资源。

1.2 地理空间数据的相关概念

1.2.1 地理坐标与投影坐标

地理空间数据的核心就是拥有地理位置信息，而地理位置信息最基本的一个载体就是建立在某一特定坐标系统下的空间坐标。在 GIS 软件中，空间坐标依据坐标系的不同分为地理坐标和投影坐标。地理坐标是将地球比作一个类椭球体，描述一个点在球面上的位置。但是在地图制图过程中，往往需要在一个平面（无论是纸质地图还是电子地图）上展示地物，这时需要解决地球球面与地图平面之间的矛盾，因此需要对地球进行投影，经过投影后的坐标称为投影坐标，因此投影坐标是建立在地理坐标之上的。

1．地球椭球体与地理坐标

为了构建地理坐标，首先要理解以下三个基本概念。

（1）地球自然表面。地球自然表面是指由地球上的陆地和海洋表面所构成的自然表面，其形状高低不平，难以构建坐标系。

（2）大地水准面。在假定海水静止的状态下，由海水水面向陆地进行延伸所构成的连续水平面，称为大地水准面。但是，地球质量分布的不均匀性使大地水准面存在轻微的高低不平现象，因此其仍然不适合构建坐标系。

（3）地球椭球面。根据实际需要，构建一个完美的椭球体拟合大地水准面所构成的球面，称为地球椭球面。

地球椭球面是理想的、完美的，地理坐标系也是建立在地球椭球面之上的。但是，地球椭球面不可能完美地拟合大地水准面，因此各个国家或地区建立了能够基本符合自己国家或地区的地球椭球面，或者根据精度需要及特定应用场景构建了不同的地球椭球面。根据构建的地球椭球面的参数不同，地理坐标系也层出不穷。我国的地理坐标系经历了从北京 1954 坐标系（BJZ54）到西安 1980 坐标系（XI'AN-80），再到 2000 国家大地坐标系（CGCS2000）的发展过程。

地理坐标系可以通过 WKT 语句描述。例如，利用 WKT 语句描述 WGS 1984 坐标系：

```
GEOGCS [
    "GCS_WGS_1984",
    DATUM["D_WGS_1984",SPHEROID["WGS_1984",6378137.0,298.257223563]],
    PRIMEM["Greenwich",0.0],
    UNIT["Degree",0.0174532925199433],
    AUTHORITY["EPSG",4326]
]
```

"GEOGCS"声明一个地理坐标系，第 1 项为地理坐标系的名称；第 2 项"DATUM"描述一个坐标基准，并通过"SPHEROID"描述其名称及地球椭球体的基本参数；第 3 项"PRIMEM"标识一个起始经线，此处以格林尼治 0°线为起始经线；第 4 项"UNIT"定义了地理坐标系的单位；第 5 项"AUTHORITY"标识地理坐标系编码，这个地理坐标系可以用"EPSG:4326"编码表示。

2. 地图投影与投影坐标

为了解决地球椭球面和地图平面之间的矛盾，需要将地球椭球面进行投影，经过投影以后的坐标系称为投影坐标系。投影后的平面坐标系一定会出现变形，我们只能在等距、等积和等角之间进行取舍。因此，在不同应用场景下，大量的投影坐标系应运而生。

WKT 语句也可以用于描述投影坐标系，例如，利用 WKT 语句描述 WGS 1984 Web 墨卡托投影坐标系（辅助球面）：

```
PROJCS [
    "WGS_1984_Web_Mercator_Auxiliary_Sphere",
    GEOGCS
     [
        "GCS_WGS_1984",
        DATUM["D_WGS_1984",SPHEROID["WGS_1984",6378137.0,298.257223563]],
        PRIMEM["Greenwich",0.0],
        UNIT["Degree",0.0174532925199433]
```

```
    ],
    PROJECTION["Mercator_Auxiliary_Sphere"],
    PARAMETER["False_Easting",0.0],
    PARAMETER["False_Northing",0.0],
    PARAMETER["Central_Meridian",0.0],
    PARAMETER["Standard_Parallel_1",0.0],
    PARAMETER["Auxiliary_Sphere_Type",0.0],
    UNIT["Meter",1.0],
    AUTHORITY["EPSG",3857]
]
```

"PROJCS"声明一个投影坐标系，第 1 项为投影坐标系的名称；第 2 项"GEOGCS"指明该投影坐标系使用的地理坐标系；第 3 项"PROJECTION"描述投影方法；第 4～8 项"PARAMETER"声明各种投影参数；第 9 项"UNIT"定义坐标单位；第 10 项"AUTHORITY"标识投影坐标系编码，这个投影坐标系可以用"EPSG:3857"表示。

【小提示】WGS 1984 Web 墨卡托投影坐标系（EPSG:3785）与 WGS 1984 Web 墨卡托投影坐标系（辅助球面）（EPSG:3857）非常类似，后者采用辅助球面将椭球体近似转换为一个正球体后进行投影变换。前者覆盖整个地球范围，后者只覆盖北纬 85°与南纬 85° 之间的范围。

另外，Web 墨卡托投影并不是真正的墨卡托投影，而是伪墨卡托投影（Popular Visualization Pseudo Mercator）。

3. EPSG

由于地理坐标系和投影坐标系众多，如果仅通过参数对这些坐标系进行整理与应用则过于麻烦，因此需要通过标准化组织将这些坐标系归档整理。对于石油的探查和开采来讲，坐标系的不同会显著影响开采精度，因此欧洲石油调查组织（European Petroleum Survey Group，EPSG）整合了绝大多数常用的坐标系，并为每个坐标系设置了一个编码，例如，"EPSG:4326"和"EPSG:3785"分别表示 WGS 1984 坐标系和 WGS 1984 Web 墨卡托投影坐标系。常用的坐标系及其 EPSG 编码如表 1-1 所示。

表 1-1 常用的坐标系及其 EPSG 编码

EPSG 编码	坐 标 系	说 明
4326	WGS 1984	GPS 采用的坐标系
4214	Beijing 1954	北京 1954 坐标系
4610	Xian 1980	西安 1980 坐标系
4510	CGCS2000 / Gauss-Kruger CM 123E	CGCS2000 地理坐标系下中央经线在 123°E 的高斯克吕格投影坐标系
102025	Asia_North_Albers_Equal_Area_Conic	亚洲北部阿尔伯斯等积圆锥投影坐标系
3785	WGS 1984 / Pseudo-Mercator	WGS 1984 Web 墨卡托投影坐标系

各坐标系的 EPSG 编码可在这一网站查找：http://spatialreference.org/ref/epsg/。

4. GCJ-02 坐标系

GCJ-02 坐标系是由中国国家测绘局制定的中国范围内民用地图（包括电子地图）加密后的地理坐标系，字母"GCJ"分别为"国家"、"测绘"和"局"的首字母简写。GCJ-02 的加密算法是非线性的，很难通过加密坐标反推原始的坐标。目前，谷歌、百度等公司发布的电子地图基本采用 GCJ-02 坐标系对原始数据进行加密。因此，通过 GPS 获取的 WGS 1984 坐标系的位置信息经过投影后无法直接准确地叠加在电子地图上，需要经过 GCJ-02 加密处理。

1.2.2　矢量数据、栅格数据与网格数据

地理要素经过抽象才能存储在计算机中，按照存储数据结构的不同，其可分为矢量数据和栅格数据两类（见图 1-2）。

- 矢量数据利用记录地理要素坐标（也可包括拓扑关系）的方式进行存储，并将属性信息放置在单独的属性表中，属性表中的每条记录都与地理要素一一对应，具有定位明显、属性隐含的特点。
- 栅格数据将一个空间划分成一系列规律分布的格网，并用每个格网的数值表达属性信息，这些格网构成的数据阵列通过参数设置的方式将其放置或拟合在特定的坐标系中，具有属性明显、定位隐含的特点。

相对来说，矢量数据的空间位置精度比较高，并且输出的地图一般比较容易且细腻，但是由于矢量数据的录入与管理比较复杂，有时需要维护其拓扑信息，因此往往给数据管理和空间分析带来一些麻烦。栅格数据一般在空间分析操作上较简单，并且不需要维护其拓扑关系，但是常常占据较大的存储空间，而且空间位置精度较低。

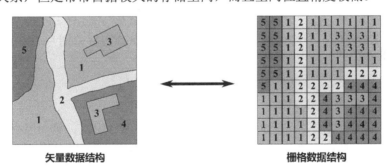

矢量数据结构　　　　　　　　　　　栅格数据结构

图 1-2　矢量数据结构和栅格数据结构

网格数据（Mesh Data）是指在二维空间或三维空间中，通过顶点（Vertices）、边（Edges）与面（Faces）等方式记录多维数据，是矢量数据和栅格数据的补充形式，多用于存储气候气象数据、水文数据、洋流数据等。

1. 矢量数据

矢量数据通常用点、线、多边形等基本几何对象描述地理要素。几何对象可以通过 WKT 和 WKB 两种方式进行描述。

1）WKT

WKT 采用文本的方式存储几何对象，主要包括类型声明部分和数据部分。其中，类型声明部分采用英文文本进行声明，数据部分放置在类型声明部分的后面，并用小括号括起来。对于具有多个节点的几何对象（如线、多边形等），同一个节点内的数据用空格隔开，不同节点之间的数据用逗号隔开，例如，一个坐标为(20,15)的点对象的声明方式如下：

```
Point (20 15)
```

"Point"表示该几何对象的类型为点对象，小括号中的第一个数字表示 X 坐标，第二个数字表示 Y 坐标。

包含 Z 值和 M 值的点需要在"Point"之后通过字母"Z"与"M"进行声明，并将 Z 值和 M 值加入小括号中，例如：

```
Point Z (20 15 10)
Point M (20 15 8)
Point ZM (20 15 10 8)
```

"Point Z"中的"10"表示 Z 值，"Point M"中的"8"表示 M 值，"Point ZM"中的"10"和"8"分别表示 Z 值和 M 值。

【小提示】任何一个几何对象的任何一个节点都可以包括 Z 值和 M 值，Z 值通常表示高程信息，将几何对象推向三维；M 值通常表示其他属性信息，如温度、湿度等，将几何对象推向第四个维度。

利用 WKT 表达一个具有四个节点的线，其节点坐标分别为(10,10), (20,20), (30,30)和(40,40)：

```
LineString (10 10,20 20,30 30,40 40)
```

利用 WKT 表达一个具有四个节点的多边形，其节点坐标分别为(10,10), (10,20), (20,20)和(20,15)：

```
Polygon ((10 10, 10 20, 20 20, 20 15, 10 10))
```

注意，最后一个节点和第一个节点相同，以闭合图形。

在上述 WKT 代码中，"Polygon"后面由两个小括号组成，第一层小括号标识数据为"Polygon"数据；第二层小括号标识一个环（Ring），包括内环（Inner Ring）和外环（Outer Ring）两类。一个多边形至少包括一个外环。利用内环可以将一个多边形"挖出"中空的部分；利用多个外环可以将一个多边形分为多个部分，表达"飞地"的地理要素概念。

例如，当需要一个多边形表达两个岛屿组成一个地理要素单位，并且其中一个岛屿具有中空的"水体"时，可以利用两个外环和一个内环组成一个多边形，如图 1-3 所示。

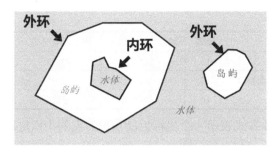

图 1-3　由两个外环和一个内环组成的多边形

另外，利用几何对象集合（GeometryCollection）可以将多个不同类型的几何对象组合为一个几何对象。例如，将一个坐标为(10,10)的点和由两个节点组成的线组合为一个几何对象，WKT 代码如下：

```
GeometryCollection(
POINT (10 10),
LINESTRING (15 15, 20 20)
)
```

2）WKB

WKB 采用二进制方式存储几何对象信息，包括字节序、几何类型和坐标三部分。

- 字节序部分：可以为 0（大端字节序，Big-Indian）或 1（小端字节序，Little-Indian），占一个字节。
- 几何类型部分：用 4 个字节的编码表示一个几何类型，几何类型和编码的对应关系如表 1-2 所示。
- 坐标部分：一个坐标（X 坐标、Y 坐标、Z 值、M 值）用一个双浮点类型（Double）空间存储，占 8 个字节。

表 1-2　WKB 几何类型和编码的对应关系

几 何 类 型	编码	编码（带 Z 值）	编码（带 M 值）	编码（带 Z 值且带 M 值）
Geometry（几何对象）	0	1000	2000	3000
Point（点）	1	1001	2001	3001
LineString（线串）	2	1002	2002	3002
Polygon（多边形）	3	1003	2003	3003
MultiPoint（多点）	4	1004	2004	3004
MultiLineString（多线串）	5	1005	2005	3005
MultiPolygon（多多边形）	6	1006	2006	3006
GeometryCollection（几何对象集合）	7	1007	2007	3007
CircularString（圆弧）	8	1008	2008	3008
CompoundCurve（组合曲线）	9	1009	2009	3009
CurvePolygon（曲多边形）	10	1010	2010	3010
MultiCurve（多曲线）	11	1011	2011	3011
MultiSurface（多表面）	12	1012	2012	3012
Curve（曲线）	13	1013	2013	3013

续表

几 何 类 型	编码	编码（带 Z 值）	编码（带 M 值）	编码（带 Z 值且带 M 值）
Surface（表面）	14	1014	2014	3014
PolyhedralSurface（多面体表面）	15	1015	2015	3015
TIN	16	1016	2016	3016

例如，采用 WKB 方式表示一个坐标为(20,15)的点的十六进制：

```
00 00 00 00 01 40 34 00 00 00 00 00 00 40 2E 00 00 00 00 00 00 00
```

这个点对象共占据 21 个字节，第 1 个字节表示大端字节序；第 2～5 个字节"00 00 00 01"表示几何类型为点；第 6～13 个字节"40 34 00 00 00 00 00 00"表示 X 坐标 20，第 14～21 个字节"40 2E 00 00 00 00 00 00"表示 Y 坐标 15。

可见，采用 WKT 方式描述几何图形更直观，但是由于 WKT 字符串需要被解释器解释后才能被计算机处理，所以读取速度相对较慢；采用 WKB 方式描述几何图形更适合计算机读取，但是失去了直观性。

2. 栅格数据

栅格数据采用某种数据类型的数值阵列存储数据，阵列中的每个数值称为一个像元（Pixel）。由于数据阵列本身不存在空间信息，因此需要元数据进行界定。栅格数据的元数据包括空间坐标系、数据类型等。

在 ENVI DAT 栅格数据格式中，后缀名为"hdr"的头文件存储了完整的元数据信息。此处以某 ENVI DAT 格式数据的"hdr"文件为例，介绍常用的元数据信息：

```
ENVI
description = {栅格数据描述}
samples = 475
lines   = 313
bands   = 4
header offset = 0
file type = ENVI Standard
data type = 1
interleave = bsq
byte order = 0
map info = {Geographic Lat/Lon, 1, 1, 0, 0, 1, 1,WGS-84}
coordinate system string = {GEOGCS["GCS_WGS_1984",DATUM["D_WGS_1984",
SPHEROID["WGS_1984",6378137,298.257223563]],PRIMEM["Greenwich",0],UNIT["Degree",
0.017453292519943295]]}
band names = {Band 1,Band 2,Band 3,Band 4}
```

1）数据类型与行列数波段数

数据类型是指一个栅格像元中数值的数据类型（Data Type）。GDAL 规定了 12 种栅格数据类型，可以覆盖绝大多数的栅格数据（见表 1-3）。

表 1-3 常用的栅格数据类型及其 GDAL 定义

类　型	定　义	类　型	定　义
GDT_Unknown	未知数据类型	GDT_Float32	32 位浮点型
GDT_Byte	8 位无符号整型	GDT_Float64	64 位浮点型
GDT_UInt16	16 位无符号整型	GDT_CInt16	16 位复整型
GDT_Int16	16 位整型	GDT_CInt32	32 位复整型
GDT_UInt32	32 位无符号整型	GDT_CFloat32	32 位复浮点型
GDT_Int32	32 位整型	GDT_CFloat64	64 位复浮点型

栅格数据的行列数是指栅格像元阵列的行列数。注意，栅格数据行列号的定义是从左上角开始的（栅格空间），因此第一行位于栅格像元阵列的最上方，第一列位于栅格像元阵列的最左方，这与坐标系的方向定义（坐标空间）不同（见图 1-4）。

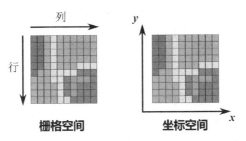

图 1-4　栅格空间行列号的定义与坐标空间的方向定义

2）坐标参考系

坐标参考系（Coordinate Reference System，CRS）界定了栅格数据所处的投影坐标系或地理坐标系。

3）参考坐标与像元大小

GeoTiff、PNG 等格式的栅格数据常常存在一个单独的世界文件（World File），它通过六个参数界定栅格影像的行列号与实际地理坐标的仿射关系，通常称为栅格数据的"六参数"。

世界文件的名称通常与栅格数据文件的名称相同，但其后缀名是在栅格数据文件的后缀名后加上字母"w"，如"jpgw"、"tifw"、"tiffw"和"pngw"等。

但是，有时为了保证文件扩展名为三个字符，也可以把世界文件扩展名中间的字母去掉，如"jgw"、"tfw"和"pgw"等。

另外，世界文件的扩展名也可以设置为"wld"。

【小提示】世界文件并不是必需的，因为这些参数还可以保存在栅格数据的元数据文件（如 ENVI DAT 格式数据的"hdr"文件）中，也可以保存在数据本身（如 GeoTiff 文件的内部标签）中。

世界文件一共有六行数值，每行数值代表一个参数，各定义如下：

- 第一行（A）：栅格数据中一个像元的宽在 x 轴方向的大小，使用地图坐标单位。
- 第二行（D）：栅格数据中一个像元的宽在 y 轴方向的大小，使用地图坐标单位。

- 第三行（B）：栅格数据中一个像元的高在 x 轴方向的大小，使用地图坐标单位。
- 第四行（E）：栅格数据中一个像元的高在 y 轴方向的大小，使用地图坐标单位。由于栅格空间和坐标空间在纵向方向的相反关系，该参数通常为负值。
- 第五行（C）：栅格数据左上角像元中心点的 x 坐标，使用地图坐标单位。
- 第六行（F）：栅格数据左上角像元中心点的 y 坐标，使用地图坐标单位。

地图坐标与行列号的仿射关系为：

$$x = A \times \text{col} + B \times \text{row} + C$$

$$y = D \times \text{col} + E \times \text{row} + F$$

其中，x 和 y 分别表示 X 坐标和 Y 坐标；col 和 row 分别表示列号和行号。

4）坐标范围

栅格数据的坐标范围（Extent）通常由 X 坐标最小值（xmin）、X 坐标最大值（xmax）、Y 坐标最小值（ymin）、Y 坐标最大值（ymax）组成，它们通常被称为栅格数据的"四至范围"。

5）栅格数据的存储格式

栅格数据的存储格式包括波段顺序格式、波段按行交叉、波段按像元交叉等类型。

（1）波段顺序格式（Band Sequential Format，BSQ）采用按波段存储的方式，先存储一个波段中的数据，然后存储另一个波段中的数据，直到全部数据存储完毕。

（2）波段按行交叉（Band Interleaved by Line Format，BIL）采用按行存储的方式，先存储第一行的第一波段数据，然后存储第一行的第二波段数据，直到第一行的数据全部存储完毕；然后按照上述方式存储其他行数据，直到全部数据存储完毕。

（3）波段按像元交叉（Band Interleaved by Pixel Format，BIP）采用按像元存储的方式，先存储第一个像元全部波段的数据，然后存储其他像元全部波段的数据，直到全部像元存储完毕。

上述三种存储格式的读取性能存在差异，BSQ 适合单个波段中部分区域数据的存储，BIP 适合对某个像元的波谱信息进行存取，BIL 则是 BSQ 和 BIP 的折中方式。当栅格数据只包括一个波段时，BSQ、BIL 和 BIP 的存储没有区别。

3. 网格数据

作为矢量数据和栅格数据的补充，网格数据兼顾了两者的优势：既可以像矢量数据一样在顶点上存储数据（Defined on Vertices），也可以像栅格数据一样在面上存储数据（Defined on Face）。网格数据既可以像矢量数据一样以不规则的多边形描述数据的定位信息，也可以像栅格数据一样以规则的网格描述数据的定位信息，如图 1-5 所示。

网格数据存储大量信息的同时占据较少的磁盘空间，例如，存储高程信息的 TIN 数据通常比栅格存储方式的数据要小很多，并保持较高的精度。网格数据具有特定的应用方向，主要包括：

（1）存储具有空间自相关（满足地理学第一定律）的数据。

（2）存储长时序（包含多个时刻）的数据。

（3）存储具有矢量（方向）的数据，如风向、流向等。

因此，网格数据多应用在气象、水文等领域。

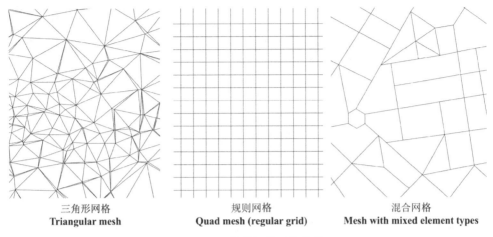

三角形网格　　　　　　　　　　规则网格　　　　　　　　　　混合网格
Triangular mesh　　　**Quad mesh (regular grid)**　　**Mesh with mixed element types**

图 1-5　网格数据的网格类型

在 QGIS 中，网格数据的读取依赖网格数据抽象库（Mesh Data Abstraction Library，MDAL）。与 GDAL 类似，MDAL 采用 C++语言编写，并通过 MIT 协议发布。MDAL 起源于 QGIS 2 中的 Crayfish 插件，目前主要应用在 QGIS 软件中，并为 MDAL 提供大量反馈信息。自 QGIS 3.2 以来就逐渐集成了 MDAL，并在 QGIS 3.4 逐渐稳定成熟。MDAL 支持 2DM、NetCDF、GRIB 等多种网格数据格式，其支持的全部数据类型可以在 https://www.mdal.xyz/网站中查询。

【小提示】在 QGIS 3.10 中，MDAL 仅支持 1D 和 2D 网格数据；在 QGIS 3.12 中，MDAL 开始支持 3D 网格数据。

1.2.3　地理空间数据的尺度问题

地理空间数据的尺度可以分为空间尺度和时间尺度，空间尺度是指数据在空间上的精细程度，时间尺度是指数据在时间上的精细程度。在地图制图和空间分析中，应当注重数据的尺度选择，本节介绍地理空间数据的尺度问题及相关的重要概念。

1. 尺度效应与尺度选择

尺度效应是指空间数据分析和展示结果会因数据在空间或时间上的最小信息单元水平的变化而存在差异（见图 1-6）。在实际的数据分析中，我们需要根据分析或研究的目的，选择适合这项分析或研究尺度的数据，即尺度选择。数据的尺度不宜过高，例如，当我们使用遥感数据研究城市道路时，需要选择高分辨率遥感数据，如果选择 MODIS 这类资源遥感卫星数据，那么道路无法有效地被提取，其特征将被淹没在混合像元（Mixed Pixel）中。数据的尺度也不宜过低，例如，当我们进行中国的森林变化这样大尺度的研究时，就不宜选择高分辨率遥感数据，否则会带来大量低效的时间成本和计算成本。无论是矢量数据还是栅格数据，在数据的采集、编辑和处理的过程中，一定要时刻注意尺度效应，这样才能事半功倍。

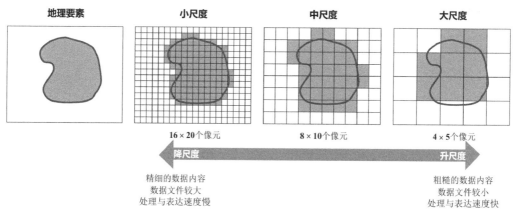

图 1-6 不同尺度的栅格数据

在栅格数据中，空间分辨率不仅意味着精度不同，同种数据在不同尺度反映的地理问题往往也是不同的。

2. 栅格数据金字塔

栅格数据金字塔是在不同尺度创建数据副本，以快速地在某个尺度展现数据，即利用冗余存储的方式换取数据的响应速度。数据金字塔的底部是栅格原始数据，从下至上是分辨率逐渐降低的数据快照。

3. 制图综合

制图综合（Cartographic Generalization）是地图学中的重要概念，是指在从大比例尺地图转换为小比例尺地图的过程中，根据制图的实际需求与目的，将地理要素加以概括和抽象，留下最关键的信息，从而突出制图者希望传达的主要内容。

希望读者在学习中特别关注数据的尺度效应问题，这样才能制作出精美的地图，快速得到想要的数据结果。

1.3 QGIS 概述

1.3.1 QGIS 及其产品体系

QGIS（在 2.0 版本之前称之为 Quantum GIS）是一款开源的桌面 GIS 软件，于 2002 年由 Gary Sherman 创立，在 2007 年由 OSGeo 接管，并于 2009 年发布了 1.0 版本。QGIS 采用开源证书 GNU GPLv2 (GNU General Public License version 2)发布，主要采用 C++语言开发，用户界面依赖 Qt 平台。QGIS 的官方网站为：https://www.qgis.org，其源代码由 Github 网站托管，其地址为 https://github.com/qgis/QGIS。

QGIS 的主要版本如下：

- 2002 年 7 月，QGIS 发布了第一个版本（0.0.1-alpha），只能在 PostGIS 数据库中读取和展示空间数据。
- 2003 年 6 月，QGIS 加入了插件功能（0.0.11-alpha）。
- 2004 年 2 月，QGIS 的框架基本成型（0.1 Moroz），并且发布了用户说明与安装说明，可以通过 GDAL 浏览栅格数据。
- 2009 年 1 月，QGIS 的 1.0 Kore 发布，已经具备初步的空间分析能力。
- 2013 年 9 月，QGIS 的 2.0 Dufour 发布，使用全新的矢量数据 API，名称从 Quantum GIS 修订为 QGIS。
- 2016 年 2 月，QGIS 2.14 Essen 版本发布。这个版本是 QGIS 的第一个长期支持版本，但官方已经于 2018 年 1 月停止支持。
- 2016 年 10 月，QGIS 2.18 Las Palmas 版本发布。这个版本是 QGIS 的第二个长期支持版本，也是最后一个 2.x 版本，使用 Qt4 和 Python 2.7 技术，目前仍被官方支持更新。
- 2018 年 2 月，QGIS 3.0 Girona 发布。该版本使用 Qt5、PyQt5 和 Python 3，并且在用户界面、GIS 制图等功能上有了大幅提高，QGIS 从此进入 3.0 时代。
- 2018 年 10 月，QGIS 3.4 Madeira 发布。该版本是 QGIS 的第三个长期支持版本。
- 2019 年 10 月，QGIS 3.10 A Coruña 发布。该版本是 QGIS 的第四个长期支持版本。

QGIS 与其他开源软件一样，研发速度很快，几乎每个月都会推出一个新版本，并且每年会推出一个长期支持版本（Long Term Release，LTR）。相对于最新的 QGIS 版本，长期支持版本更加稳定。QGIS 长期支持版本启动页面的右上角注明了"long term release"字样，如图 1-7 所示。

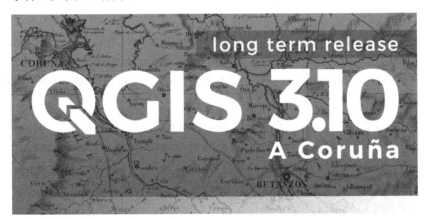

图 1-7　QGIS 3.10 长期支持版本启动页面截图

【小提示】QGIS 从 0.1 版本以后都采用一个版本名称，从 0.8.1 版本到 1.5 版本采用土星的卫星命名，自 1.6 版本开始采用地名命名。自 2016 年在德国 Essen 举办第 12 届 QGIS 开发者大会以来，所有的 QGIS 的版本命名都和相近一次的开发者会议的举办地一致，如 2.18 Las Palmas、3.4 Madeira 等。

近年来，QGIS 在网络上的关注度也在不断提高。图 1-8 展示了 QGIS、ArcGIS 与 MapInfo 在 2004—2019 年谷歌热度的变化趋势，QGIS 的热度从 2013 年开始上升明显，而 ArcGIS 的热度缓慢下降，存在 QGIS 的热度逐步逼近 ArcGIS 的热度的趋势。

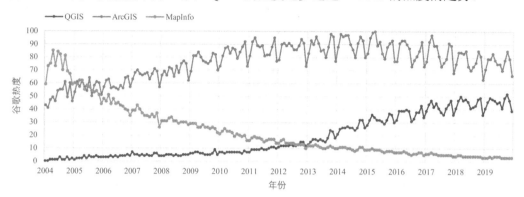

图 1-8　2004—2019 年，QGIS、ArcGIS 与 MapInfo 的谷歌热度变化

QGIS 之所以受到 GIS 工作者和科研人员的欢迎，主要因为其具有以下特点：

（1）优秀的用户界面：QGIS 的设计初衷是构建一个地理数据浏览与制图的工具，并基于 Qt 平台构建 GUI，因此相对于 uDig、GRASS GIS 等常见的开源桌面 GIS 软件，QGIS 的用户界面非常友好。

（2）跨平台能力：QGIS 可以运行在多数常见的操作系统中，如类 UNIX-like（包括 UNIX、Linux、BSD 等）、Mac OS、Windows 等。

（3）空间分析能力：QGIS 内嵌 GDAL、SQLite 等常见的 GIS 类库，并且可以整合 GRASS GIS、SAGA GIS 等桌面 GIS 软件。因此，QGIS 可以轻松地完成常见的数据处理与空间分析操作。

（4）数据格式的支持性强：QGIS 对各种栅格数据和矢量数据的支持性很强，基本可以覆盖当前主流的地理空间数据格式，如 shapefile、coverages、personal database、GeoTiff 等。QGIS 还可以访问 Postgre、MySQL、SQLite 等数据库。另外，QGIS 还可以通过插件扩展等方式增加数据的支持格式。

（5）可扩展性强：QGIS 具有插件功能，因此用户可以轻松地从互联网或官方渠道获得并安装特定功能的插件。另外，开发者还可以利用 PyQGIS 或 C++ API 对 QGIS 进行二次开发。如果上述方法仍难以满足用户需求，那么开发者可以通过重新编译的方式自定义 QGIS 的功能（但必须符合 GNU GPLv2 协议）。

目前，QGIS 已经具备非常完整且实用的 GIS 功能。对于普通用户而言，依靠 QGIS 已经完全可以进行地理空间数据处理及简单的空间分析，可以抛弃 ArcGIS 等常规主流的 GIS 平台。

虽然 QGIS 是开源桌面 GIS 软件的代表，但是它也形成了较简单和初步的产品体系，主要包括 QGIS Desktop、QGIS Browser、QGIS Server、QGIS Web Client、QGIS on Android 等。

- QGIS Desktop（QGIS 桌面）：QGIS 产品体系的主要软件，可以用于地理空间数据的创建、编辑、可视化和基本的空间分析。
- QGIS Browser（QGIS 浏览器）：浏览与管理地理空间数据及其元数据。在 QGIS 3.0版本中，QGIS Browser 整合在 QGIS Desktop 中，取消了单独的 QGIS Browser 程序。
- QGIS Server（QGIS 服务器）：发布满足 WMS、WMTS、WFS 等标准的数据图层。在 QGIS Desktop 中，可在图层属性页面的 QGIS Server 窗口设置其图层的发布选项。
- QGIS Web Client（QGIS Web 客户端，QWC）：可浏览已经在 QGIS Server 中发布的数据或地图服务的简易客户端，采用 BSD 协议发布，QWC 的最新版本为QWC2。QWC1 的部署需要依赖 PHP、Python 等，QWC2 仅包含 JavaScript 和HTML 两种语言，并采用 ReactJS 和 OpenLayers 构建，其演示程序的地址可参见 https://github.com/qgis/qwc2-demo-app。
- QGIS on Android：QGIS 的 Android 版本。用户可以在 Google Play 等应用商店下载它，或者在 https://github.com/qgis/QGIS-Android 中找到它的源代码。

虽然 QGIS Server、QGIS Web Client 和 QGIS on Android 提供在互联网和移动端的应用方案，但是仍然存在很大的局限性。通常，很少能单独通过 QGIS 产品体系完成整个 GIS 服务发布、移动 GIS 开发等需求。然而，QGIS 作为 OSGeo 的成员，可以与PostGIS、OpenLayers、Leaflet 等开源 GIS 软件或工具进行良好的整合，从而形成开源GIS 工具链。

1.3.2　QGIS 主要功能

作为一个完整的地理信息系统桌面软件，QGIS 的主要功能包括数据浏览、地图制图、数据管理与编辑、空间数据处理与空间分析、地图服务等功能框架。

1. 数据浏览功能

QGIS 创立的初衷就是提供一个简单的地理空间数据浏览工具，因此数据浏览功能是 QGIS 的核心功能。QGIS 既可以利用内嵌 GDAL/ORG 和 GRASS 支持常见的数据格式，也可以读取 PostGIS、SpatiaLite、MS SQL Spatial、Oracle Spatial 等存储于数据库中的地理空间数据。另外，QGIS 还可以访问符合 WMS、WMTS、WCS、WFS 等 OGC 标准的互联网空间数据服务。某些数据虽然无法被原生 QGIS 软件读取，但它们可以通过插件扩展的方式被读取。因此，相对于 ArcGIS、GRASS GIS 等桌面软件，QGIS 的数据支持能力非常强。

2. 地图制图功能

QGIS 具有非常强大的地图表达和渲染能力，甚至可以进行简单的 3D 渲染。在OpenGIS 中，QGIS 包含完整的符号化、地图标注、输出与打印功能。特别是，QGIS 具有实时渲染和优秀的抗锯齿能力。在一定程度上，QGIS 的制图能力远超绝大多数的 GIS软件，在某些方面甚至超越了 ArcGIS 软件。

3. 数据管理与编辑功能

受益于 QGIS 的数据支持能力，QGIS 可以管理不同数据源的地理空间数据。这些不同数据源的数据在 QGIS 中具有相同的数据接口，不同数据类型的空间数据可以轻而易举地进行格式转换。我们可以通过 QGIS 完整的矢量编辑功能对这些数据进行增、删、改、查等操作及基本矢量叠加运算。

4. 空间数据处理与空间分析功能

空间分析实际上属于空间数据处理的一部分。QGIS 的空间数据处理与空间分析功能较弱，但是 QGIS 整合了 GDAL/OGR、GEOS、GRASS GIS、SAGA GIS 等 GIS 工具。因此，QGIS 的优势在于可以对来源不同的空间数据处理工具进行整合，利用 QGIS 中的 Processing Modeler、PyQGIS 和 C++ API 构建自动化的数据处理工具，以解决复杂的地理与空间问题。

5. 地图服务功能

QGIS 可以作为 WMS、WMTS 客户端，QGIS Server 可以作为轻量级 WMS、WCS、WFS 服务器。如果 QGIS Server 不能满足需求，则可以通过 MapServer 构建复杂的 GIS 服务器。

上述功能为 QGIS 具备的主要功能。实际上，QGIS 还可以通过功能扩展的方式提供更高级、更复杂的功能。开发者可以根据需求的复杂度，通过表 1-4 介绍的几种方式进行功能扩展。

表 1-4　QGIS 功能扩展的主要方式

方　　式	介　　绍	复　杂　度	可　扩　展　性
模型构建	利用 Processing Modeler 整合 QGIS 的原生工具和第三方工具，构建复杂的处理模型	低	低
插件扩展	寻找合适的 QGIS 插件或自定义插件	中	低
PyQGIS 开发	利用 QGIS 的 Python 接口自定义地理处理流程	中	中
C++ API 开发	利用 QGIS 提供的 C++ API 进行二次开发	高	高
重编译开发	重新编译 QGIS 的源代码，按需求更改代码部分	最高	最高

如果需求复杂，则需要更高的可扩展性的功能扩展方式，也就需要更高的扩展复杂度。模型构建和插件扩展的方式是最方便的功能扩展方式，但是无法脱离 QGIS 的主窗口执行扩展功能。采用 PyQGIS 开发、C++ API 开发或重编译开发的方式进行功能扩展的潜力是很大的，可以脱离 QGIS 的主窗口构建独立的 GUI，更适合专业用户，但是其复杂度和成本也是最大的。QGIS 的扩展方式详见"第 11 章　扩展 QGIS"。

【小提示】目前，QGIS 的中文学习资料较少，学习 QGIS 仍然需要依靠一些成熟的英文资料。QGIS 的体系庞大，我们要全面掌握 QGIS 的各项功能是一件很困难的事情，因此常常需要从互联网上查询 QGIS 的相关资料。

- 官方用户手册：http://docs.qgis.org/3.10/en/docs/user_manual。

- 官方 PyQGIS 手册：http://qgis.org/pyqgis/3.10/。
- 官方推荐英文 QGIS 书籍：https://www.qgis.org/en/site/forusers/books/index.html。
- 官方学习资料：http://docs.qgis.org/latest/en/docs/training_manual/index.html。
- 得克萨斯 A&M 大学 QGIS 学习资料：http://mltconsecol.github.io/QGIS-Tutorial/。

1.4　常见的地理信息系统平台

除了 QGIS，还有许多成熟的 GIS 软件和工具，每种 GIS 软件都具有各自的特点和优势。在实际的工作和生产中，我们需要根据实际需求选择合适的 GIS 软件。因此，本节介绍当前 GIS 行业广泛使用的 GIS 软件，供读者参考。按照分发方式的不同，本节将这些 GIS 软件划分为开源 GIS 软件和商业 GIS 软件。

商业 GIS 软件往往已经平台化，每种商业 GIS 软件已经各自组成了完整的产品体系，如 ESRI 的 ArcGIS 产品体系、中地数码的 MapGIS 产品体系、北京超图的 SuperMap 产品体系等。每种 GIS 产品体系基本已经针对桌面 GIS、移动 GIS、服务器 GIS、客户端 GIS 等生产了相应的软件。因此，我们只需要掌握其中一个产品体系，就可以完成所有的 GIS 功能与需求。

开源 GIS 软件与商业 GIS 软件恰恰相反，单一的开源 GIS 软件或工具常常只为了实现某个目的而研发。在实际工作中，我们常常不能使用一个开源 GIS 软件完成某个项目或某个课题的所有工作。这主要是因为开源 GIS 软件作为开源软件大家庭的一分子，其设计理念也深受 GNU 组织及 UNIX 哲学的影响，即每个开源的软件和工具都应当具有专一性。例如，在 GNU Linux 操作系统下，tar 和 gz 分别为打包和压缩工具，所以压缩文件的后缀名常为 tar.gz 这样的形式；而在 Windows 操作系统下，一个简单的 zip 和 rar 就可以完成上述两个功能。类似的，QGIS 为了实现数据浏览和地图制图功能，在空间分析和 GIS 服务方面的功能非常弱；SAGA GIS 则更专注于地理处理与空间分析功能，因此其制图能力较弱。这种开源软件设计的目的在于充分利用开源软件的开发者的资源，尽量避免"重复造轮子"，将更多的精力放在更前沿的开发工作上。

因此，在一定程度上，闭源/商业软件往往针对一个完整的工作流或用户需求而研发，而开源/免费软件往往针对一个具体的功能而研发。因此，我们在学习 QGIS 的时候，不能仅仅着眼于 QGIS 本身，更要尽可能地掌握多个开源 GIS 软件和平台，从而提高解决 GIS 相关问题的能力。

开源世界几乎没有产品体系的存在，因此我们常用工具链（Tool Chain）将多个开源软件或工具聚合在一起，完成一个庞大、复杂的工作。例如，为了基于开源 GIS 软件和工具实现一个大型的 GIS 应用系统的研发，可以选择如表 1-5 所示常用的开源 GIS 工具链。

表 1-5　常用的开源 GIS 工具链

语言	基础类库	桌面 GIS	服务器 GIS	数据库 GIS	前端 GIS
Java	GeoTools	uDig	GeoServer	MariaDB/MySQL	OpenLayers/Leaflet
C/C++	GDAL/OGR	QGIS	MapServer	PostgreSQL(PostGIS)	OpenLayers/Leaflet

上述两个工具链是 Java 语言和 C/C++语言体系下的典型 GIS 工具链。当然，我们也不能局限于上述工具链的工具组合，还要根据不同 GIS 工具和软件特征进行合理的选择，以符合实际的业务需求。

QGIS 虽然是一个优秀的桌面 GIS 软件，但若没有 MapServer、OpenLayers 等 GIS 软件和工具的发展与配合，就无法形成当今的开源 GIS 软件生态系统。读者应该对 QGIS 有一个良好的定位：一方面，单一的 QGIS 无法完成所有需求，并且 QGIS 内部也集成了 SAGA GIS、GRASS GIS 等多种开源软件，学习其他的开源 GIS 软件是用好 QGIS 的有效补充；另一方面，掌握多种开源 GIS 软件和工具，可以帮助更高级的 QGIS 用户选择合适的开源 GIS 工具链。

另外，开源 GIS 软件与商业 GIS 软件相辅相成，共同发展，例如，在 ArcGIS 的底层用到了诸如 GDAL/OGR 的开源 GIS 类库，QGIS 等软件设计也参考了 ArcGIS 等商业软件。在实际应用中，我们应当根据需求选择合适的 GIS 软件，不应该偏执于某个软件，否则不仅不会提高工作效率，反而会陷入困境。

1.4.1　开源地理信息系统平台

全球的开源 GIS 软件与工具多种多样，绝大多数 OpenGIS 软件都由自发的社区进行支持和研发。

虽然使用这些软件的时候需要区别自由（Free）软件和开源（OpenSource）软件，但是表 1-6 所列的开源 GIS 工具基本都是自由且开源的，即它们都是自由开源软件（Free and OpenSource Software，FOSS）。但是，各种软件采用的开源协议有很大区别，希望读者在使用和开发过程中注意这一问题。同一用途的开源 GIS 软件往往有很多种（通常属于不同的语言或运行环境）：

- 桌面 GIS 软件：QGIS、GRASS GIS、uDig、SAGA GIS、Marble、gvSIG 等。
- WebGIS 服务器：MapServer、GeoServer 等。
- WebGIS 客户端：OpenLayers、OpenScale、Leaflet 等。
- GIS 底层类库：GDAL/OGR、GeoTools、GEOS、FDO(Feature Data Objects)、OTB(Orfeo Toolbox)等。
- GIS 数据库支持：PostGIS、SpatiaLite、MySQL Spatial 等。

由于篇幅的限制，本书仅介绍和对比了与 QGIS 存在竞争关系的开源桌面 GIS 软件，如表 1-6 所示。

表 1-6　常见的开源 GIS 软件及其对比

软件	系统平台*	开发平台	协议	起源时间	起源国家	特点与网址
GRASS GIS	W/M/L	C、C++、Python、wxPython	GPL	1982 年	美国	由美国军方研发；界面友好性差；命令行操作方式；可扩展性强。 网址：https://grass.osgeo.org
SAGA GIS	W/L	C++、wxWidgets	GPL	2001 年	德国	空间分析能力强。 网址：http://www.saga-gis.org
QGIS	W/M/L	C++、Qt	GPL	2002 年	美国	制图能力强；矢量编辑；数据源支持能力强。 网址：https://www.qgis.org
gvSIG	W/M/L	Java、Andami	GPL	2004 年	西班牙	轻量化；可扩展性强。 网址：http://www.gvsig.com
uDig	W/M/L	Java、Eclipse Rich Client	EPL/BSD	2005 年	加拿大	操作简单；数据源支持强大；速度慢；耗内存；可扩展性强。 网址：http://udig.refractions.net
iDesktop Cross	W/L	Java、SuperMap iObjects Java	GPL	2015 年	中国	中文支持好；操作简单。 网址：http://www.supermap.com.cn

* W 表示 Windows 操作系统；M 表示 Mac OS 操作系统；L 表示 Linux 操作系统。

下面逐一介绍主要的开源桌面 GIS 软件。

1. GRASS GIS

GRASS 的全称为地理资源分析支持系统（Geographic Resources Analysis Support System），主要功能包括数据管理、地图制图、空间建模和可视化分析。GRASS GIS 起源于 1982 年，是最古老的开源桌面 GIS 软件，也是 OSGeo 的初创成员之一。GRASS GIS 的创立源于美国军方对土地管理与资源规划的需要，美国军方在政府、大学和民间机构招募了大量的志愿者参与开发。因此，GRASS GIS 的用户群体非常庞大，用于全球的学术领域和商业领域。

GRASS GIS 的主要特点如下：

- 独特的数据管理方式：基于 GRASS 数据库（DataBase）、区域（Location）和地图集（MapSet）的管理模式。
- 命令行操作方式：GRASS GIS 虽然有自己的用户界面，但是仍然倡导命令行操作方式。在 Windows 操作系统中可以通过 cmd 执行命令，在 Linux 操作系统中可以通过 bashshell 执行命令。
- 稳定、快速的处理模块：GRASS GIS 的空间处理模块非常清晰，而且每次执行功能的时候，只需要运行必需的模块，节省了系统资源，更适合高级用户使用。

由于独特的数据管理和命令行操作方式，GRASS GIS 的学习成本很高，易用性较差。但是，由于 GRASS GIS 工具的良好组织，以及实用性和稳定性，使其具有很强的生命力。

2. SAGA GIS

SAGA 的全称为自动地球科学分析系统（System for Automated Geoscientific Analyses），是一个专注于地理空间数据处理的桌面 GIS 软件。SAGA GIS 最初由德国哥廷根大学发起，2007 年将项目转到德国汉堡大学继续研发。SAGA GIS 主要针对气候、水文、土地等研究领域，提供相关的多种地理处理工具。SAGA GIS 的第一个目标是给予地理学者一个高效且简单、易学的地理科学算法的实现平台，这是通过 SAGA GIS 独特的 API 实现的。SAGA GIS 的第二个目标是让这些算法通过一个用户友好的界面进行访问与操作，因此它配备了一个 GUI。但是，SAGA GIS 在 GIS 数据编辑和制图方面的功能很弱，因此它经常被嵌入其他的 GIS 软件平台中，例如，SAGA 针对 ArcGIS 平台设计了 ArcSAGA，QGIS 也将 SAGA 嵌入自己的工具箱中。

SAGA 采用 C++语言编写，这使其具有非常高的计算效率。从 SAGA2 开始使用跨平台的 GUI 库 wxWidgets 制作用户界面，因此其可以运行在 Windows 系统和 Linux 系统中。

3. gvSIG

gvSIG 诞生于 2004 年，是一个简单、易用且具有一定可扩展性的开源桌面 GIS 软件。gvSIG 原本是西班牙加泰罗尼亚自治区的信息技术系统中的一个工程。随着 gvSIG 的推广和应用，2010 年以后其由新成立的 gvSIG 协会接管。经过多年的发展，gvSIG 已经形成了多个版本。

- gvSIG 桌面版（gvSIG Desktop）：强大、易用、友好的桌面 GIS 软件，具备基本的空间数据管理、分析功能，采用 Java 语言开发，利用 Andami 构建用户界面，可以通过 add-ons 的方式扩展功能，兼顾了轻量级和可扩展的特征，通过 GNU/GPL 证书分发。
- gvSIG 在线版（gvSIG Online）：空间数据基础设施解决方案，提供地理空间数据的公有云和私有云服务，采用 AGPL 证书发布。
- gvSIG 移动版（gvSIG Mobile）：易用的 gvSIG 移动终端，与 gvSIG 桌面版和在线版无缝连接，目前只有 Android 端，重点是空间数据采集功能，通过 GNU/GPL 证书分发。
- gvSIG 路政版（gvSIG Roads）：道路基础设施管理的完整解决方案，由 Web 管理系统、桌面制图系统、空间数据库、地理信息数据库和用于实地工作的移动软件组成。
- gvSIG 教育版（gvSIG Educa）：适应教育领域的 gvSIG 套件，目标是成为教育工作者的工具，使学生更容易地分析和理解地理现象，适应不同层次的教育系统，通过 GNU/GPL 证书分发。

4. uDig

uDig（User-friendly Desktop Internet GIS）是基于 Java 语言和 Eclipse 客户端平台

（Eclipse Rich Client）搭建的桌面 GIS 软件。因此，uDig 不仅可以作为单独的应用使用，也可以嵌入生产环境的 Eclipse 及其衍生开发环境中。例如，可以一边在 Eclipse 中利用 GeoTools 等工具进行 GIS 二次开发，一边利用 uDig 插件进行数据查看。另外，uDig 具有类似于 uDig 的插件机制的 add-ons，因而具有较好的可扩展性。但是，Eclipse 本身占有较大的内存，而且运行速度较慢，因此 uDig 的性能受到影响，在使用 uDig 进行数据处理与分析时需要用户考虑性能问题。

5. iDesktop Cross

我国的开源 GIS 起步较晚，比较有代表性的软件为 SuperMap iDesktop Cross。iDesktop Cross 是我国首个可以在 Windows 平台与 Linux 平台运行的开源桌面 GIS 软件，采用 GNU General Public License v3.0 证书发布。iDesktop Cross 基于 Java 语言和 SuperMap iObjects Java 开发。

虽然 iDesktop Cross 最新的版本无法继续免费开源使用，已经转向商业闭源软件，但是 iDesktop Cross 9D、iDesktop Cross 8C 等开源版本仍然具有一定的优势。例如，iDesktop Cross 具有非常好的中文支持，这是其他开源桌面 GIS 软件不能比拟的，虽然其空间分析功能略显逊色。

iDesktop Cross 源码下载地址：

https://github.com/SuperMap-iDesktop/SuperMap-iDesktop-Cross

iDesktop Cross 软件的下载地址：

http://support.supermap.com.cn/DownloadCenter/ProductPlatform.aspx

相对于其他开源的 GIS 平台，QGIS 具有界面友好、功能齐全等优势，并且其整合了 SAGA GIS 和 GRASS GIS 的主要功能，基本能够满足绝大多数的 GIS 相关工作需要。

1.4.2　商业地理信息系统平台

绝大多数的商业地理信息系统平台都有较雄厚的资金和技术支持，基本能单独成为一个产品体系，也基本能在桌面端、服务器端、移动端等多个平台完成绝大多数功能。下面介绍常见的商业 GIS 平台。

1. ArcGIS 产品体系

由美国环境系统研究所（Environmental Systems Research Institute，ESRI）主导开发的 ArcGIS 诞生于 1969 年，其产品体系包括 ArcGIS Desktop（桌面 GIS）、ArcGIS Server（服务器 GIS）、ArcGIS Engine（组件式开发引擎）和 ArcGIS Mobile（移动 GIS）等，几乎可以覆盖所有 GIS 应用架构。ESRI 拥有的 ENVI/IDL 和 CityEngine 等工具也可以非常方便地和 ArcGIS 产品进行交互，从而使 ArcGIS 产品非常强大且庞大。

2. SuperMap 产品体系

SuperMap 产品起源于 1996 年，是北京超图软件股份有限公司的 GIS 产品，拥有 GIS 基础软件、GIS 产品软件、GIS 云服务和国际业务四大产品线，并深入我国各个 GIS

行业的应用中。SuperMap 的最新版本为 SuperMap GIS 9D(2019)，包括云 GIS 服务器（iServer、iPortal、iManager）、桌面 GIS（iDesktop）、网络客户端（iClient）、组件 GIS（iObjects）和移动 GIS（iMobile）等。

3. MapGIS 产品体系

MapGIS 由中国地质大学主导研制开发，从较知名的 MapGIS67 发展到当前的 MapGIS 10.3，已逐渐渗透到我国的土地资源调查、土地管理等各个领域。MapGIS 产品体系包括 MapGIS DataStore、MapGIS IGServer、MapGIS Cloud、MapGIS Desktop、MapGIS Mobile 等。

4. MapInfo 桌面软件

MapInfo 诞生于 1986 年，是美国 MapInfo 公司的桌面 GIS 软件，目前的最新版本是 MapInfo Pro v17。MapInfo 是单词 Mapping（制图）和 Information（信息）的组合，MapInfo 关注地图对象和属性数据两个主要部分。MapInfo 仅为桌面版软件，并不构成产品体系。

1.4.3　QGIS 与 ArcGIS 的对比

QGIS 与 ArcGIS 具有很多相似之处，例如，QGIS 浏览器（Browser）对应 ArcGIS 中的 ArcCatalog，QGIS 处理工具箱（Processing Toolbox）对应 ArcGIS 中的 ArcToolbox 等。除了开源与商业的区别，QGIS 与 ArcGIS 之间还存在功能性、开发难度、稳定性等方面的区别（见表 1-7）。

表 1-7　QGIS 与 ArcGIS 的对比

	QGIS	ArcGIS
软 件 性 质	免费开源软件	商业闭源软件
功 能 性	功能较少，但具有插件扩展功能，也可以通过其他开源 GIS 软件弥补相关功能	功能完善，几乎可以完成所有 GIS 业务
开 发 难 度	二次开发难度大，但可定制性较强	二次开发难度小，学习资料多
稳 定 性	轻量级，稳定性较差	重量级，稳定性较强
制 图 效 果	符号化效果好，具有抗锯齿能力	制图效果较差
运 行 平 台	跨平台运行	只能在 Windows 平台运行

1.5　本章小结

本章首先介绍了地理信息系统及其重要的行业标准，以及在这些行业标准下的地理空间数据组织方式，并且简明扼要地介绍了 GIS 中的一些重要概念，为后面的学习提供理论基础。随后，本章介绍了 QGIS 的发展历史、产品体系和主要功能等，以及 QGIS 作为开源桌面 GIS 软件在整个 GIS 软件发展中的地位，并将其与常见的桌面 GIS 软件进行对比，分析 QGIS 的优缺点。

第2章

你好，QGIS！

为了保证读者可以在稳定的 QGIS 版本中练习和使用 QGIS 功能，本书后文均使用 QGIS 3.10 LTR 进行介绍。希望读者在初次接触 QGIS 的时候也使用此版本，以便获得一致、稳定的用户体验。

本章主要为读者介绍 QGIS 的基本认知，包括 QGIS 的安装方法、界面、项目、地图、图层等基本概念与操作。

2.1　QGIS 的安装

得益于跨平台的图形用户界面（GUI）技术 Qt，QGIS 也是一个跨平台的 GIS 软件，可以运行在 Windows、Linux 和 Mac OS 操作系统中，并且具有非常相似的用户体验。另外，在 Linux 操作系统中，还可以通过源码编译的方式和二进制安装的方式安装和卸载 QGIS。本节介绍 QGIS 在各个操作系统中的基本安装方法与流程。

2.1.1　在 Windows 系统中的安装方法

在 Windows 系统中，可以通过独立安装包和 OSGeo4W 两种方式安装 QGIS。通过独立安装包安装 QGIS 不需要连接互联网，通过 OSGeo4W 安装 QGIS 需要连接互联网。OSGeo4W 即 OSGeo for Windows，还可以利用它安装 GDAL、QGIS Server、MapServer 等许多 OSGeo 旗下的软件和工具。

1. 采用独立安装包安装 QGIS

独立安装包可以在 QGIS 的官方网站下载。双击安装包后打开 QGIS 安装向导，单击 "Next" 按钮即可进入 QGIS 许可页面（见图 2-1）。

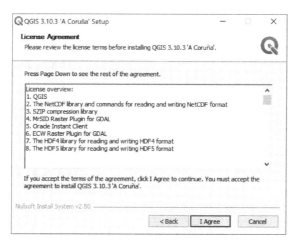

图 2-1　许可页面

许可包括 QGIS 及 SZIP、HDF4、HDF5 等软件包许可，单击"I Agree"按钮同意许可。选择 QGIS 安装目录，并单击"Next"按钮。

在安装组件页面（见图 2-2）选择需要安装的组件，并单击"Install"按钮开始安装。除了 QGIS 组件，North Carolina Data Set、South Dakota (Spearfish)和 Alaska Data Set 均为测试数据集，这些数据集并不包括在安装包中，需要连接网络下载，读者可以根据实际情况选择是否安装。

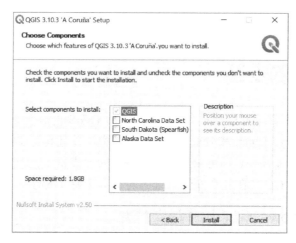

图 2-2　安装组件页面

【小提示】QGIS 测试数据还可以通过以下网址下载：http://qgis.org/downloads/data/qgis_sample_data.zip。

2. 采用 OSGeo4W 安装 QGIS

在 QGIS 官方网站下载并打开 OSGeo4W 安装包。

使用 OSGeo4W 安装 QGIS 的最新版和长期支持版（LTR）的方法是不同的。

安装 QGIS LTR 的方法如下。

（1）在 OSGeo4W 的启动页面选择"Advanced Install"，单击"Next"按钮（见图 2-3）。

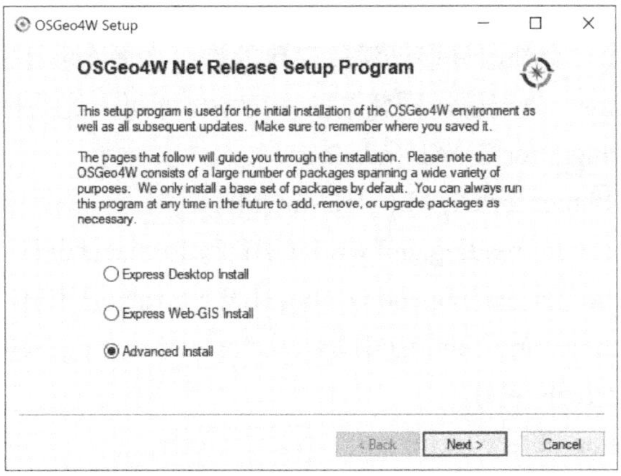

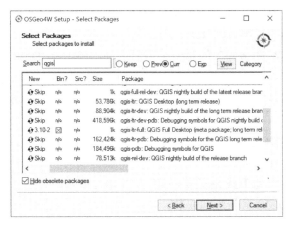

图 2-3　OSGeo4W 安装程序

（2）选择"Install from Internet"，单击"Next"按钮。

（3）在"Root Directory"中选择安装位置，单击"Next"按钮。

（4）在"Local Package Directory"中选择本地安装包临时存放的位置，并在"Start menu name"中输入开始菜单名称，一般保持默认选项即可，单击"Next"按钮。

（5）选择网络连接方式，可以根据实际情况设置网络代理。通常选择"Direct Connection"即可，单击"Next"按钮。

（6）选择下载网站，可以根据网络状况选择合适的下载网站，或者在"User URL"中选择自定义下载网站。如果在之后的操作中遇到下载速度慢、下载中断等情况，可以在此窗口更改下载网站，并重新下载安装。

（7）选择安装包。找到"Desktop"分类下面的"qgis-ltr-full"包（可以使用窗口顶部的搜索功能），并单击左侧"New"列下的"↻Skip"符号，使其切换为"↻3.10.x"等 QGIS LTR。此时，该行在"Bin?"列的内容从未选择状态"n/a"变为选择状态"☒"，单击"Next"按钮（见图 2-4）。

图 2-4　OSGeo4W 安装方式下的 QGIS LTR 安装包选择

（8）在依赖关系窗口，选择"Install these packages to meet dependencies (RECOMMENDED)"选项，单击"Next"按钮。

（9）OSGeo4W 窗口会弹出许多开源软件包的许可页面（见图 2-5），均勾选"I agreed with above license terms"复选框。同意这些许可条例即可。这些许可可能包括：

- ECW Raster Plugin for GDAL (gdal2-ecw)。
- MrSID Raster Plugin for GDAL(gdal2-mrsid)。
- The HDF4 library for reading and writing HDF4 format (hdf4)。
- The HDF5 library for reading and writing HDF4 format (hdf5)。
- The NetCDF library and commands for reading and writing NetCDF format (netcdf)。
- Oracle Instant Client (oci)。
- SZIP compression library (szip)。

图 2-5　OSGeo4W 安装方式下的许可页面

（10）单击"下一步"按钮，安装程序自动下载并安装 QGIS 及其相关依赖，安装完成后单击"完成"按钮，即可完成整个 QGIS LTR 的安装。

最新版的 QGIS 的安装方法如下。

（1）在 OSGeo4W 安装程序的第一个页面选择"Express Desktop Install"选项，单击"下一步"按钮。

（2）选择安装包，如图 2-6 所示，至少应选择"QGIS"和"GRASS GIS"选项，单击"下一步"按钮。

（3）OSGeo4W 窗口会弹出许多开源软件包的许可页面（见图 2-5），均勾选"I agreed with above license terms"复选框，同意这些许可条例即可。单击"下一步"按钮。

（4）安装程序会自动下载并安装 QGIS 及其相关依赖，安装完成后单击"完成"按钮，即可完成整个 QGIS 最新版的安装。

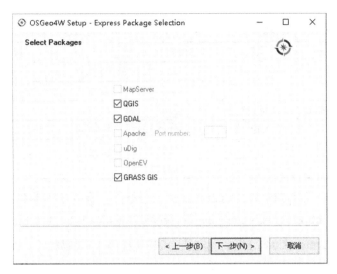

图 2-6　OSGeo4W 安装方式下的安装包选择

2.1.2　在 Linux 系统中的安装方法

在 Linux 系统中安装 QGIS 包括两种基本方式：通过编译源代码安装和通过软件包管理器（如 yum、apt 源等）安装。QGIS 的编译方式较复杂，需要一定的软件编程基础，否则很容易出现编译错误等情况。

本节介绍通过 Ubuntu、Debian 和 CentOS 的软件包管理器安装 QGIS 的方法。

1. 在 Ubuntu/Debian 系统安装 QGIS

下面以 Ubuntu 18.04 LTS 为例，介绍通过 apt 源安装 QGIS 的方法，具体操作如下。

（1）增加 QGIS 官方的 apt 源。Ubuntu 自带的 apt 源的 QGIS 更新速度较慢，如果希望使用最新版本的 QGIS，需要在系统中增加 QGIS 官方的 apt 源。

在 Ubuntu 系统中增加 apt 源需要在/etc/apt/sources.list 文件中添加以下代码：

```
deb     *repository* *codename* main
deb-src *repository* *codename* main
```

将"*repository*"修改为 apt 仓库地址（见表 2-1），将"*codename*"修改为 Ubuntu/Debian 版本代号，需要根据操作系统版本选择合适的代号（见表 2-2）。

表 2-1　QGIS 官方常用的 apt 源

版 本 类 型	操 作 系 统	apt 仓库地址
最新版本	Debian	https://qgis.org/debian
	Ubuntu	https://qgis.org/ubuntu
长期支持版本	Debian	https://qgis.org/debian-ltr
	Ubuntu	https://qgis.org/ubuntu-ltr

表 2-2　QGIS apt 源支持的 Ubuntu/Debian 发行版及其版本代号

操 作 系 统	操作系统版本	版 本 代 号
Debian	10.x	buster
	sid	unstable
Ubuntu	20.04	focal
	19.10	eoan
	19.04	disco
	18.04 LTS	bionic

【小提示】由于 QGIS 的更新速度较快，读者可以在以下网站查询最新的 apt 源及其支持信息：https://qgis.org/en/site/forusers/alldownloads.html#debian-ubuntu。

例如，在 Ubuntu 18.04 LTS 中，安装 QGIS 最新版的代码如下：

```
deb      https://qgis.org/ubuntu bionic main
deb-src https://qgis.org/ubuntu bionic main
```

在 Ubuntu 18.04 LTS 中，安装 QGIS LTR 的代码如下：

```
deb      https://qgis.org/ubuntu-ltr bionic main
deb-src https://qgis.org/ubuntu-ltr bionic main
```

按需求将这些代码加入/etc/apt/sources.list 文件中。本节以安装 QGIS LTR 为例进行介绍，如图 2-7 所示。

图 2-7　在 Ubuntu/Debian 系统下增加 QGIS 官方的 apt 源

保存上述 sources.list 文件，并在控制台下运行下面的命令更新 apt 源。

```
sudo apt-get update
```

注意，如果在更新 apt 源时出现了 GPG 错误（见图 2-8），需要增加 QGIS 的 GPG 公钥，代码如下：

```
wget -O - https://qgis.org/downloads/qgis-2019.gpg.key | gpg --import
gpg --fingerprint 51F523511C7028C3
gpg --export --armor 51F523511C7028C3 | sudo apt-key add -
```

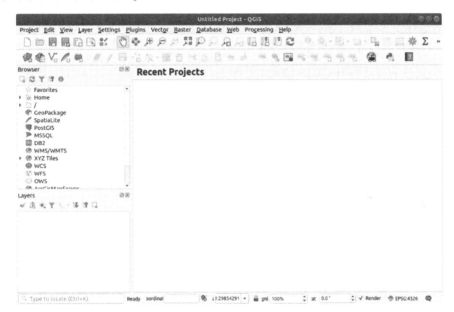

图 2-8　在 Ubuntu/Debian 系统下安装 QGIS 时出现 GPG 错误提示

（2）在控制台运行以下命令安装 QGIS：

```
sudo apt-get install qgis
```

或者运行以下命令，同时安装 QGIS 与 GRASS 的 QGIS 插件：

```
sudo apt-get install qgis qgis-plugin-grass
```

安装完成后即可运行 QGIS，如图 2-9 所示。

图 2-9　Ubuntu/Debian 系统下的 QGIS 主页面

2. 在 CentOS 系统中安装 QGIS

下面以 epel 仓库为例，在 CentOS 7.7 下安装 QGIS LTR，具体操作如下。

（1）增加 epel 仓库。为了使用较快的 epel 仓库，可以使用第三方提供的开源镜像站。例如，本例使用阿里云的 epel 仓库镜像。在控制台输入以下代码即可增加 epel 仓库（见图 2-10）：

```
sudo rpm -Uvh https://mirrors.aliyun.com/centos/7.7.1908/extras/x86_64/
Packages/epel-release-7-11.noarch.rpm
```

代码中加粗的部分需要与 CentOS 版本一致，读者可以参阅阿里云镜像站获得相关信息。

图 2-10　在 CentOS 系统中增加 epel 仓库

（2）通过以下代码更新 yum 源：

```
sudo yum update -y
```

（3）在控制台运行下面的命令安装 QGIS：

```
sudo yum install qgis
```

或者运行以下命令，同时安装 QGIS、QGIS 的 Python 工具包与 GRASS 的 QGIS 插件：

```
sudo yum install qgis qgis-python qgis-grass
```

安装完成后即可打开 QGIS LTR（见图 2-11）。

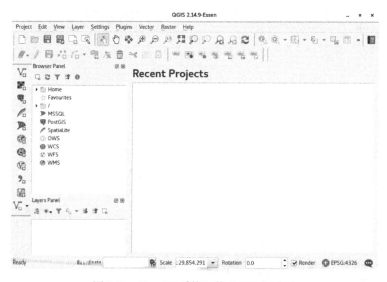

图 2-11　CentOS 系统下的 QGIS 主页面

【小提示】如果用户对操作系统的要求不高，通过下载运行或安装 OSGeoLive 也可以在 Linux 环境（Lubuntu）下使用 QGIS。OSGeoLive 13.0 版本已经集成了 QGIS 3.4 LTR 和众多开源 GIS 软件和工具。

OSGeoLive 的官方网站：http://live.osgeo.org/en/index.html。

OSGeoLive 的中文网站：https://www.osgeo.cn/osgeo-live/。

2.1.3 在 Mac OS 系统中的安装方法

在 Mac OS 系统中安装 QGIS 包括两种方式：QGIS 官方安装包和 kyngchaos 半官方安装包。QGIS 官方安装包只能运行在较新的 Mac OS 版本中。例如，QGIS 3.10 LTR 只能运行在 Mac OS High Sierra (10.13)及更新的版本中。但是，kyngchaos 半官方安装包可以安装在 Mac OS El Capitan (10.11)及更新的版本中。

1. QGIS 官方安装包

具体操作如下。

（1）在 QGIS 官方网站下载并打开安装程序，单击"Agree"按钮同意许可（见图 2-12）。

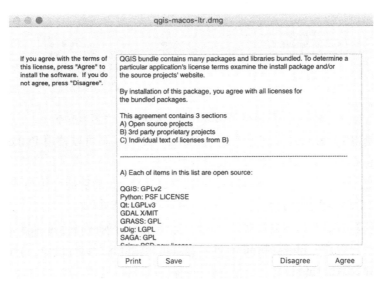

图 2-12　在 MacOS 系统下安装 QGIS——许可页面

（2）在 QGIS 3.10 窗口中，将 QGIS 图标拖动到 Applications 上即可安装（见图 2-13）。

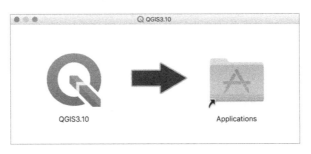

图 2-13　在 MacOS 系统下安装 QGIS——拖动安装页面

2. kyngchaos 半官方安装包

具体操作如下。

（1）在 https://www.kyngchaos.com/software/qgis/网址中找到合适的 QGIS 版本并下

载 dmg 安装文件。

（2）安装文件包括 3 个安装包，以及相关许可、说明文件等（见图 2-14）。通常，依次安装以下安装包（安装选项保持默认）即可完成 QGIS 安装。

- 1 Install python-3.6.8-macosx10.9.pkg。
- 2 Install GDAL Complete 2.4.pkg。
- 3 Install QGIS 3 LTR.pkg。

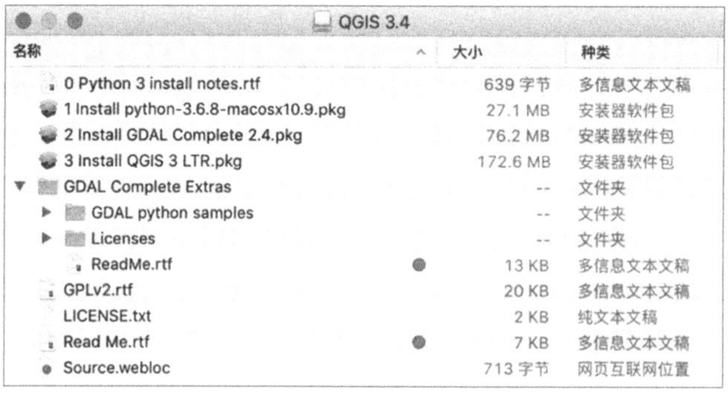

图 2-14　在 Mac OS 系统下安装 QGIS——半官方版本

注意，使用 kyngchaos 半官方安装包安装 QGIS 时，不可以使用 Python 3.7 版本，且必须使用 python.org 官方编译的 Python 3 才有效。

为了统一，本书后文均在 Windows 环境中进行 QGIS 的功能介绍与演示，QGIS 在 Linux 和 Mac OS 环境中的基本用法与 Windows 环境基本相同。

【小提示】QGIS 的官方安装说明：https://qgis.org/zh_CN/site/forusers/alldownloads.html。

QGIS 编译说明：https://htmlpreview.github.io/?https://raw.github.com/qgis/QGIS/master/doc/INSTALL.html。

2.2　初识 QGIS

本节介绍 QGIS 的打开方式、界面，以及个性化 QGIS 界面的基本方法。

2.2.1　打开 QGIS

在 Windows 系统中安装好 QGIS 以后，可以在"开始"菜单找到 QGIS 3.10 目录，如图 2-15 所示，各个快捷方式的功能如下：

- GRASS GIS <版本号>：GRASS GIS 主程序。
- OSGeo4W Shell：OSGeo4W 控制台，包含 GDAL 等运行环境。
- QGIS Desktop <版本号>：独立的 QGIS 桌面软件。
- QGIS Desktop <版本号>with GRASS <版本号>：包含 GRASS 的 QGIS 桌面软件，可以运行 GRASS 工具，还可以使用 GRASS 插件。

- Qt Designer with QGIS <版本号> custom widgets：包含 QGIS 自定义组件的 Qt Designer，可以用于设计插件面板等二次开发工作。
- SAGA GIS (<版本号>)：SAGA GIS 主程序。
- Setup：OSGeo4W 安装程序。

图 2-15　Windows 系统中的 QGIS "开始" 菜单

单击 "QGIS Desktop <版本号>" 即可打开 QGIS 桌面软件（见图 2-16）。从菜单中可以看到，除了 QGIS 桌面软件，QGIS 还自带 GRASS GIS 和 SAGA GIS 软件，分别可以通过 "GRASS GIS <版本号>" 和 "SAGA GIS (<版本号>)" 打开。这些快捷方式也可以在 Windows 桌面的 QGIS <版本号>目录中找到。

【小提示】使用 OSGeo4W 的方式安装 QGIS 时，开始菜单名称可以由用户指定，默认在 OSGeo4W 菜单下。

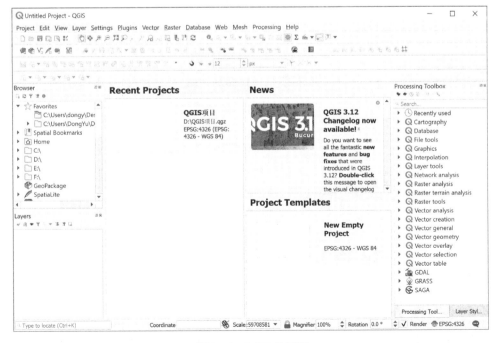

图 2-16　QGIS 主界面

【小提示】如果出现"应用程序无法正常启动(0xc0000022)，请单击'确定'关闭应用程序"的错误，可以尝试以管理员身份运行 QGIS 来解决这个问题。

在默认情况下，QGIS 的默认语言是英语，我们可以通过以下操作将 QGIS 语言设置为汉语。

（1）在 QGIS 菜单栏选择"Settings"—"Options..."命令，打开 QGIS 语言设置对话框（见图 2-17）。

图 2-17 QGIS 语言设置

（2）选择" General"选项卡，勾选"Override system locale"复选框，并将"User Interface Translation"选项修改为"简体中文"，单击"OK"按钮。

（3）重启 QGIS，此时界面的语言将被修改为简体中文（见图 2-18）。

图 2-18 QGIS 中文界面

由于 QGIS 的界面语言翻译是依靠社区的，因此除了英语，其他的语言翻译可能出现一些错误。为了避免出现这些错误，本书之后的章节均采用英语界面。

2.2.2 QGIS 界面

QGIS 的界面可以分为五部分：菜单栏、工具栏、面板、地图区域和状态栏（见

图 2-18），主要功能如下。

- 菜单栏（Menu）：几乎 QGIS 所有的功能都可以在菜单栏找到，包括项目（Project）、编辑（Edit）、视图（View）、图层（Layer）、设置（Settings）、插件（Plugins）、矢量（Vector）、栅格（Raster）、数据库（Database）、网络（Web）、网孔（Mesh）、处理（Processing）、帮助（Help）等菜单。
- 工具栏（Toolbar）：工具栏是按照功能逻辑划分的具有特定类型的功能按钮的集合，提供常用 GIS 功能的入口，主要包括项目工具栏（Project Toolbar）、插件工具栏（Plugins Toolbar）、矢量工具栏（Vector Toolbar）、属性工具栏（Attributes Toolbar）等。在菜单栏、工具栏或面板的空白处右击，可以设置各类工具栏的可见性。
- 面板（Panel）：特定 GIS 功能区域，主要包括浏览面板（Browser Panel）、图层面板（Layers Panel）、处理工具箱面板（Processing Toolbox Panel）、图层样式面板（Layer Styling Panel）等。在菜单栏、工具栏或面板的空白处右击，可以设置各类面板的可见性。
- 地图区域（Map Area）：地图画布显示区域，是 QGIS 最重要的界面区域，用于显示由至少一个图层组成渲染的地图，是地图制图和空间分析的可视化工具。在 QGIS 启动时，地图区域分为最近的项目（Recent Projects）、新闻（News）和项目模板（Project Templates）三部分：最近的项目帮助用户打开最近使用的 QGIS 项目；新闻显示 QGIS 官方的新闻；项目模板显示所有的项目模板，并包含新建空项目（New Empty Project）的快捷选项。
- 状态栏（Status）：地图状态显示区域，显示鼠标当前坐标、地图区域的四至范围、比例尺、旋转角度、投影坐标系等。

下面逐一介绍菜单栏、面板和状态栏的主要功能。

1. 菜单栏

在默认情况下，QGIS 共包括项目、编辑、视图等 13 个主菜单，各个主菜单的主要功能如表 2-3 所示。

表 2-3　QGIS 的主菜单及其功能

菜 单 名 称	主 要 功 能
项目（Project）	创建、打开、保存项目；渲染地图；地图捕捉选项设置等
编辑（Edit）	矢量编辑、属性编辑等
视图（View）	各种面板、工具栏的可见性设置；地图视图与图层控制等
图层（Layer）	创建、加载、复制、粘贴、嵌入图层或图层组等
设置（Settings）	地图样式管理、投影管理、快捷键设置等 QGIS 基本设置选项
插件（Plugins）	安装和管理插件；打开 Python 控制台窗口等
矢量（Vector）	常见的矢量数据管理和分析
栅格（Raster）	常见的栅格数据管理和分析
数据库（Database）	数据库管理器等
网络（Web）	打开 MetaSearch 客户端等

续表

菜 单 名 称	主 要 功 能
网孔（Mesh）	网孔数据计算器等
处理（Processing）	工具箱、历史、结果视图、图形化建模等
帮助（Help）	帮助和 API 文档等

2. 面板

在默认情况下，QGIS 共包括浏览面板、图层面板、处理工具箱面板等 15 个面板，主要功能如表 2-4 所示。

表 2-4 QGIS 的面板及其功能

面 板 名 称	主 要 功 能
图层面板（Layers Panel）	显示当前地图画布内所有的图层
浏览面板（Browser Panel）	显示与连接各类 GIS 数据源（最多支持显示两个浏览面板）
高级数字化面板（Advance Digitizing Panel）	高级数字化（CAD）工具
空间书签管理器面板（Spatial Bookmark Manager Panel）	空间书签的管理
GPS 信息面板（GPS Information Panel）	连接 GPS 设备与读取 GPS 数据
切片尺度面板（Tile Scale Panel）	选择切片数据的几种固定尺度
查询面板（Identify Results Panel）	显示 Identify 空间查询结果
结果显示器面板（Results Viewer Panel）	显示地理处理工具的 HTML 等形式的结果浏览入口
图层排序面板（Layer Order Panel）	为多个图层排序
图层样式面板（Layer Styling Panel）	快速修改选定的图层样式
统计结果面板（Statistical Panel）	快速显示矢量图层属性的统计信息
鹰眼面板（Overview Panel）	显示当前地图画布的鹰眼图
日志消息面板（Log Messages Panel）	显示 QGIS 的日志与消息
撤销/恢复面板（Undo/Redo Panel）	撤销/恢复工具
处理工具箱面板（Processing Toolbox Panel）	显示 QGIS 处理工具箱

各类面板的可见性可以通过菜单栏中的"View"—"Panels"命令进行选择。另外，QGIS 面板可以停靠在 QGIS 窗口的两侧及底部，也可以将不同的面板组合，并采用选项卡的方式切换。

3. 状态栏

状态栏是 QGIS 窗口底部的显示组件，包括 QGIS 各种功能的快速入口，以及操作地图画布等功能（见图 2-19）。

图 2-19 状态栏

1）定位器（Locator）

定位器是快速打开 QGIS 选项和功能的工具，直接输入关键词就可以查找相关功能的列表，快捷键为"Ctrl+K"。单击 🔍 按钮并在弹出的菜单中选择过滤器，可以快速打开 QGIS 某一方面的功能。另外，也可以通过输入快捷过滤字符过滤 QGIS 功能。定位器的过滤功能与快捷过滤字符如表 2-5 所示。

表 2-5　定位器的过滤功能与快捷过滤字符

过 滤 功 能	快捷过滤字符
动作（Actions）	.
计算器（Calculator）	=
处理算法（Processing Algorithm）	a
所有图层的要素（Features in All Layers）	af
空间书签（Spatial Bookmarks）	b
编辑选中的要素（Edit Selected Features）	ef
当前图层的要素（Active Layer Features）	f
图层（Project Layers）	l
布局（Project Layouts）	pl
设置（Settings）	set

定位器的过滤功能可以在菜单"Settings"—"🔧Options…"中的"🔍Locator"选项卡中进行设置。

2）坐标（Coordinate）/四至范围（Extents）

单击🔖按钮或🖵按钮切换坐标和四至范围模式。在坐标模式下，文本框中显示当前鼠标在地图画布中的位置坐标，若设置单位和小数保留位数，可以先选择"Project"—"Properties…"菜单命令，并在弹出的对话框中选择"🔧General"选项卡，再在"Coordinate Display"选项组中进行设置。

3）比例尺（Scale）与放大镜（Magnifier）

在默认情况下，缩放地图时（可通过鼠标中轮操作）地图的比例尺也会随之改变。单击比例尺右侧的下拉按钮，可以选择预设的地图比例尺。若设置比例尺，先选择"Project"—"Properties…"菜单命令，并在弹出的对话框中选择"🔧General"选项卡，再在"Project Predefined Scales"选项组中进行设置。

单击比例尺设置框右侧的🔒按钮，可以锁住地图画布比例尺，缩放地图时地图比例尺将不再变化，变化的是放大镜放大比例。通过放大镜改变地图的显示范围时，地图中的各种符号属性（如点的大小、线的粗细）都会变化，但要素简化的程度不会改变。

4）旋转角度（Rotation）

该功能可以设置地图的旋转角度（旋转以顺时针为正方向）。

5）渲染（Render）

选中该功能后，当地图的显示范围或图层属性发生变化时，地图画布自动渲染刷新，否则将不会实时渲染，可以加快 QGIS 响应速度。

6）投影坐标系（EPSG:4326）

该功能可以改变地图画布的 CRS。打开项目属性对话框，可以修改显示的坐标系。另外，若设置地图画布的 CRS，可以选择"Project"—"Properties…"菜单命令，并在弹出的对话框中选择"🌐CRS"选项卡进行设置。

7）消息（💬Messages）

单击此按钮可以打开日志消息面板。当消息图标为💬时，说明有新消息。

2.2.3 个性化 QGIS

QGIS 提供了自定义用户界面、自定义快捷键、QGIS 设置选项和用户配置管理等高级个性化功能。

1. 自定义用户界面

通过自定义用户界面可以定制菜单、工具栏、面板、状态栏等显示内容。在菜单栏单击"Settings"—"▣ Interface Customization…"，弹出"Interface Customization"对话框，如图 2-20 所示。

勾选"Enable customization"复选框，就可以对界面中的五类对象进行自定义。

- Docks（停靠面板）：启用或停用 QGIS 各类面板。
- Menus（菜单）：启用或停用菜单栏中的菜单。
- StatusBar（状态栏）：启用或停用状态栏中的各个控件。
- Toolbars（工具栏）：启用或停用工具栏及其内部的按钮。
- Widgets（部件）：启用或停用各种 QGIS 对话框的选项卡、按钮、输入框等。

例如，如果不希望在 QGIS 中显示"Web"菜单，则取消勾选"Menus"下的"mWebMenu"复选框（见图 2-21）。单击"OK"（或"Apply"）按钮后重启 QGIS，即可停用菜单栏中的"Web"菜单。

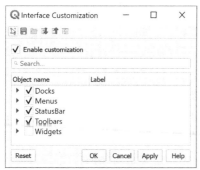

图 2-20 "Interface Customization"对话框

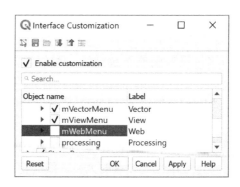

图 2-21 "mWebMenu"选项

类似的，通过"Interface Customization"对话框也可以关闭工具栏、状态栏等中的各种视图和控件。

【小提示】界面自定义完成后，需要重启 QGIS 设置才能生效。

另外，"Interface Customization"对话框的上侧有一个工具栏，各个按钮的功能如下：

- 切换到主窗口控件捕捉模式：选中 按钮后，单击 QGIS 主界面工具栏上的按钮，可以自动启用或停用该功能。例如，单击工具栏中的 （识别要素）按钮，即可将其切换为停用状态（图标变为粉色底色，即 ）。重启 QGIS 以后该按钮将不再显示在工具栏上。
- 保存到文件：将当前的配置保存为后缀名为"ini"的配置文件。
- 从文件载入：加载界面配置文件。
- 全部展开：展开所有节点。
- 全部折叠：折叠所有节点。
- 全选：勾选全部节点。

2. 自定义快捷键

在菜单栏单击"Settings"—"Keyboard Shortcuts…"，即可打开"Keyboard Shortcuts"对话框（见图 2-22）。

图 2-22　"Keyboard Shortcuts"对话框

在列表中选择所需的动作条目后，单击"Change"按钮即可设置快捷键，用户按某个键（或组合键）即可将其保存。关闭对话框后，用户按这个键即可执行对应动作。选中某个动作条目后，单击"Set None"或"Set Default"按钮即可将该动作取消快捷键或设为默认。

通过"Load…"或"Save…"按钮，可以将键盘快捷键的配置以 XML 格式保存或载入。

3. QGIS 设置选项

在菜单栏单击"Settings"—"Options…"，即可打开 QGIS 设置选项对话框（见图 2-23），在此可以进行 QGIS 软件的全局设置。

QGIS 设置选项的选项卡及其主要功能如下。

- General（通用）：设置语言和区域环境、界面样式和字体、默认项目和项目模板目录等。

- System（系统）：SVG 图标路径、插件路径、帮助文档搜索路径、环境变量设置等。
- CRS（坐标参考系）：默认坐标参考系、默认基准面变换设置等。
- Data Sources（数据源）：数据源打开、处理、要素属性表默认显示情况等设置。
- Rendering（渲染）：波段选择、要素简化等地图渲染选项。
- Canvas & Legend（画布和图例）：地图背景、要素选择色彩等设置选项。
- Map Tools（地图工具）：点选识别要素搜索半径、颜色；测量工具默认颜色、单位；地图预定义比例尺等。
- Colors（颜色）：默认配色方案设置等。
- Digitizing（数字化）：数字化中吸附工具参数等设置。
- Layouts（布局）：地图布局的默认外观等设置。
- GDAL：GDAL 驱动选项。
- Variables（变量）：QGIS 全局变量设置。
- Authentication（认证）：认证和证书管理。
- Network（网络）：WMS 搜索、缓存目录、网络代理等设置。
- Locator（定位器）：定位器过滤设置。
- Advanced（高级）：以树形结构组织的全部高级 QGIS 设置。
- Acceleration（加速）：使用 OpenCL 提升 QGIS 性能。
- Processing（空间处理）：处理工具箱设置，以及各种算法提供者的设置选项。

后续章节将逐步介绍这些设置选项。

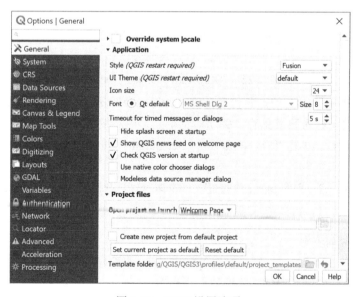

图 2-23　QGIS 设置选项

4. 用户配置管理

当 QGIS 软件被不同用户使用，或者其进行不同的数据处理工作时，QGIS 的配置

（设置选项、快捷键设置、界面自定义等）需求可能不同，可以通过用户配置管理划分不同的软件环境。

安装 QGIS 后，存在一个默认用户配置"default"。选择菜单命令"Settings"—"User Profiles"—"New Profile…"，在弹出的对话框中输入新的配置名称，单击"OK"按钮，即可创建一个新的用户配置（见图 2-24）。

图 2-24　新的 QGIS 用户配置

通过菜单命令"Settings"—"User Profiles"可以切换不同的用户配置。当选中其中一个用户配置时，QGIS 会打开一个新窗口，并采用独立的用户配置。

选择菜单命令"Settings"—"User Profiles"—"Open Active Profile Folder"，即可打开当前用户配置的目录。在 Windows 10 操作系统中，默认用户配置"default"的目录在"C:\Users\<用户名>\AppData\Roaming\QGIS\QGIS3\profiles\default"中。

5. 自定义工具栏

自定义工具栏需要使用 QGIS 中的"Customize ToolBars"插件，具体的安装方式参见"11.1.2 插件的安装与卸载"。插件安装完成后，选择菜单命令"Plugins"—"Customize ToolBars"—"Customize ToolBars"。"Qgis Tools"列列出了 Menus（菜单栏）、ToolBars（工具栏）和 Processing Algorithms（处理工具箱）中的各项功能和工具，"My ToolBars"列是新建工具栏的工具列表。

单击"New ToolBar"按钮即可创建一个新的工具栏：在弹出的对话框中输入工具栏的名称"测试工具栏"，单击"OK"按钮。可以通过拖曳的方式将左侧的工具拖入右侧的工具栏中。例如，可以把"Menus"—"Vector"—"Geometry Tools"中的" Centroids…"、" Multipart to singleparts"和" Simplify…"三个工具拖入"测试工具栏"中（见图 2-25）。

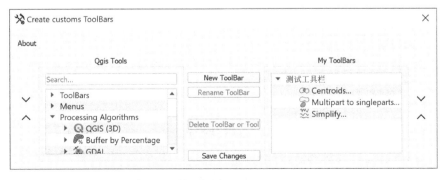

图 2-25　使用"Customize ToolBars"

选中"测试工具栏",单击"Rename ToolBar"按钮,可以更改工具栏名称。选中右侧的工具栏或工具,单击"Delete ToolBar or Tool"按钮,可以删除工具栏或工具栏中的工具。单击窗口两侧的 ∨ 和 ∧ 按钮,可以调整工具的顺序。

单击"Save Changes"按钮保存更改,在 QGIS 主界面上方弹出消息"Info: Save correctly."则说明保存成功。此时,在 QGIS 的主界面即可使用创建的工具栏(见图 2-26)。

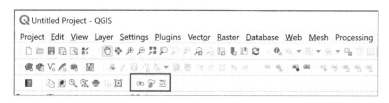

图 2-26　自定义工具栏

2.3　QGIS 项目与图层

QGIS 项目相当于一个针对特定任务的工作空间,其不仅保存地图的图层,还包括图层名称、数据源、符号、字体、数据显示范围等多种配置与资源信息,甚至还可以存储处理模型。在 QGIS 中,一个项目可以包括多个地图图层。本节介绍 QGIS 项目与图层的基本概念与操作方法。

2.3.1　QGIS 项目

一个项目可以保存为项目文档,后缀名为"qgz"或"qgs"。在 QGIS 3 以前,只能通过"qgs"文件保存项目。"qgs"文件的本质是存储图层的信息等的 XML 文件。在 QGIS 3 以后,"qgz"格式采用 ZIP 压缩方法,不仅包含"qgs"文件,还包括附属数据库(Auxiliary Storage)文件(后缀名为"qgd")。自 QGIS 3.2 以来,"qgz"文件成为 QGIS 项目的默认存储格式,本书也使用"qgz"文件存储 QGIS 项目。

1. 新建项目

打开 QGIS,选择"Project"—"New"菜单命令,即可创建一个 QGIS 项目(快捷键为"Ctrl+N"),如图 2-27 所示。

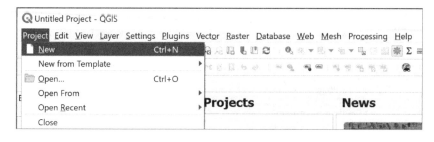

图 2-27　新建项目

2. 打开项目

选择"Project"—"Open..."菜单命令，即可弹出"打开项目"对话框（快捷键为"Ctrl+O"），可以在弹出的对话框中选择并打开后缀名为"qgz"或"qgs"的项目文件。另外，在 Windows 操作系统中，直接双击"qgz"或"qgs"文件也可以打开 QGIS 项目。

3. 保存项目

选择"Project"—"Save"菜单命令，即可保存项目（快捷键为"Ctrl+S"）。如果当前项目是新建且还未保存的项目，则会弹出"另存为"对话框提示用户选择保存位置。另外，选择"Project"—"Save As..."菜单命令可以另存项目（快捷键为"Ctrl+Shift+S"）。

4. 关闭项目

选择"Project"—"Close"菜单命令，即可关闭当前项目。

5. 恢复项目

如果项目文件经过修改且未保存，则可以通过"Project"—"Revert..."菜单命令恢复到上次保存时的状态（见图 2-28）。

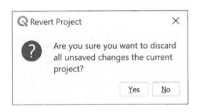

图 2-28　"Revert Project"对话框

6. 在 PostgreSQL 数据库中保存/打开项目

QGIS 的第一个版本就是为了打开和浏览 PostgreSQL 中的矢量数据，因此 QGIS 与 PostgreSQL 密不可分。QGIS 可以将项目保存在 PostgreSQL 数据库中，具体操作如下。

1）新建 PostgreSQL 的连接

在 QGIS 浏览器的"🐘PostGIS"上右击，在弹出的快捷菜单中选择"New Connection..."命令，弹出创建 PostGIS 连接对话框。填写必要的数据库连接信息后，务必选择"Allow saving/loading QGIS projects in the database"选项，单击"OK"按钮完成创建。如果没有选择此选项，则在保存项目到 PostgreSQL 数据库时，会出现"Storage of QGIS projects is not enabled for this database connection"提示，无法保存 QGIS 项目。

2）保存项目

选择"Project"—"Save To"—"PostgreSQL..."菜单命令，即可打开"Save project to PostgreSQL"对话框，如图 2-29 所示。

在"Connection"下拉列表中选择 PostgreSQL 的数据库连接名称；在"Schema"下拉列表中选择数据库模式；在"Project"下拉列表中输入保存的 QGIS 项目名称，单击"OK"按钮即可保存项目。

3）打开项目

如果需要打开保存在 PostgreSQL 中的项目，则可以先选择"Project"—"Open From"—"PostgreSQL…"菜单命令，再选择项目打开即可。另外，在浏览面板中打开 PostgreSQL 的数据库的连接，即可直接通过双击或拖曳的方式打开 QGIS 项目，如图 2-30 所示。

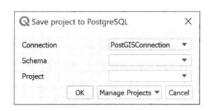

图 2-29　保存 QGIS 项目到 PostgreSQL 数据库　　图 2-30　PostGIS 数据库中存储的 QGIS 项目

4）删除项目

在 QGIS 菜单栏中选择"Project"—"Save To"—"PostgreSQL..."命令，打开"Save project to PostgreSQL"对话框，如图 2-29 所示。在"Project"选项中选择需要删除的 QGIS 项目，单击"Manage Projects"的下拉菜单，选择"Remove Project"即可删除 QGIS 项目。

7. QGIS 项目属性

选择"Project"—"Properties..."菜单命令，即可打开 QGIS 项目属性对话框（快捷键为"Ctrl+Shift+P"），如图 2-31 所示。

图 2-31　QGIS 项目属性的"General"选项卡

在 QGIS 项目属性对话框中可以设置项目的基本选项。

- General（通用）：设置项目文件、主目录、标题、计量单位、坐标显示、预定义比例尺等基本信息。
- Metadata（元数据）：设置项目的元数据，包括识别符、标题、作者、语言、摘要、类别、关键字、联系人、链接、项目历史等，以及元数据的验证工具。元数据的设置有助于其他研究人员了解该项目的有关信息。

- CRS（坐标参考系）：设置项目的坐标参考系，也是地图画布中的参考系。
- Default Styles（默认样式）：设置加入图层时采用的默认样式。
- Data Sources（数据源）：设置各个图层的数据源。
- Relations（连接）：设置不同图层中属性的连接。
- ℰ Variables（变量）：查看和设置 QGIS 及项目的变量。
- Macros（宏）：通过 Python 语言设置项目打开、保存和关闭时自动运行的宏程序。
- QGIS Server（QGIS 服务器）：设置将项目通过 QGIS Server 发布服务时的一些基本权限，并配置测试工具。

【小提示】在默认情况下，QGIS 图层指向数据源位置时采用"相对路径（relative）"的方式进行保存，如果需要将其更改为"绝对路径（absolute）"，则在"General"选项卡"General Settings"组的"Save paths"下拉列表中选择"absolute"即可。

2.3.2 QGIS 图层

一个 QGIS 项目可以包含一个或多个图层，图层经过叠加即可形成一幅完整的地图。在 QGIS 中，图层并不保存数据的实体，而是引用各种类型的数据源，并利用图层样式等属性渲染数据。项目中所有的图层都可以在 QGIS 图层面板的列表中找到，每个一级节点代表一个图层（图层项）。有些图层节点可以被展开，用于显示符号化属性。

在学习图层之前，首先要学习如何在 QGIS 中添加一个矢量数据（Shapefile 格式）和一个栅格图层（GeoTiff 格式）作为测试数据。本节使用吉林省高程数据（jilin_srtm.tif）作为矢量测试数据，使用吉林省地级行政区划数据（jilin_dist.shp）作为栅格测试数据。上述文件可以从本书的测试数据中找到。

本节将介绍如何将这两个数据加入 QGIS 中并保存项目。为了便于学习，请将上述数据放置到一个可写入的目录下，本节也会将项目文件保存在此目录下。

1. 矢量图层与 Shapefile 数据

数据源为矢量数据的图层被称为矢量图层。此处以 Shapefile 数据为例，介绍矢量图层的基本指示，在 QGIS 中加入矢量图层的方法参见"3.1.2 添加矢量数据"。

Shapefile 格式（OGR 编码为 ESRI Shapefile）是由 ESRI 研发的矢量数据格式之一，使用非常广泛。然而，Shapefile 格式数据并不是单一的文件，而是由文件名相同的一系列文件组成的。Shapefile 格式数据至少具有以下三种文件：

- "shp"文件：Shapefile 数据的主文件，用于保存各种地理要素的几何实体。
- "shx"文件：图形索引格式文件，用于保存几何实体位置索引，即记录每个几何实体在"shp"文件中的位置，能够加快向前或向后搜索一个几何实体的效率。
- "dbf"文件：属性数据格式文件，以 dBase IV 的数据表格式存储每个几何实体的属性数据。

除此之外，一个 Shapefile 格式数据还可以包括坐标系统描述文件（prj）、统计信息

53

描述文件（shp.xml）、空间索引文件（sbn）等。

【小提示】在 QGIS 中打开 Shapefile 数据图层时，如果出现了属性表中文乱码的问题，可以使用以下方法解决问题。

（1）在默认情况下，QGIS 会忽略 Shapefile 数据的 dBase 编码声明（"cpg"文件）。在菜单栏中选择"Settings"—"Options…"命令，打开 QGIS 设置选项对话框。在"Data Sources"选项卡中，取消勾选"Ignore shapefile encoding declaration"选项，单击"OK"按钮保存即可。

（2）如果误删了 Shapefile 数据的编码声明文件，可以在 Shapefile 数据图层的右键菜单中选择"Properties…"命令，打开属性对话框，在"Source"选项卡中，将"Data source encoding"选项设置为正确的编码格式，这种方式不仅可以用于 Shapefile 数据图层，而且适用于任何矢量数据图层。

通过数据源管理器添加 Shapefile 数据图层的操作方法如下。

（1）在菜单栏中选择"Layer"—"Data Source Manager"命令，即可打开数据源管理器（快捷键：Ctrl+L）。另外，该工具也可以在工具栏中找到。

（2）选择"Vector"选项卡，如图 2-32 所示。

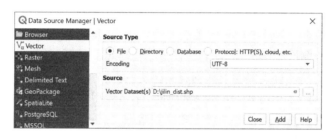

图 2-32　通过数据源管理器添加矢量图层

（3）单击"Vector Dataset(s)"选项右侧的"…"按钮，在弹出的对话框中选择吉林省行政区划的 Shapefile 数据的主文件"jilin_dist.shp"，单击"OK"按钮。

（4）单击"Data Source Manager"对话框中的"Add"按钮，即可将 Shapefile 数据文件添加到 QGIS 项目中。

此时，QGIS 会自动为该数据创建一个矢量图层，并随机选择一种颜色对面要素进行渲染。如果希望删除这个图层，可以在图层列表中的"jilin_dist"图层项上右击，并选择"Remove Layer…"命令，此时 QGIS 恢复到空项目的状态。

【小提示】对于矢量图层来说，在其右键菜单中选择"Show Feature Count"命令，即可在图层项的右侧显示要素的数量。

2. 栅格图层与 GeoTiff 数据

GeoTiff（Georeferenced Tagged Image File Format，GDAL 编码：GTiff）是最常用的栅格数据类型之一。Tiff 文件本身包含文件头，且用标签（Tag）的形式记录数据的相关信息，因此 GeoTiff 不一定需要 World File 文件"tfw"和坐标系声明文件"prj"等文件，并将其元数据记录在 GeoTiff 文件本身。不过，作为栅格格式，GeoTiff 数据可能存在金字塔文件"ovr"和描述文件"xml"。

采用数据源管理器添加 GeoTiff 数据图层的操作如下。

（1）打开数据源管理器。

（2）在"▦Raster"选项卡中，单击"Raster Dataset(s)"选项右侧的"…"按钮（见图 2-33），在弹出的对话框中，选择 GeoTiff 数据文件"jilin_srtm.tif"，单击"OK"按钮。

图 2-33　通过数据源管理器添加栅格图层

（3）单击"Data Source Manager"对话框中的"Add"按钮，即可将吉林省高程数据添加到项目中。

在图层面板中，"▦"图标指示一个栅格图层。与矢量图层类似，可以在图层的右键菜单中选择"▢Remove Layer..."命令移除图层。

2.3.3　QGIS 项目模板

通过项目模板功能，可以复用图层渲染、地图整饰等设置，减少许多重复性工作。本节介绍如何创建及使用项目模板。

1. 创建项目模板

在菜单栏选择"Project"—"Save To"—"Templates…"命令，即可将当前项目保存为模板。

在 Windows 10 系统中，默认 QGIS 项目模板文件在以下目录中（将"<用户名>"更改为当前用户名）：C:\Users\<用户名>\AppData\Roaming\QGIS\QGIS3\profiles\default\project_templates。

QGIS 项目模板支持"qgz"和"qgs"两类项目格式。

【小提示】项目模板目录可采用以下方法设置：在菜单栏选择"Settings"—"Options…"命令，在弹出的 QGIS 设置选项对话框中，选择"General"选项卡，并在"Project files"选项组中找到"Template folder"选项进行设置。

有时，我们需要把图层中的数据作为模板的一部分保存起来。在本例中，栅格数据作为底图要被多次使用，而矢量数据则需要替换。所以，我们将 GeoTiff 数据和项目文件都复制到模板目录下。

2. 利用模板创建项目

通过模板创建一个新的 QGIS 项目的方法如下：在菜单栏选择"Project"—"New

from Template"菜单命令，并在子菜单中选择一个 QGIS 项目模板（见图 2-34）。

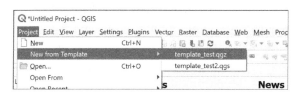

图 2-34　通过模板新建 QGIS 项目

通过项目模板创建 QGIS 项目（或者打开 QGIS 项目）时，如果某些图层的数据源缺失，则会自动弹出"Handle Unavailable Layers"对话框处理这些数据（见图 2-35）。

图 2-35　处理失效图层

对于用相对路径指向数据源的项目来说，复制 QGIS 项目时要一并复制数据（保持数据与项目的路径关系），这样才不会出现失效图层的情况。因此，创建 QGIS 项目模板时，如果某些图层需要复用，则建议将这些图层的数据也保存在项目模板目录下。

【小提示】图层的数据源可以通过右键菜单的"Change Data Source…"选项进行更改与设置。

2.4　基本地图操作

本节以 QGIS 主窗体的地图区域为中心，介绍地图视图控制、地图装饰、地图导出与空间书签的基本操作方法。

2.4.1　地图视图控制

地图视图（也称为地图画布）用于显示地图控件，QGIS 主窗体的地图区域就是一个地图视图。QGIS 支持多地图视图，即可以在保留地图区域的基础上，以面板的形式增加地图视图（或 3D 地图视图）。QGIS 多个地图视图采用同一个图层控制面板控制，因此一般用于显示同一个地图主题的不同四至范围数据（或以 3D 形式展示数据）。

1. 地图视图控制

地图视图控制可以使用地图浏览工具栏（Map Navigation Toolbar）实现（见图 2-36）。

图 2-36　地图浏览工具栏

地图浏览工具栏中的各个按钮的功能如下：

- 地图平移模式：通过拖动鼠标的方式平移地图。
- 显示选中内容：平移到选中的矢量要素。
- 地图放大模式：通过单击或框选的方式放大地图。
- 地图缩小模式：通过单击或框选的方式缩小地图。
- 缩放到原始分辨率：缩放到选中栅格图层的原始分辨率，即屏幕上的一个像素点对应栅格数据的一个像元时的分辨率。对于切片数据图层来说，缩放到最近邻的切片层级的原始分辨率。
- 全图显示：缩放到显示地图的全部数据内容。
- 缩放到选中内容：缩放到选中的矢量要素。
- 缩放到图层：缩放到显示选中图层的全部数据内容。
- 撤销显示范围：返回地图的前一个显示范围。
- 前进显示范围：前进到地图的后一个显示范围。
- 新建地图视图：创建一个新的地图视图面板。
- 新建空间书签：创建一个空间书签。
- 显示空间书签面板：在浏览面板中浏览空间书签。
- 刷新：刷新地图视图。

在默认情况下，地图视图处于平移模式，这种模式也最常用。在该模式下，不但可以使用鼠标左键拖曳平移地图，也可以通过鼠标滚轮放大或缩小地图，还可以直接通过单击的方式定位地图。另外，按住 Ctrl 键的同时滚动鼠标滚轮，可以更精细地控制地图缩放的比例尺。

【小提示】在所有模式下，当地图视图处于窗口焦点时，按空格键（或鼠标中键）后移动鼠标也可以平移图层。这种平移方式在要素编辑时较实用。

如果希望突出显示 QGIS 或地图区域，暂时隐藏面板等部件，可以尝试使用"View"菜单下的以下功能，它们在使用 QGIS 作报告或交流讨论时非常实用。

（1）Toggle Full Screen Mode（快捷键为 F11）：切换全屏显示模式。在全屏显示模式下，标题栏将不显示。

（2）Toggle Panel Visibility（快捷键为"Ctrl+Tab"）：切换面板可见性。

（3）Toggle Map Only（快捷键为"Ctrl+Shift+Tab"）：切换只显示地图区域模式。

2. 多地图视图

选择"View"—"New Map View"菜单命令，即可创建一个新的视图，QGIS 将其命名为"Map 1"。在新的地图视图中，单击工具栏中的按钮，可以设置独立的比例尺、旋转角度、放大比例、坐标系、是否显示注记等（见图 2-37），也可以将同一套数据在不同的角度下进行对比，是 GIS 科研、生产中的重要工具。

【小提示】虽然多地图视图可以创建主地图视图的鹰眼图，但鹰眼图也可以简单地通过打开鹰眼图面板（Overview Panel）实现。

图 2-37 地图视图选项

3. 3D 地图视图

3D 地图视图提供了地理空间数据的三维展现方式，不仅可以建立三维场景，而且可以实现动画漫游。

本例将样例数据的"test_dem.tif"文件（地形数据）和"test_dom.tif"文件（影像数据）加入 QGIS 主地图视图中，并将"test_dom.tif"图层叠加在上方，选择"View"—"New 3D Map View"菜单命令（快捷键为"Ctrl+Shift+M"），打开"3D Map 1"面板，如图 2-38 所示。单击 3D 地图视图面板工具栏的按钮，即可打开"3D Configuration"对话框，如图 2-39 所示，将"Terrain"选项组的"Type"选项设置为"DEM (Raster layer)"，并在"Elevation"选项中选择"test_dem"数据，单击"OK"按钮，即可建立三维场景。

图 2-38 3D 地图视图   图 2-39 3D 地图视图的设置选项

此时，可以通过以下方式控制 3D 地图视图显示。

（1）全图显示：单击工具栏中的 按钮，可以将视图缩放到全图范围，以重置显示范围。

（2）三维旋转视图：按住鼠标中键（或者按住 Shift 键和鼠标左键），移动鼠标可以使相机围绕窗口中心旋转，从而改变相机位置，用不同的视角观察地物。

（3）改变相机方向：按住 Ctrl 键和鼠标左键（或者拨动视图右侧的指南针），移动鼠标可以移动相机位置，从而实现从某一位置观察整个三维场景的目的。

（4）缩放：滑动鼠标中键滚轮（或者按住鼠标右键并上下移动鼠标，也可以使用视图右侧的 和 按钮）可以推进/回退相机，从而调整观察地图的视野。

（5）升降相机：按 Page Up 与 Page Down 键（或者使用视图右侧的 和 按钮）可以升降相机。

（6）平移相机：使用方向键（或者使用视图右侧的▼、▲、◀和▶按钮）可以平移相机，以便将关注的地物中心移动到窗口的中心位置。

【小提示】QGIS 主地图视图的坐标系为投影坐标系时才可以使用三维地图视图。

在"3D Configuration"对话框中，还可以对 3D 地图视图进行以下设置。

- Field of View（视场角）：改变相机的视场范围。
- Type（高程类型）：包括 Flat terrain（平地）、DEM (Raster layer)（DEM 栅格数据）和 Online（在线）三个选项。
- Elevation（高程）：用于生成地形的栅格数据源（仅在 DEM 栅格数据类型下出现）。
- Vertical scale（垂直比例）：地形垂直方向的缩放因子，可以用来扩大或缩小地形起伏，默认为 1.0。
- Tile resolution（切片分辨率）：地形的切片分辨率。该值越大，地形显示越精细，默认为 16px（仅在 DEM 栅格数据和在线类型下出现）。
- Skirt height（裙边高度）：为了避免由于地形切片之间对接不准而导致的断层瑕疵，提高裙边高度可以在切片边缘生成一个垂直的"裙面"，从而挡住这些瑕疵，默认为 10 地图单位（仅在 DEM 栅格数据和在线类型下出现）。
- Map theme（地图主题）：选择地图主题。
- Terrain shading（阴影）：可以设置生成阴影的环境光颜色（Ambient）、镜面光颜色（Specular）和地表光滑程度（Shininess）。
- Lights（光源）：设置一个或多个光源，包括位置（X、Y、Z）、颜色（Color）、强度（Intensity）和衰减参数（Attenuation）等。
- Map tile resolution（地图切片分辨率）：附着在地形表面的地图切片的分辨率。该值越大，地形显示越精细。
- Max screen error（最大屏幕误差）：当屏幕上的地形误差超过这一阈值时，该地形切片将替换为更精细的数据切片。

- Max ground error（最大地面误差）：当地表的地形误差超过这一阈值时，该地形切片将替换为更精细的切片。
- Zoom levels（缩放比例）：可以缩放的显示比例（取决于地图切片分辨率和最大地面误差）。
- Show labels（显示标签）：选择是否显示地图标签。
- Show map tile info（显示地图切片信息）：选择是否显示地图切片的编号和边界（常用于调试，查找 3D 地图显示方面的问题）。
- Show bounding boxes（显示边界框）：选择是否显示地图切片的三维边界框（常用于调试，查找 3D 地图显示方面的问题）。
- Show camera's view center（查看相机的中心位置）：在窗口中央显示红点，指示相机的中心位置。

4. 地图预览

地图预览可以模拟复印件、传真、色盲等场景下地图的显示色彩，有助于针对特定用途和特殊人群设计地图。选择"View"—"Preview Mode"菜单命令，即可看到这些预览模式（见图 2-40）。

- Normal：普通模式。
- Simulate Photocopy (Grayscale)：模拟复印件（灰度）。
- Simulate Fax (Mono)：模拟传真（单色）。
- Simulate Color Blindness (Protanope)：模拟色盲（红色色盲）。
- Simulate Color Blindness (Deuteranope)：模拟色盲（绿色色盲）。

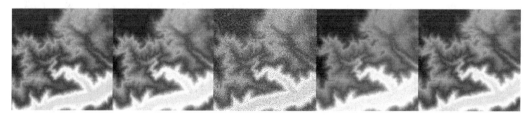

普通模式　　　模拟复印件（灰度）　　模拟传真（单色）　　模拟色盲（红色色盲）模拟色盲（绿色色盲）

图 2-40　地图预览模式

【小提示】在这些特殊场景下设计地图时，可以打开一个新的地图视图面板，以便于正常预览模式与特殊预览模式之间的对比和设计。

2.4.2　地图装饰

本节利用 QGIS 的地图装饰功能进行简单的地图制作，满足基本的工作和制图需求，没有添加图例等部分重要设置功能。更高级的地图装饰和制图可参见"第 8 章　地图制图"的相关内容。

本节以样例数据中的"jilin_dem.qgz"项目为例，介绍如何在 QGIS 项目中增加坐标网、比例尺、指北针、版权标签等地图部件。

1. 增加坐标网

打开"jilin_dem.qgz"项目，选择"View"—"Decorations"—"▦Grid…"菜单命令，弹出"Grid Properties"对话框（见图 2-41）。勾选"Enable Grid"复选框后，将横纵坐标间隔（Interval）均设置为 200000，并勾选"Draw Annotation"复选框，单击"OK"按钮，即可在地图视图中看到当前坐标系下的坐标网。

坐标网类型可以通过"Grid type"选项设置，包括线条（Line）和标记（Marker）两类。另外，在"Grid Properties"对话框中，还可以设置线条（或标记）样式、坐标偏移量、注记字体大小等，读者可自行尝试。

图 2-41　"Grid Properties"对话框

2. 增加比例尺

选择"View"—"Decorations"—"▭Scale Bar…"菜单命令，弹出"Scale Bar Decoration"对话框（见图 2-42）。勾选"Enable Scale Bar"复选框后，通过"Scale bar style"选项设置比例尺样式为"Tick Up"，即开口向上；通过"Placement"选项设置比例尺位置为"Bottom Right"，即底部靠右；通过"Margin from edge"选项调整边缘空白，将其放置在合适的位置，单击"OK"按钮。

图 2-42　比例尺选项

"Scale bar style"选项中的比例尺样式共包括开口向下（Tick Down）、开口向上（Tick Up）、条形（Bar）、矩形框（Box）四个选项；"Placement"选项中的位置共包括顶部靠左（Top Left）、顶部中央（Top Center）、顶部靠右（Top Right）、底部靠左（Bottom Left）、底部中央（Bottom Center）、底部靠右（Bottom Right）六个选项。另外，通过"Color of bar"、"Font of bar"和"Size of bar"选项可以分别设置比例尺的颜色、字体和尺寸。

3. 增加指北针

选择"View"—"Decorations"—"North Arrow…"菜单命令，弹出"North Arrow Decoration"对话框，勾选"Enable North Arrow"复选框后，通过"Placement"选项设置位置为"Top Left"（可选项与比例尺的相应选项相同），通过"Size"选项调整大小，通过"Margin from edge"选项设置边缘空白等（见图 2-43），单击"OK"按钮。

另外，通过"Color"选项可以设置指北针颜色；通过"Custom SVG"选项可以自定义指北针 SVG 文件；通过"Angle"选项可以设置指北针指向角度（由于投影方式的设置，地图坐标的北方向并不一定为真北方向，选中"Automatic"复选框可以使指北针自动指向真北方向）。

4. 版权标签

选择"View"—"Decorations"—"Copyright Label…"菜单命令，弹出"Copyright Label Decoration"对话框，如图 2-44 所示。勾选"Enable Copyright Label"复选框后，设置版权标签位置为"Bottom Left"，并分别在"Font"和"Margin from edge"选项中调整字体与边缘空白等，单击"OK"按钮即可完成版权标签设置。

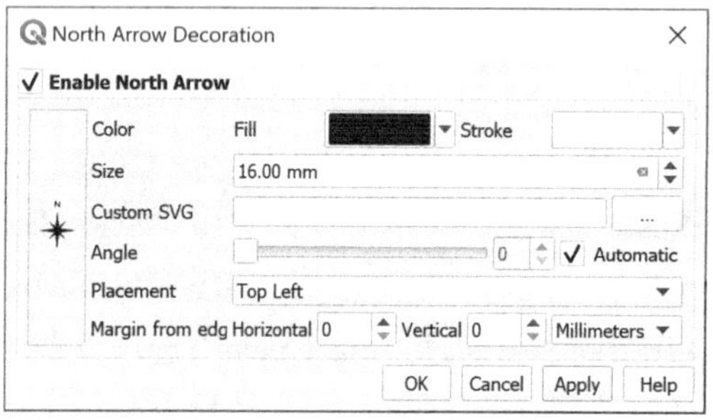

图 2-43　指北针选项 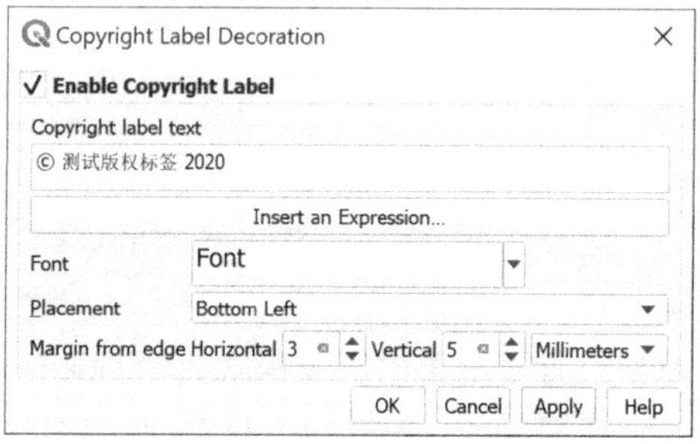　　　　图 2-44　版权标签选项

【小提示】菜单"View"—"Decorations"下还有一个"Layout Extents…"命令，其作用是显示布局中地图在地图画布上的范围。布局的使用参见"第 8 章　地图制图"的相关内容。

2.4.3　地图导出

上节介绍了如何在地图画布中制作一个简单的地图，本节将介绍如何将地图导出为其他文件格式。在 QGIS 中，地图可以导出为图片、PDF 和 DXF 三种格式。

1. 导出地图为图片文件

选择"Project"—"Import/Export"—"Export Map to Image…"菜单命令，弹出"Save Map as Image"对话框，如图 2-45 所示。

在该对话框中，可以分别通过"Extent"、"Scale"和"Resolution"选项对导出的地图范围、比例尺、分辨率等（默认情况下由当前地图视图的范围自动生成）进行设置。单击"Save"按钮即可弹出保存文件对话框。地图可以导出的图片格式如表 2-6 所示。

表 2-6 地图可以导出的图片格式

格　式	描　述	格　式	描　述
BMP (*.bmp)	Bitmap 位图文件	PNG (*.png)	便携式网络图形文件
CUR (*.cur)	Windows 光标文件	PPM (*.ppm)	可移植像素图文件
ICNS (*.icns)	Apple 光标文件	TIF (*.tif)	标签图像文件
ICO (*.ico)	图标文件	TIFF (*.tiff)	标签图像文件
JPEG (*.jpeg)	JPEG 文件	WBMP (*.wbmp)	移动设备位图文件
JPG (*.jpg)	JPG 文件	WEBP (*.webp)	谷歌 WebP 文件
PBM (*.pbm)	可移植位图文件	XBM (*.xbm)	X Bitmap 图形文件
PGM (*.pgm)	可移植灰度图文件	XPM (*.xpm)	X PixMap 文件

2. 导出地图为 PDF 文件

选择"Project"—"Import/Export"—"Export Map to PDF…"菜单命令，即可对当前视图的地图进行导出，如图 2-46 所示。相较于图片文件，PDF 文件可以保留地图中的矢量部分，更适用于高精度的打印和输出。但若在"Advanced Settings"选项组中选择"Rasterize"选项，则导出的 PDF 文件中的所有矢量部分将被栅格化。

图 2-45 "Save Map as Image"对话框

图 2-46 "Save Map as PDF"对话框

【小提示】在导出地图为 PDF 文件时，可以通过"Create Geospatial PDF (GeoPDF)"选项创建 GeoPDF 文件，即包含空间的 PDF 文件。在 QGIS 中，可以分别通过数据源管理器的"$V_\oplus$Vector"和"$\blacksquare_\oplus$Raster"选项卡导入 GeoPDF 文件中的矢量图层和渲染后的栅格图层。

3. 导出地图为 DXF 文件

选择"Project"—"Import/Export"—"Export Project to DXF…"菜单命令，可以将地图导出为 DXF 文件（见图 2-47）。DXF（Drawing Exchange Format）是 AutoCAD 开发的交换格式，包括地理投影等空间信息。遗憾的是，DXF 数据格式无法存储栅格图层。

在"Symbology mode"选项中可以设置导出的符号模式，包括以下三种定义方式：

- 无符号（No symbology）：每个要素都一对一地对应符号定义。
- 要素符号（Feature symbology）：在第一符号级别上，每个要素对应一个符号定义。
- 符号图层符号（Symbol layer symbology）：提供完整的符号定义，更适用于复杂的符号体系。

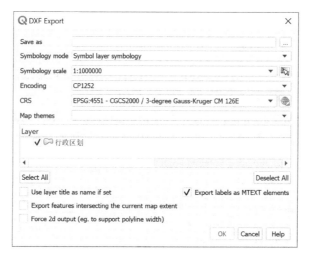

图 2-47　将地图导出为 DXF 文件

这三种导出格式相辅相成，对比如表 2-7 所示。图片格式最简单，但是导出的地图不包含矢量要素和地理投影信息，坐标位置可以采用世界文件的方式存储。PDF 格式可以包括矢量图形，并可以通过 GeoPDF 的方式包括地图的位置信息和地理投影信息。以 DXF 格式存储的地图则可以全面地保存地图的各类空间信息，也方便 AutoCAD 等软件进一步处理和制图，但是由于其格式较复杂，数据打开和处理的速度一般较慢。

表 2-7　几种地图导出格式的对比

可存储的信息类型	图 片 格 式	PDF 格式	DXF 格式
矢量图层		√	√
栅格图层	√	√	

可存储的信息类型	图 片 格 式	PDF 格式	DXF 格式
地理投影		√	√
坐标范围	√	√	√

2.4.4　空间书签

空间书签可以存储某个地理范围（四至范围），是 QGIS 中一个非常实用的功能。当在地图中发现了一个感兴趣的地理要素时，或者找到了一个地图浏览导出非常棒的角度时，可以将当前地图画布的地理范围保存为空间书签，以便于以后查找与浏览。

空间书签包括用户书签和工程书签两类。

- 用户书签（User Bookmarks）：存储在 QGIS 用户配置中的空间书签。
- 工程书签（Project Bookmarks）：存储在 QGIS 项目中的空间书签。

1. 新建空间书签

选择"View"—" New Spatial Bookmark..."菜单命令（快捷键为"Ctrl+B"），弹出"Bookmark Editor"对话框，在"Name"选项设置书签名称；在"Group"选项设置书签分组；在"Extent"选项设置地理范围；在"CRS"选项设置坐标系；在"Saved in"选项设置存储位置（用户书签和工程书签），单击"Save"按钮即可保存书签，如图 2-48 所示。

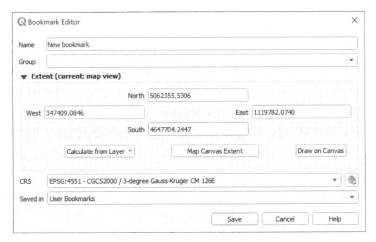

图 2-48　新建空间书签

2. 查看与管理空间书签

在浏览面板的"Spatial Bookmarks"节点下即可看到所有的用户书签和工程书签。双击书签即可在地图视图中定位并缩放到书签位置。在任何一个书签上右击，在弹出的快捷菜单中选择"Zoom to Bookmark"、"Edit Spatial Bookmark..."和"Delete Spatial Bookmark"命令可以分别定位、编辑和删除空间书签。

3. 导入/导出空间书签

选择"View"—"🗒 Show Spatial Bookmark Manager"菜单命令,即可显示空间书签管理器面板(见图 2-49)。

图 2-49　空间书签管理器面板

单击工具栏上的 ◀ 按钮,在弹出的菜单中选择"Export"命令,即可将书签列表导出为 XML 文件,选择"Import"命令,即可导入 XML 书签文件。

2.5　图层的管理

本节主要介绍图层的基本操作(新建、添加、复制和删除图层)及图层组等。

2.5.1　图层的基本操作

前面简单介绍了通过数据源管理器添加矢量数据与栅格数据图层的方法。本节将介绍图层的新建、添加、复制和删除等基本操作,以及如何管理图层间的关系等。

1. 新建图层

在"Layer"—"Create Layer"菜单下可以找到创建 GeoPackage 图层(New GeoPackage Layer)、Shapefile 图层(New Shapefile Layer)、SpatiaLite 图层(New SpatiaLite Layer)和临时草稿图层(New Temporary Scratch Layer)的选项。由于图层并不包含数据,而是通过路径指向数据源,因此新建图层的同时创建了被这个图层引用的数据源。除此之外,还需要为数据源设置投影坐标、几何类型等属性。由于被创建的图层不包含任何的要素数据,因此新建图层功能通常在矢量化数据中使用。

创建临时草稿图层时不需要指定数据的存储位置,系统会将其保存在临时目录下。当退出 QGIS 的时候,临时草稿图层也会被清除,如图 2-50 所示。

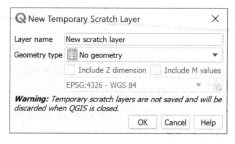

图 2-50　新建临时草稿图层

如果希望创建除了上述类型的矢量数据格式的数据图层，则可以先创建一个临时草稿图层，然后在图层面板的草稿图层上右击，在弹出的快捷菜单中选择"Export"—"Save Features As..."命令，打开矢量图层另存为对话框，即可将其导出为 GeoJSON、KML 等多种常用的矢量数据格式。

【小提示】如果需要创建一个以常量或随机值为像元值的栅格图层，可参考"10.2.1　常量栅格与随机栅格"的相关内容。

2．添加图层

通过以下几种方式可以将地理空间数据添加到 QGIS 的地图视图中。

（1）从数据源管理器添加图层：数据源管理器包括一个浏览选项卡和添加多种数据源的选项卡，几乎可以加入 QGIS 支持的各种数据源。这些用来添加数据源的选项卡可以通过"Layer"—"Add Layer"菜单命令快速打开。

（2）从浏览面板添加图层：在浏览面板中，可以找到本地计算机的文件数据源、已连接的各种数据库数据源和网络数据源等，通过双击或拖曳的方式即可打开数据源。

（3）以拖曳文件的方式添加图层：例如，在 Windows 10 的文件浏览面板中，直接使用鼠标将数据的主文件（如 Shapefile 的"shp"文件）拖曳到 QGIS 地图视图中，即可添加数据图层。

3．复制图层

在被选中的图层上右击，在弹出的快捷菜单中选择"Copy Layer"命令，即可复制图层。在图层面板的空白处右击，在弹出的快捷菜单中选择" Paste Layer/Group"命令，即可将复制的图层粘贴到图层列表中。另外，在图层的右键菜单中选择" Duplicate Layer"命令，可以直接将当前图层复制到该图层的下方。

值得注意的是，数据源是通过路径引用的，因此复制图层并不能复制数据源，只是复制了数据引用路径，以及符号化、图表等属性设置。新复制的图层和原始图层采用的数据源是相同的。

如果希望把一个 QGIS 项目的部分图层复制到另外一个 QGIS 项目中，还可以选择"Layer"—"Embed Layer and Groups..."菜单命令，打开"Select Layers and Groups to Embed"对话框，在"Project file"选项中选择项目文件，并选择需要导入的图层和图层组，单击"OK"按钮即可（见图 2-51）。

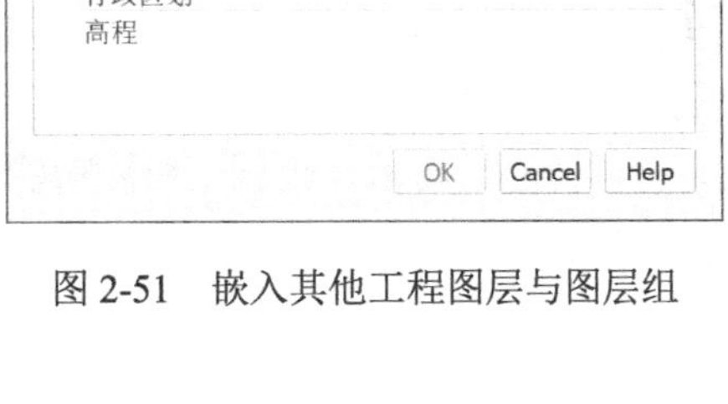

图 2-51　嵌入其他工程图层与图层组

4. 删除图层

在图层面板的任意图层上右击，在弹出的快捷菜单中选择"□ Remove Layer..."命令，并在弹出的对话框中单击"OK"按钮，即可删除图层。另外，也可以在图层面板中选择多个图层或图层组，并单击图层面板工具栏中的□按钮，以移除多个图层或图层组。

2.5.2 图层控制与图层组

在 QGIS 中，图层采用叠加的方式显示在地图视图上，图层面板就是管理这些图层及其叠加顺序的工具，其主要功能如下：

- 管理图层顺序：图层列表中各个图层的顺序非常重要，最上面的图层被叠加在地图视图的最上方，底部的图层则在地图视图的底端。一般情况下，栅格数据放置在矢量数据的下方。在矢量数据中，图层的放置顺序从上到下一般是点、线、面。
- 管理图层样式：图层列表中的各个图层项体现了其符号化样式，因此图层列表也是地图视图的临时图例。

图层面板工具栏（见图 2-52）的各项功能如下：

- 打开/关闭图层样式面板：打开或关闭图层样式面板（Layer Styling Panel），用于快速改变图层的符号化属性。
- 创建图层组：在图层列表的最下方创建一个图层组节点。
- 管理地图主题：管理地图主题和图层的可见性。
- 按地图内容过滤图例：单击该按钮，图层列表矢量图层只显示地图范围内可见要素的图例。
- 按表达式过滤图例：按照表达式过滤图例。
- 展开全部图层/图层组：展开图层列表中的所有节点。
- 折叠全部图层/图层组：折叠图层列表中的所有节点。
- 移除图层/图层组：移除图层列表中选中的图层与图层组。

图 2-52 图层面板工具栏

1. 图层组

在一般情况下，图层与图层之间是相互独立且没有层次的，如图 2-53 所示。在许多复杂的工作中，QGIS 项目可能包含几个甚至数十个图层。过多的图层直接堆砌在图层列表中会显得极为混乱。所以，把相同地理范围、相似功能或类似表达主题的图层放在图层组中，便于图层的查找与管理。另外，通过图层组可以同时控制多个图层的可见度、坐标系等属性。

在图层面板的空白处右击，在弹出的快捷菜单中选择"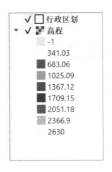Add Group"命令，即可创建一个图层组，用图标表示。此时，即可把各种图层拖入图层组中，如图 2-54 所示。另外，也可以把一个图层组拖入另一个图层组中，那么前者就是后者的子图层组，即图层组可以相互嵌套。

图 2-53　两个图层　　　　　　　　图 2-54　包含两个图层的图层组

2. 图层的常用操作

1）重命名图层

在图层上右击，在弹出的快捷菜单中选择"Rename Layer"命令，即可对图层重命名，如图 2-55 所示。

2）打开/关闭图层

在图层列表中选中（取消选中）图层左侧的复选框，即可打开（关闭）图层。被关闭的图层不显示在地图视图中。另外，选中一个图层后按空格键，也可以快速打开或关闭图层。

3）图层的可见性

有些图层可能只需要显示在某个比例尺范围内，则可以采用以下方法控制其可见性。

在图层右键菜单中选择"Set Layer Scale Visibility"命令，即可以在弹出的对话框中设置图层显示的最大（Maximum）和最小（Minimum）的分辨率，如图 2-56 所示。

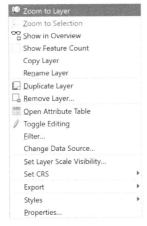

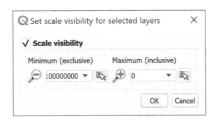

图 2-55　矢量图层的右键菜单　　　　图 2-56　设置图层比例尺的可见性

如果图层已经打开，但是当前的比例尺不在其可见范围内，则其左侧的复选框显示为灰色选中状态 ✓。此时，通过图层右键菜单选择"Zoom to Visible Scale"命令，可以快速缩放地图比例尺到该图层的可见范围内。

> 【小提示】如果在 QGIS 画布中找不到某个图层数据，则可能的情况包括：
> （1）被其他图层遮挡，可以通过调整图层顺序、适当上移图层位置解决该问题。
> （2）当前比例尺不在其可见范围内，通过图层右键菜单中的"Zoom to Visible Scale"命令可以解决该问题。
> （3）数据不在当前地图视图范围内，可以通过图层右键菜单中的"Zoom to Layer"命令将其缩放到该图层范围内。

2.6　本章小结

本章从 QGIS 的安装讲起，介绍了 QGIS 的基本使用方法，以及项目、地图、图层、书签等重要概念。QGIS 项目相当于某项具体工作的工作空间，所有的工作都离不开一个 QGIS 项目。一个 QGIS 项目可以包括若干个图层，每个图层均采用路径的方式指向某个数据源，这些图层按照顺序叠加就可以在地图视图中形成一套完整的地图。在 QGIS 的使用中，项目、图层、地图的概念将不可避免地出现在各个应用场景中，请读者认真学习。

第3章

数据读取

QGIS 的设计初衷就是能够读取和浏览各种格式的地理空间数据。目前，QGIS 对地理空间数据的支持能力已非常强大，这主要表现在以下几点。

（1）QGIS 整合了 GDAL、OGR、MDAL 等多种空间数据抽象库，因此 GDAL、OGR、MDAL 库能够支持的栅格、矢量、网格数据类型在 QGIS 中也可以轻松地被访问和读写。

（2）QGIS 拥有强大的空间数据库的支持能力，可以访问 PostGIS、SpatiaLite、MySQL Spatial、MS SQL Spatial、Oracle Spatial 等多种空间数据库。

（3）QGIS 整合了 GRASS GIS、SAGA GIS 等第三方开源 GIS 软件，可以轻松地读取 GRASS 数据库中的栅格数据和矢量数据等。

（4）QGIS 可以访问符合 OGC 标准的 Web 空间数据服务（如 WMS、WMTS、WCS、WFS 和 WFS-T 等），通过"XYZ Tiles"可以访问 Google 地图、高德地图等切片数据源，还可以访问 ArcGIS Server 发布的 MapServer、FeatureServer 等类型的服务。

（5）QGIS 具有完善的插件功能，即使某些专用数据格式没有被 QGIS 直接支持，但是理论上可以通过插件的方式实现这些数据的读写。

地理空间数据源类型众多，包括文件数据源、数据库数据源与网络数据源等。本章根据这些数据源类型的不同，分别介绍文件数据源、数据库数据源的读取和写入方法。网络数据源的读取将在"第 12 章 网络数据源的发布与读取"中介绍。

3.1 文件数据源的读取

QGIS 文件数据源是指以文件形式存储的各种地理空间数据，其读取和写入主要依赖 GDAL/OGR 库。文件数据源的读取和写入较简单，在"2.3.2 QGIS 图层"中已经介绍了 GeoTiff 栅格数据类型和 Shapefile 矢量数据类型的读取与加载。

【小提示】GDAL 库支持的栅格数据类型可参见 https://gdal.org/drivers/raster/index.html；OGR 库支持的矢量数据类型可参见 https://gdal.org/drivers/vector/index.html。

3.1.1 数据源管理器

在 QGIS 中，数据源管理器几乎可以打开所有 QGIS 支持的数据类型（见图 3-1），可以通过"Layer"—" Data Source Manager"菜单命令（快捷键：Ctrl+L）打开。通过"Layer"—"Add Layer"菜单命令打开任何一种类型的数据源，实际都是通过数据源管理器实现的，即跳转到数据源管理器相应的选项卡。

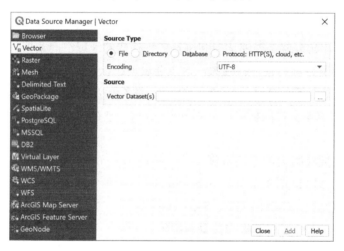

图 3-1　数据源管理器

数据源管理器的选项卡如表 3-1 所示。

表 3-1　数据源管理器的选项卡及其功能

选 项 卡	功 能
Browser	浏览文件系统的目录或数据库
Vector	添加矢量数据图层
Raster	添加栅格数据图层
Mesh	添加网格数据图层
Delimited Text	添加分隔符文本数据图层
GeoPackage	添加 GeoPackage 数据图层
SpatiaLite	从 SpatiaLite 数据库中添加数据图层

续表

选 项 卡	功　　能
PostgreSQL	从 PostgreSQL 数据库中添加数据图层
MSSQL	从 MSSQL 数据库中添加数据图层
DB2	从 DB2 数据库中添加数据图层
Virtual Layer	添加虚拟图层
WMS/WMTS	添加 WMS/WMTS 网络数据图层
WCS	添加 WCS 网络数据图层
WFS	添加 WFS 网络数据图层
ArcGIS Map Server	添加 ArcGIS Map Server 数据图层
ArcGIS Feature Server	添加 ArcGIS Feature Server 数据图层
GeoNode	添加 GeoNode 数据集

【小提示】在 QGIS 浏览面板中，可以直接浏览并加载 ZIP 压缩文件中的数据图层。

3.1.2　添加矢量数据

常见的矢量数据包括 Shapefile、KML/KMZ、DXF/DMG、GPX 等多种类型，如表 3-2 所示。

表 3-2　常用的矢量数据格式

文 件 类 型	说　　明
Shapefile	美国环境系统研究所（ESRI）开发的基于简单要素模型的矢量文件格式，是十分常用的矢量类型。一个 Shapefile 数据仅存储单一的要素类型（如点、线、面）
KML/KMZ	谷歌公司研发的基于 XML 的矢量文件存储格式。一个 KML/KMZ 文件可以存放多种类型的要素，并且可以声明其符号表达和属性
DXF/DMG	AutoDesk 公司开发的基于图层的矢量数据存储（交换）格式，其可以方便地和 AutoCAD 软件进行交互操作
GPX	一种以 XML 格式记录的坐标轨迹文件，通常由 GPS 设备生成。在野外调研、样点采集、无人机航测等作业中经常使用该类型的文件
E00	ESRI 的 ArcInfo Workstation 交换文件
GeoJSON	包含空间信息的数据交换格式，经常用于 Web 服务，进行数据交换
Coverage	ArcInfo Workstation 的原生数据格式，是一种基于目录和 INFO 表的存储结构

本节介绍通用矢量文件及几种特殊的矢量文件的读取方式。

1. 通用矢量文件的读取

此处以 GPX 文件类型为例，介绍通用矢量文件的导入方法。GPX 通常包括航点（Waypoints）、路线（Routes）和轨迹（Tracks）三个主要图层。

通过 "Layer" — "Add Layer" — "Add Vector Layer…" 菜单命令（快捷键：

Ctrl+Shift+V），或者从文件浏览器拖曳 GPX 文件到 QGIS 地图画布，即可打开一个 GPX 文件。

打开本书示例数据中的"route.gpx"时，会弹出如图 3-2 所示的"Select Vector Layers to Add…"对话框，采用多选的方式即可选择性地打开 GPX 文件中的航点、路线和轨迹。除了航点，各图层都包括点要素和线要素两种形式。

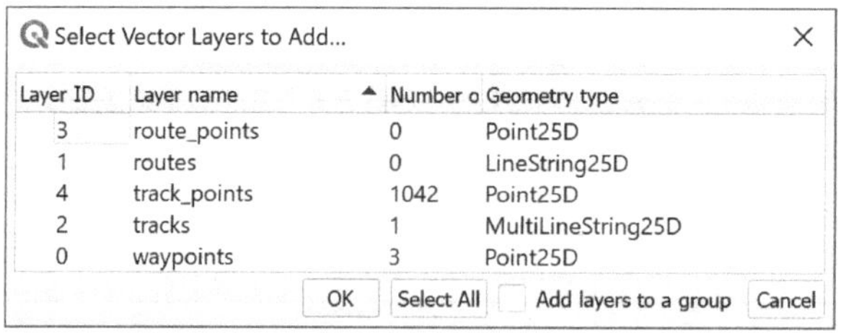

图 3-2　GPX 导入对话框

【小提示】QGIS 核心插件包括 GPS 工具插件。在插件管理器中打开 GPS 工具插件后，通过 GPS 工具栏也可以读取 GPX 文件。另外，通过该插件的 GPS 工具栏和 GPS 信息面板可以连接 GPS 设备，并对 GPS 设备中的数据进行上传/下载操作，读者可自行尝试。

2. 电子表格与文本格式导入

XLS/XLSX 文件（Excel 电子表格）、CSV（逗号分隔）文件、TXT 文件（Tab 分隔、空格分隔）等类型的电子表格与文本格式的文件可以通过以下两种方式被 QGIS 读取和加载。读取具有空间信息的数据可以采用"Add Delimited Text Layer"菜单导入；读取不具有空间信息的数据可以采用"Add Vector Layer"菜单导入。

1）通过"Add Delimited Text Layer"菜单导入

包括空间信息（以坐标点、WKT 文本等形式定义）的文本格式文件可以通过"Layer"—"Add Layer"—"Add Delimited Text Layer …"菜单命令（快捷键：Ctrl+Shift+T）导入。

导入样例数据中的吉林省主要城市数据"jilin_maincity.csv"的具体方法如下：首先，打开读取分隔符文本对话框，如图 3-3 所示，并在"File name"文本框中选择文件或输入"jilin_maincity.csv"。然后，在"Geometry Definition"组合框中选择点坐标"Point coordinates"，并在"X field"选项中选择"longitude"字段，在"Y field"选项中选择"latitude"字段，在"Geometry CRS"选项中选择坐标参考系"EPSG:4326 - WGS 84"。最后，单击"Add"按钮。

【小提示】XLS/XLSX 文件无法直接通过这种方式添加图层，可以先将 XLS/XLSX 文件转为 CSV 文件，再进行上述操作。

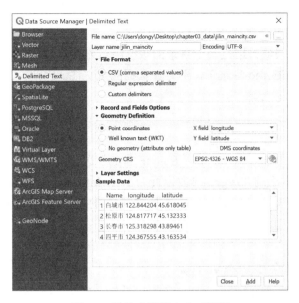

图 3-3　读取分隔符文本对话框

2）通过"Add Vector Layer"菜单导入

如果文件中不包括空间信息（点、线、面等空间要素），则可以通过"Layer"—"Add Layer"—"Add Vector Layer…"菜单命令导入数据，数据文件中的所有信息将以表图层的方式呈现在图层列表中。例如，采用这种方式打开示例文件中的"2017 年吉林省各地区降水量（mm）.xlsx"电子表格后，在图层列表中，通过该图层的右键菜单中的"Open Attribute Table"命令即可查看表格内容，如图 3-4 所示。

city	Jan	Feb	Mar	Apr	May	Jun	Jul	Aug	Sep	Oct	Nov	Dec
1 白城市	1.3	4	0	1	13.2	54	58.2	98.9	95.1	2.8	1	1.2
2 白山市	18.5	28.4	1.7	69.6	110.4	35.9	176.3	186	38.2	51.8	50.9	6.8
3 吉林市	18.3	23	10.1	36.7	64.5	84.2	353.6	157.6	31.8	9.2	15.3	9.3
4 辽源市	11.2	7.9	2.7	15.2	80	70	106.2	186.5	59.9	5	17.3	1.2
5 四平市	8.3	10.6	1.4	5.7	68.2	49	81.2	153.3	39.8	1.6	9	1.9
6 松原市	3.7	13	1.5	5.5	72.4	37.7	85.3	214.1	24.7	1.2	1.5	2.2
7 通化市	14.5	27.9	0.6	74	83.3	21.9	121	220.2	72.1	45.9	39.3	1.1
8 延边州	1.3	9.7	5.9	31.2	84.3	56.4	181.7	29.6	9.8	17.2	12.9	0.9
9 长春市	8.9	15.9	5.2	5.9	51.6	88.7	231.8	259	16.7	1.6	5.4	3.6

图 3-4　XLSX 文件的图层的属性表

采用这种方式也可以打开 CSV、TXT 等文本文档存储的表格数据。

【小提示】如果打开的数据文档中存在坐标点信息，但是该数据文档已经通过"Add Vector Layer"菜单导入 QGIS 中，那么可以通过工具箱中的"Vector creation"—"Create points layer from table"工具创建一个点要素矢量图层。

3. Coverage 矢量数据导入

由于 Coverage 矢量数据是基于目录的数据组织方式，其属性信息和拓扑数据均以 INFO 表的形式存储在 info 目录下，不存在数据的主文件。因此，Coverage 矢量数据的导入方式如下。

（1）选择"Layer"—"Add Layer"—"Add Vector Layer…"菜单命令，弹出数据源管理器对话框。

（2）在"Vector"选项卡下，在"Source Type"选项组中单击"Directory"单选按钮，将"Source"选项组的"Type"选项设置为"Arc/Info Binary Coverage"，并在"Vector Dataset(s)"选项中选择 Coverage 矢量数据所在的目录（本例选择示例文件下的"testvector"目录），如图 3-5 所示。

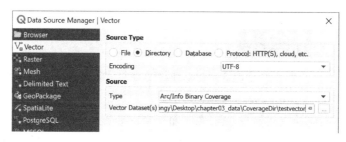

图 3-5　导入 Coverage 矢量数据图层

（3）单击"Add"按钮，弹出如图 3-6 所示对话框，提示用户需要导入哪些数据图层。选择结束后，单击"OK"按钮，即可将 Coverage 数据导入 QGIS 图层中。

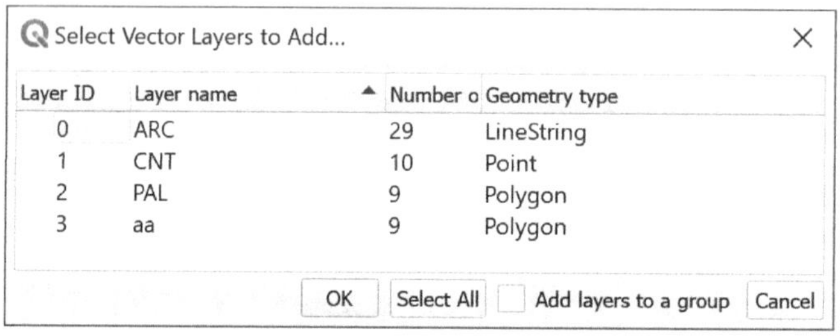

图 3-6　Coverage 矢量数据图层选择对话框

【小提示】在默认情况下，加载到 QGIS 中的矢量图层经过了实时要素简化，以在当前分辨率下达到最大的渲染效果（相当于经过了简单的制图综合）。实时要素简化可以在图层属性"Rendering"选项卡中的"Simplify Geometry"组合框中进行设置。

3.1.3　属性连接与图层关联

矢量数据具有"定位明显，属性隐含"的特点，其属性数据以属性表的形式存在。多个矢量图层（或数据表）之间的属性可能存在某种关系，如一对一、一对多、多对一、多对多等，这些关系可以通过属性连接或图层关联的方式建立起来。属性连接用于处理一对一或多对一的关系，并直接体现在属性表中，可以进一步用于其他分析和处理。图层关联可以处理上述所有关系，但通常用于处理一对多或多对多的关系，可以体现在属性表的表单视图中，并且可以进一步地通过"relation_aggregate"表达式等方式分析和处理数据。

本节介绍矢量图层的属性表的基本操作，以及属性连接和图层关联的操作方法。

1. 属性表

矢量数据的属性表通过图层右键菜单的"Open Attribute Table"选项打开。QGIS属性表有两种表现形式：表格视图（Table View）和表单视图（Form View），如图 3-7所示。

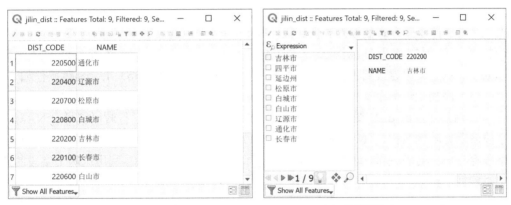

(a) 表格视图（Table View）　　　　　　　(b) 表单视图（Form View）

图 3-7　矢量数据图层的属性表

表格视图以数据为中心，以数据表的形式展示所有要素的属性。每个要素（Feature）都对应表格的一行（Row），也称为一个记录（Record）；每列称为一个字段（Field），采用某种数据类型存储属性信息。

表单视图以要素为中心，以要素标题的方式显示在左侧列表中，被选中的要素属性以表单的形式显示在右侧列表中。左侧列表中的要素标题可以通过表达式计算得出，单击列表上方的"Expression"按钮即可编辑表达式。另外，也可以在"Expression"按钮右侧的下拉菜单中选择"Column Preview"子菜单中的一个属性字段作为要素标题。在"Expression"下拉菜单中，单击"Sort by preview expression"按钮，即可对要素标题进行排序。

单击属性表右下角的▦按钮，即可切换属性表到表格视图模式；单击▤按钮，即可将属性表切换到表单视图模式。表格视图和表单视图各有利弊：表格视图可以清楚地展示大量要素属性数据，并且可以直观地对比多个要素的属性特征，在多个要素属性编辑、筛选、排序等操作中更加适用；表单视图可以清楚地展现单个要素的所有属性，常用于单一要素的属性浏览和编辑。

在属性表左下角的"▽Show All Features"下拉菜单中，可以筛选在属性表中显示的要素，各菜单的具体功能如下：

- Show All Features：显示全部要素。

- Show Selected Features：仅显示被选择的要素。
- Show Features Visible On Map：仅显示在地图画布中可见的要素。
- Field Filter：通过属性字段筛选要素。
- Advanced Filter (Expression)：通过表达式进行高级筛选。
- Stored Filter Expressions：保存的筛选表达式。

2. 属性连接

上一节介绍了如何打开无空间信息的电子表格文件。但是在 QGIS 中如何有效地表达与渲染这些无空间信息的数据呢？一个重要的方法就是将无空间信息的数据通过某个字段与含有空间信息的矢量文件连接起来，即通过矢量数据表达无空间信息的表格数据。上述这种连接方式被称为属性连接（Join），被连接数据的图层称为连接图层，显示连接数据的图层称为目标图层。本节介绍如何将"2017 年吉林省各地区降水量（mm）.xlsx"文件连接到吉林省地级行政区划文件（jilin_dist.shp）上，具体操作如下。

（1）添加上述两个文件到 QGIS 图层列表中。

（2）打开"jilin_dist"图层的属性表，"DIST_CODE"字段表示行政区编号，"NAME"字段表示行政区名称。"NAME"字段与 2017 年吉林省各地区降水量数据中的"city"字段存在一一对应关系，这为属性连接创造了条件。属性连接就是利用这两个字段的信息对应性，将 2017 年吉林省各地区降水量数据连接到"jilin_dist"数据中。

（3）在"jilin_dist"图层的右键菜单中选择"Properties"选项，在打开的图层对话框中选择"Joins"选项卡，如图 3-8 所示。

图 3-8 "Joins"选项卡

（4）单击"Joins"选项卡下方的 ➕ 按钮，弹出"Add Vector Join"对话框，如图 3-9 所示。在"Join layer"选项中选择连接图层"2017 年吉林省各地区降水量（mm）Sheet1"，

在"Join field"选项中选择连接字段"city",在"Target field"选项中选择属性连接的
目标图层字段"NAME"。另外,选中"Custom Field Name Prefix"选项可以自定义连接
字段的前缀"pre_",以缩短连接字段名称。单击"OK"按钮,即可在图层属性的"Joins"
选项卡中看到新增加的连接字段,如图 3-10 所示。

图 3-9　"Add Vector Join"对话框

图 3-10　属性连接后的"Joins"选项卡

在"Add Vector Join"对话框中,其他几个选项的说明如下。

- Cache join layer in virtual memory:在虚拟内存中缓存连接图层,勾选该选项后,
  将连接的内容在虚拟内存中构建缓存。
- Dynamic form:动态表单,勾选该选项后,连接图层中的记录发生变化时,会立
  刻将变化更新到目标图层中。
- Editable join layer:可编辑的连接图层,勾选该选项后,可以编辑被连接的字段
  内容,并将其更新到连接图层中。
- Joined Fields:选择需要连接的字段。

(5)单击图层属性的"OK"按钮,回到"jilin_dist"图层属性表,即可看到 2017 年

吉林省各地区降水量数据被连接到“jilin_dist”图层属性表之中，如图 3-11 所示。

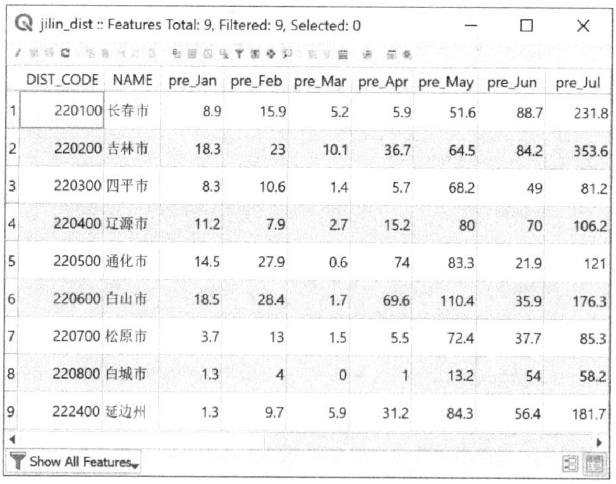

	DIST_CODE	NAME	pre_Jan	pre_Feb	pre_Mar	pre_Apr	pre_May	pre_Jun	pre_Jul
1	220100	长春市	8.9	15.9	5.2	5.9	51.6	88.7	231.8
2	220200	吉林市	18.3	23	10.1	36.7	64.5	84.2	353.6
3	220300	四平市	8.3	10.6	1.4	5.7	68.2	49	81.2
4	220400	辽源市	11.2	7.9	2.7	15.2	80	70	106.2
5	220500	通化市	14.5	27.9	0.6	74	83.3	21.9	121
6	220600	白山市	18.5	28.4	1.7	69.6	110.4	35.9	176.3
7	220700	松原市	3.7	13	1.5	5.5	72.4	37.7	85.3
8	220800	白城市	1.3	4	0	1	13.2	54	58.2
9	222400	延边州	1.3	9.7	5.9	31.2	84.3	56.4	181.7

图 3-11　属性连接后的“jilin_dist”图层属性表

此时属性表中的连接字段并不存储在该连接图层的数据源中，如果需要将降水量数据永久地与“jilin_dist”图层关联，可以通过导出图层要素的方式实现，具体的操作方法如下：在“jilin_dist”图层的右键菜单中选择“Export”—“Save Features As…”命令，弹出“Save Vector Layer as…”对话框。在“Format”选项中选择输出格式“ESRI Shapefile”，在“File name”选项中选择输出文件位置，在“Select fields to export and their export options”选项中勾选被连接的字段（如降水量数据字段“pre_Jan”和“pre_Feb”等），单击“OK”按钮，如图 3-12 所示。

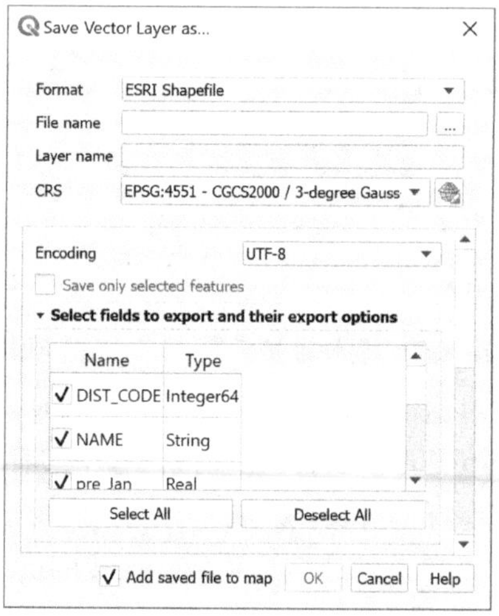

图 3-12　导出“jilin_dist”图层

3. 图层关联

与属性连接类似，图层关联也用于处理多个矢量图层（或数据表）之间的属性关系，但是多处理一对多或多对多的关系。在图层关联中，关联的基准图层称为被参考图层

（Referenced Layer），也称为父图层（Parent Layer）；被关联的图层称为参考图层（Referencing Layer），也称为子图层（Child Layer）。父图层的要素称为父要素，父要素关联的子图层要素称为子要素。此处仍然以"2017 年吉林省各地区降水量(mm).xlsx"文件与吉林省地级行政区划文件（jilin_dist.shp）为例，介绍图层关联的操作方法及其特点。

（1）添加上述两个文件到 QGIS 图层列表中。

（2）选择"Project"—"Properties…"菜单命令（快捷键：Ctrl+Shift+P），打开 QGIS 项目属性对话框。在该对话框中，选择" Relations"选项卡，列表中显示工程中所有图层之间的图层关系，如图 3-13 所示。

图 3-13　图层关系

（3）单击" Add Relation"按钮，弹出添加图层关联对话框，如图 3-14 所示。在"Name"文本框中输入关联名称"降水量关系"；在"Referenced layer (parent)"选项中选择父图层"jilin_dist"及其关联字段"NAME"；在"Referencing layer (child)"选项中选择子图层"2017 年吉林省各地区降水量(mm) Sheet1"及其关联字段"city"。

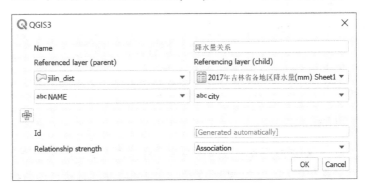

图 3-14　添加图层关联

另外，单击 按钮还可以增加其他关联字段；通过"Id"选项可以自定义关联标识符；通过"Relationship strength"选项可以定义关联强度，包括弱关联（Association）和强关联（Composition）两个选项。弱关联建立父要素和子要素之间的联系，强关联复制父要素的同时也相应地复制子要素。

（4）单击添加图层关联对话框的"OK"按钮即可添加图层关联。

此时，打开父图层"jilin_dist"的属性表，并切换到表单模式（表格模式没有任何变化），在属性表单下方的"降水量关系"组合框中可以看见每个父要素关联的子要素列表，并且可以通过右上角的⊟按钮和▦按钮切换表单模式和表格模式，如图 3-15 所示。

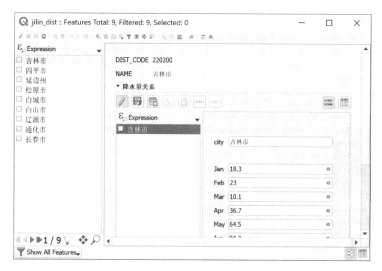

图 3-15　在父要素属性表单中查看子要素属性信息

在子要素显示的组合框中，其上方的各个按钮的功能如下：

- 🖊 Toggle editing mode for child layer：切换子图层的编辑模式。
- 💾 Save child layer edits：保存子图层的编辑结果。
- 📇 Add child feature：增加子要素。
- 📑 Duplicate child feature：复制子要素。
- 🗑 Delete child feature：删除子要素。
- 🔗 Link existing child features：关联已经存在的子要素。
- ⚒ Unlink child feature：解除关联的子要素。
- 🔍 Zoom to child feature：缩放到子要素。

3.1.4　虚拟图层

虚拟图层是在不改变矢量数据源的情况下，改变某些空间或属性信息，或者组合多个矢量图层，并以虚拟图层的方式展现数据。虚拟图层并不直接指向数据源，而是通过 SQL 查询语句等引用一个或多个矢量图层。

本节介绍如何通过虚拟图层实现属性连接、数据筛选与数据合并等功能。

1. 属性连接

此处介绍如何通过虚拟图层将"2017 年吉林省各地区降水量（mm）.xlsx"文件连接到吉林省地级行政区划文件（jilin_dist.shp）上，达到与"3.1.3 属性连接与图层关联"

章节介绍的属性连接类似的效果，具体操作如下。

（1）在 QGIS 中打开上述数据图层。

（2）选择"Layer"—"Add Layer"—"Add/Edit Virtual Layer"菜单命令，打开数据源管理器，如图 3-16 所示。

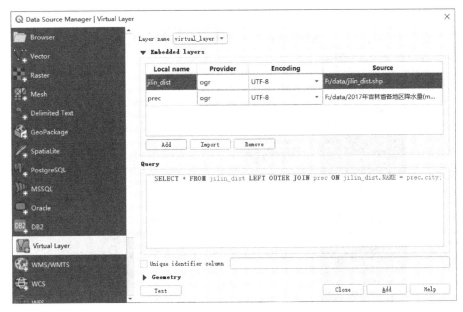

图 3-16　利用虚拟图层实现属性连接

（3）在"Layer name"文本框中输入新生成的虚拟图层的名称；在"Embedded layers"组合框中单击"Import"按钮，将上述两个图层加入列表中，并在"Local name"选项中设置图层名称，同时将其作为 SQL 查询语句的表名称。单击"Add"按钮可以输入图层位置；单击"Remove"按钮可以删除图层。在"Query"文本框中输入以下查询语句：

```
SELECT * FROM jilin_dist LEFT OUTER JOIN prec ON jilin_dist.NAME = prec.city;
```

该语句可以通过 jilin_dist 图层的"NAME"字段和 prec 图层的"city"字段将 prec 图层的属性连接到 jilin_dist 图层中。

（4）单击"Add"按钮即可在图层列表中看到该虚拟图层。

【小提示】选中"Unique identifier column"复选框后，该字段相同的要素将被合并。在"Geometry"组合框中可以对虚体图层的要素类型进行设置。

- Autodetect（自动检测）：QGIS 自动检测并决定虚拟图层的要素类型。
- No geometry（无几何对象）：生成后的虚拟图层没有几何实体，以数据表的形式存在。
- Geometry（几何对象）：根据"Geometry column"字段内容，在"CRS"坐标系下生成 Type 类型的几何对象。

2. 数据筛选

此处介绍采用虚拟图层的方式筛选矢量图层的一部分要素，数据筛选还可以通过"5.2 数据筛选"的相关内容实现。本例筛选示例数据中的吉林省县级行政区划数据（jilin_county.shp），在虚拟图层中只显示长春市的县级行政区，具体操作如下。

（1）在 QGIS 中打开"jilin_county.shp"数据。

（2）选择"Layer"—"Add Layer"—"Add/Edit Virtual Layer"菜单命令，打开数据源管理器，如图 3-17 所示。

图 3-17　利用虚拟图层实现数据筛选

（3）在"Layer name"文本框中输入新生成的虚拟图层的名称；在"Embedded layers"组合框中单击"Import"按钮，将"jilin_county"图层加入列表中，在"Local name"列设置图层名称，并将其作为 SQL 查询语句的表名称；在"Query"文本框中输入以下查询语句：

```
SELECT * FROM jilin_county where DIST like '%长春市%';
```

（4）单击"Add"按钮，即在 QGIS 中加入经过数据筛选后的虚拟图层。

3. 数据合并

此处介绍采用虚拟图层的方式合并多个具有相同属性字段的矢量图层，数据合并还可以通过"4.1.3 联合、融合与合并"的相关内容实现。本例将把蒙古国行政区划数据"Mongolia.shp"和内蒙古自治区行政区划数据"InnerMongolia.shp"进行合并，并生成新的虚拟图层，SQL 查询语句如下：

```
SELECT * FROM Mongolia UNION SELECT * FROM InnerMongolia;
```

其中，"Mongolia"和"InnerMongolia"分别是蒙古国行政区划与内蒙古自治区行政区划数据的图层名称，可以通过"Local name"选项设置，如图 3-18 所示。

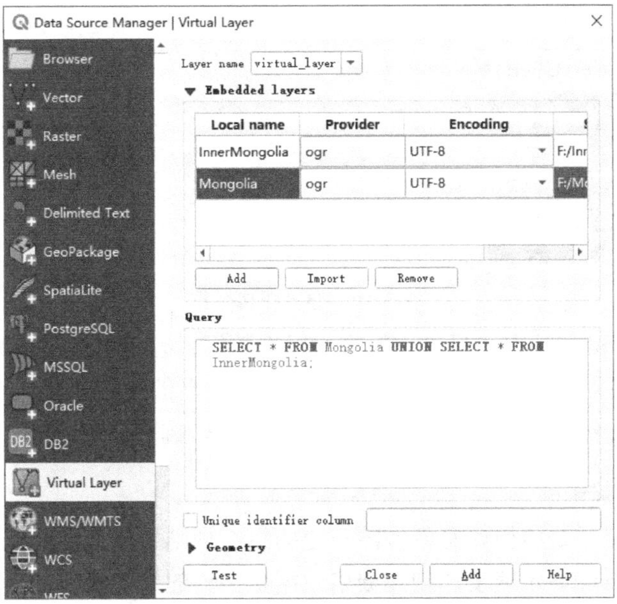

图 3-18　利用虚拟图层实现数据合并

除了上述功能，虚拟图层还可以实现更高级的应用。虚拟图层的优势在于，在不改变数据源的情况下即可进行筛选、合并、属性连接等操作，并且它可以作为独立的图层参与到后续的数据处理工作中，在实际工作中非常实用。

【小提示】与"3.1.3 属性连接与图层关联"介绍的属性连接类似，虚拟图层也可以通过右键菜单选择"Export"—"Save Feature As…"命令，通过导出数据的方式，将虚拟图层转化为数据实体。

3.1.5　添加栅格数据与栅格数据金字塔

常用的栅格数据包括 GeoTiff、ENVI DAT 等类型，如表 3-3 所示。

表 3-3　常用的栅格数据类型

文 件 类 型	说　　　明
GeoTiff	以标签的形式存储空间信息的 TIFF 数据，是常用的栅格数据存储格式
ENVI DAT	ENVI 原生的栅格数据格式，空间信息存储在"hdr"头文件中
ESRI Grid	ArcInfo 原生的栅格数据格式
IMAGINE Image	ERDAS 自带的栅格数据格式
HDF4/HDF5	美国国家高级计算应用中心研发的高效存储和分发科学数据格式，可以用来存储具有空间信息的栅格数据

1. 栅格数据的导入

选择"Layer"—"Add Layer"—"🞖Add Raster Layer.."菜单命令（快捷键：

Ctrl+Shift+R），在"Raster Dataset(s)"栅格数据集中选择栅格数据主文件，即可在 QGIS 中加入栅格图层，如图 3-19 所示。

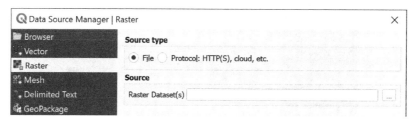

图 3-19　导入栅格数据

由于 ESRI Grid 格式以"目录"的方式组织数据，因而不存在主文件，那么只需要选择 Grid 栅格数据目录下任意一个以"adf"为后缀名的文件即可（也可以将该目录或其中的任一 adf 文件拖曳到 QGIS 地图画布之中）导入该格式数据。

2. 栅格数据金字塔

栅格数据金字塔是将原始影像按照一定的组织规则生成尺度更低的多个数据冗余，可以加速栅格数据的显示速度。创建栅格数据金字塔的具体操作如下。

（1）在栅格数据图层的右键菜单中选择"Properties…"命令，并在弹出的图层属性对话框中选择"　Pyramids"选项卡（见图 3-20）。

图 3-20　创建栅格数据金字塔

（2）"Resolutions"列表显示该栅格数据金字塔的分辨率层级，　图标表示该分辨率下的栅格数据金字塔已经生成，　图标表示该分辨率下没有相应的栅格数据金字塔。在"Resolutions"列表中选中需要生成栅格数据金字塔的分辨率层级，并在"Overview format"选项中选择栅格数据金字塔生成的位置格式，主要包括：

- Internal (if possible)：如果数据格式支持，则尽可能地在数据文件内部建立金字塔数据。

- External：在影像外部生成金字塔数据。
- External (Erdas Image)：在 ERDAS 影像数据的外部生成金字塔数据。

【小提示】外部金字塔文件名与栅格数据文件名相同，并且以"ovr"扩展名的形式存在。在栅格数据文件内部生成金字塔时，QGIS 会删除原有文件，并生成一个新的包含金字塔的文件，使用时请注意备份原数据！

（3）在"Resampling method"选项中选择重采样方法，包括最近邻法（Nearest Neighbour）、平均值法（Average）、Gauss（高斯法）、三次立方法（Cubic）、三次样条法（Cubic Spline）、Lanczos 法（Lanczos）、众数法（Mode）和无重采样（None）。在"Resampling method"选项中选择"None"时，实际不会生成对应的金字塔，但是会在"Resolutions"列表中以 ▶ 图标显示具有该层级的金字塔。

【小提示】除了上述方法，还可以通过菜单栏中的"Raster"—"Miscellaneous"—"Build overviews (pyramids)…"工具建立栅格数据金字塔，该工具直接调用 GDAL 命令执行创建命令，该工具也可以通过处理工具箱"GDAL"—"Raster miscellaneous"—"Build overviews (pyramids)"打开。

3. 影像增强

影像增强是通过拉伸图层的色彩渲染范围、调整亮度和对比度等方式对影像数据的目视效果进行调整。简单的影像增强工具可以通过工具栏中的"Raster Toolbar"实现。该工具栏各按钮的功能如下：

- ：按当前地图画布范围拉伸影像渲染范围（按比例去除异常值）。
- ：按整个图层范围拉伸影像渲染范围（按比例去除异常值）。
- ：按当前地图画布范围拉伸影像渲染范围。
- ：按整个图层范围拉伸影像渲染范围。
- ：提高亮度。
- ：降低亮度。
- ：提高对比度。
- ：降低对比度。

高级的影像增强工具可以通过栅格图层属性的"Symbology"选项卡进行调整，具体操作方式可以参考"7.1.5 栅格数据渲染"的相关内容。

3.1.6　添加网格数据

本节以欧洲中期天气预报中心（ECMWF）的再分析数据集 ERA-40 为例，介绍如何打开和浏览网格数据。具体操作如下：选择"Layer"—"Add Layer"—"Add Mesh Layer…"菜单命令，打开数据源管理器的"Mesh"选项卡，如图 3-21 所示。在"Mesh dataset"选项中选择示例数据中的"ECMWF_ERA-40_subset.nc"文件，单击"OK"按钮。网格数据图层使用 图标表示。

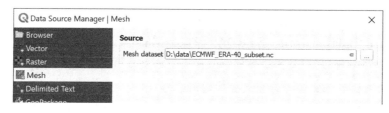

图 3-21　打开网格数据

可以通过"Layer Styling"面板（或网格图层属性）查看并使用网格数据集中的所有数据。"Symbology"选项卡包括以下四个子选项卡：

- ⚒ 通用设置：包括网格数据的显示数据、查看元数据、选择图层渲染模式等设置。
- ▨ 等值渲染设置：设置等值渲染的符号化表达方式。
- ↘ 矢量渲染设置：设置矢量渲染的符号化表达方式。
- ▦ 网格渲染设置：设置显示网格及其渲染方式。

在 ⚒ 选项卡中，可以在"Groups"列表中找到网格数据的所有数据集，并在其右侧设置等值渲染和矢量渲染的数据集。其中，彩色图标▨表示等值渲染，灰度图标▨表示未等值渲染；黑色图标↘表示矢量渲染，灰色图标↘表示未矢量渲染。单击相应数据集右侧的图标即可通过相应方式渲染网格数据。

在"Dataset in Selected Group(s)"选项中可以选择数据集中的渲染数据，并且可以通过下拉菜单或"|<"、"<"、">"和">|"按钮切换数据。在"Metadata"选项中可以查看数据的元数据信息。图 3-22 中的地图画布展示了利用等值渲染表达 2 米气温"2 metre temperature"，利用矢量渲染表达 10 米风速"10 metre wind"。

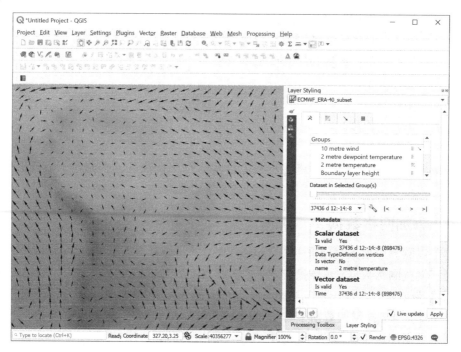

图 3-22　ECMWF 的再分析数据集 ERA-40

【小提示】ESRI 的 TIN 数据虽然属于网格数据，但是其在 QGIS 3.10 LTR 中无法读取。在 QGIS 3.12 中，可以通过选择 TIN 数据目录中的任何一个"adf"数据加载 TIN 数据。

3.2　数据库数据源的读取

相对于文件数据源，采用数据库存储的空间数据更灵活、高效，其不仅可以通过 SQL 构建虚拟图层，还可以使用存储过程、视图、事务、触发器等数据库高级操作。QGIS 支持的数据库数据源包括 SpatiaLite、PostGIS、Oracle、DB2 等。

由于不同数据库数据源的读取和写入相似，本节主要介绍一种无服务器支持的数据库 SpatiaLite 和企业级数据库 PostGIS 的空间数据的读取和写入，以及 ESRI 的空间数据库 Geodatabase 的访问方式。

3.2.1　SpatiaLite 数据库

SpatiaLite 是一个基于 SQLite 轻量级数据库的空间数据引擎。SQLite 是一个以单一文件存在的数据库，数据库中的所有信息和功能都保存到一个文件中（后缀名通常为"sqlite"、"db"、"sqlite3"、"db3"和"s3db"等），且不需要系统服务的支持。SpatiaLite 可以通过关系型表结构支持 OGC 简单要素模型，以存储矢量数据，也可以通过 SQL 查询语句进行简单的空间查询和分析。随着移动互联网的发展，许多在移动端运行的应用程序依赖 SQLite，因此基于 SpatiaLite 的移动 GIS 应用也越来越多。作为一个轻量级空间数据库，在很多场景下，"SQLite+SpatiaLite"组合可以替代"PostgreSQL+PostGIS"组合，也可以替代"ArcSDE+Oracle"组合。

本节介绍如何创建、连接和使用 SpatiaLite 数据库。

1. 创建或连接 SpatiaLite 数据库

在"Browser"面板中，在 SpatiaLite 节点上右击，在弹出的快捷菜单中选择"Create Database…"命令，弹出创建对话框，选择数据库的保存位置即可创建 SpatiaLite 数据库，如图 3-23 所示。

通过 SpatiaLite 节点右键菜单中的"New Connection…"命令，即可连接一个已经存在于硬盘上的 SpatiaLite 数据库。创建或连接 SpatiaLite 数据库后，在"Browser"面板的 SpatiaLite 节点下面就会出现该数据库的名称。

2. 在 SpatiaLite 数据库中创建数据

选择"Layer"—"Create Layer"—" New SpatiaLite Layer…"菜单命令，即可在 SpatiaLite 数据库中创建一个矢量数据图层，如图 3-24 所示。在弹出的"New SpatiaLite Layer"对话框中，通过"Geometry type"选项可以选择几何图形类型，支持的几何图形类型包括点（Point）、线（Line）、面（Polygon）、多点（MultiPoint）、多线（MultiLine）、

多面（MultiPolygon）等，也可以不包括几何图形（No geometry），即创建单独的数据表。

除此之外，也可以将 QGIS 中的矢量图层导入 SpatiaLite 数据库中，只需要在矢量图层的右键菜单中选择"Export"—"Save Features As…"命令，在弹出的"Save Vector Layer as…"对话框中，设置"Format"选项为"SpatiaLite"，设置"File name"选项为 SpatiaLite 数据库文件的位置，设置"Layer name"为图层名称，单击"OK"按钮，如图 3-25 所示。

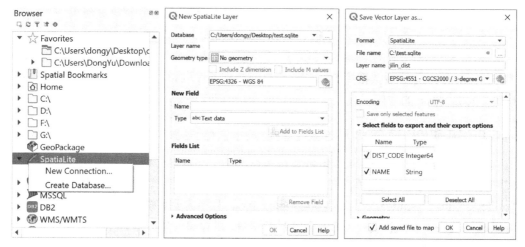

图 3-23　连接或创建　　　图 3-24　创建 SpatiaLite 数据库　　　图 3-25　导入数据到 SpatiaLite
SpatiaLite 数据库　　　　　　　　　　　　　　　　　　　　　　　　数据库

【小提示】目前，QGIS 不支持在 SpatiaLite 数据库中进行栅格数据的读写，但是可以借助 GDAL 等工具以 Blob 形式将栅格数据写入 SpatiaLite 数据库。

3. 删除 SpatiaLite 数据库连接

在"Browser"面板中，在 SpatiaLite 数据库连接上右击，在弹出的快捷菜单中选择"Delete"命令，即可删除该数据库连接。但是，删除数据库连接并不意味着删除数据库，数据库文件仍然存在于计算机的文件系统中。

3.2.2　PostGIS 数据库

PostGIS 数据库是一个基于 PostgreSQL 数据库的空间数据引擎，具有相对完整的空间数据库功能，基本可以与 Oracle Spatial 的功能媲美。本节以 PostgreSQL 10.11-3 版本和 PostGIS 2.5.0 版本为例，介绍读写 PostGIS 数据库中的地理空间数据的方法。

1. 创建 PostGIS 数据库连接

创建 PostGIS 数据库连接的操作方法如下。

（1）在"Browser"面板的 PostGIS 节点上右击，在弹出的快捷菜单中选择"New Connection"命令，或者选择"Layer"—"Add Layer"—" Add PostGIS Layer…"菜

单命令，并在弹出的对话框中单击"New"按钮。

（2）在弹出的"Create a New PostGIS Connection"对话框中，在"Name"文本框中输入连接名称"PostGISConnection"；分别在"Host"、"Port"和"Database"文本框中输入 PostgreSQL 数据库的主机位置、端口号和数据库模式；在"Authentication"组合框的"Basic"选项卡中，分别在"User name"和"Password"文本框中输入连接的用户名和密码，如图 3-26 所示。

（3）单击"Test Connection"按钮测试连接。如果提示连接成功，单击"OK"按钮即可创建 PostGIS 连接。

2. 添加 PostGIS 数据

选择"Layer"—"Add Layer"—"Add PostGIS Layer…"菜单命令，在弹出的数据库管理器对话框中，通过"Connections"选项选择一个有效的 PostGIS 连接，并单击"Connect"按钮，如图 3-27 所示。此时，在该对话框下方的列表中即可出现该数据库中的所有空间数据。如果希望导入不含有几何字段的数据表（非空间数据），只需要选中"Also list tables with no geometry"复选框即可。

图 3-26　创建 PostGIS 连接

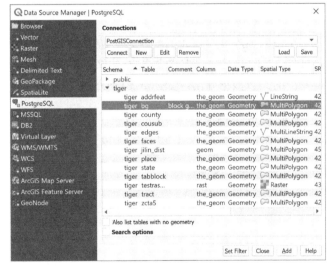

图 3-27　加载 PostGIS 图层

选中所有需要导入的数据以后，单击对话框下方的"Add"按钮，即可添加 PostGIS 数据到 QGIS 地图画布。另外，通过"Browser"面板也可以浏览这些数据，并且可以通过拖曳的方式将其添加到地图画布中，如图 3-28 所示。

【小提示】企业级数据库（如 MSSQL、Oracle、DB2 等）的空间数据访问的读写方式与 PostGIS 数据库类似，读者可以参考 PostGIS 数据库连接和数据访问的方式进行操作。

3. PostGIS 数据的导入和导出

PostGIS 数据的导入和导出可以借助数据库管理器实现，选择"Database"—"

DB Manager..."菜单命令，打开如图 3-29 所示数据库管理器，在此可以对 Oracle Spatial、PostGIS 等数据库中的模式（Schema）、数据表（Table）等进行管理，也可以通过数据库管理器中的"数据库"—"SQL 窗口"命令执行 SQL 查询语句。

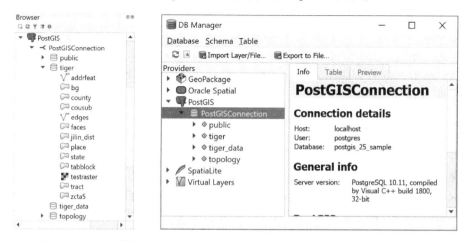

图 3-28　在"Browser"面板中　　　　　图 3-29　数据库管理器

查看 PostGIS 数据

单击数据库管理器工具栏中的"▦Import Layer/File..."按钮，即可将外部的矢量数据导入数据库中。选择数据库矢量数据后单击"▦Export to File..."按钮，可以将数据库中的矢量数据导出，如图 3-30 所示。

（a）导入矢量数据　　　　　　　　　　（b）导出矢量数据

图 3-30　PostGIS 数据的导入和导出

4. 栅格数据的导入与访问

QGIS 没有原生工具可以将栅格数据导入 PostGIS 数据库中，但是借助 PostGIS 提供的 raster2pgsql 命令即可将 GDAL 支持的栅格类型的数据导入 PostGIS 数据库中，该工具一般可以在 PostgreSQL 安装目录下找到，例如：

```
C:\Program Files (x86)\PostgreSQL\10\bin
```

raster2pgsql 命令的基本使用方法如下：

```
raster2pgsql <raster_options> <raster_file> <schemaname>.<tablename> outname.sql
```

将"<raster_options>"修改为栅格选项（如坐标系等），将"<raster_file>"修改为待导入文件的路径，将"<schemaname>"和"<tablename>"分别修改为导入数据库中的模式名称和表名称。该命令可以将栅格数据的导入转化为 SQL 语句代码，直接将其重定向到 outname.sql 中，并执行 SQL 语句。另外，也可以通过管道符号直接将 SQL 语句通过 psql 命令执行，例如：

```
raster2pgsql  -s  4326  -I  -C  -M  D:\data\test_dem.tif  -F  -t  250x250
tiger.test_dem | psql -d postgis_25_sample -U postgres -p 5432
```

"-s 4326"表示输出的坐标系，用 EPSG 代码表示；"-I"表示创建栅格预览"Overview"；"-C"表示应用栅格约束；"-M"表示启用 PostgreSQL 的真空分析；"-F"表示添加带有文件名的字段；"-t 250x250"表示指定新表的空间大小（注意：250x250中间是英文"x"，不是乘号)；"tiger.test_dem"表示在模式 tiger 中创建表名称为 test-dem的数据表。在 psql 语句中，"-d"后面连接数据库名称；"-U"后面连接用户名称；"-p"后面连接端口号。另外，命令执行时需要根据提示输入用户密码，如图 3-31 所示。

【小提示】raster2pgsql 命令的具体参数和使用方法可以通过 PostGIS 官方网站获取：https://postgis.net/docs/using_raster_dataman.html。

命令执行完毕后，即可在"DB Manager"中找到这个数据，在"test_dem"上右击，在弹出的快捷菜单中选择"Add to Canvas"命令，即可在 QGIS 中使用该数据，如图 3-32所示。

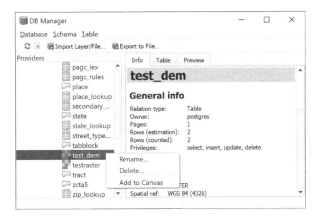

图 3-31　在 PostGIS 中添加栅格数据　　　　图 3-32　添加"test_dem"数据到地图画布

3.2.3　Geodatabase 数据库

Geodatabase 数据库是 ESRI 研发的无服务器的关系型数据库，可以以表（Table）、要素类（Feature Class）、要素数据集（Feature Dataset）、栅格数据集（Raster Dataset）等多种格式存储矢量数据或栅格数据。Geodatabase 数据库共分为以下两类：

- 个人地理数据库（Personal Geodatabase）：将数据以 MS-Access 数据库的形式存储在单一文件中（后缀名为 mdb）。
- 文件地理数据库（File Geodatabase）：将数据以目录的形式进行存储（目录的后缀名为 gdb）。

相对于个人地理数据库，文件地理数据库更先进，它可以跨平台存储海量的地理空间数据，并且具有低存储空间、高读写效率的优势。

【小提示】注意，虽然 QGIS 可以访问 Geodatabase 数据库中的矢量数据，但是无法访问其中的栅格数据，并且无法在其中写入矢量文件。

本节分别介绍如何在 QGIS 中访问个人地理数据库和文件地理数据库。

1．个人地理数据库

由于个人地理数据库依赖 MS-Access 数据库，因此 QGIS 仅支持在 Windows 操作系统中访问个人地理数据库，具体操作步骤如下。

（1）安装 Microsoft Access Database Engine 软件，其位数（32 位/64 位）需要和 QGIS 的位数对应，可以从微软官方网站获取。

（2）打开 Windows 系统的"控制面板"—"管理工具"—"ODBC 数据源（64 位）"。

（3）在"用户 DSN"选项卡中单击"添加"按钮，找到列表中的"Microsoft Access Driver (*.mdb, *.accdb)"，单击"完成"按钮，如图 3-33 所示。

（4）在弹出的"ODBC Microsoft Access 安装"对话框中，输入数据源名"testPGDB"，单击"选择(s)…"按钮，选择个人地理数据库文件的位置，如图 3-34 所示。

图 3-33　选择数据源驱动程序

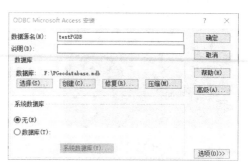

图 3-34　新建 Access Driver 数据源

（5）单击"确定"按钮后，"用户 DSN"选项卡的"用户数据源"列表中应当增加了"testPGDB"。此时，单击"确定"按钮退出。

（6）返回 QGIS，选择"Layer"—"Add Layer"—"Add Vector Layer…"菜单命令，在"Source Type"选项中选择源类型为"Database"，在"Database"选项中选择"ESRI Personal GeoDatabase"，单击"New"按钮，打开创建连接对话框，如图 3-35 所示。

图 3-35　打开个人地理数据库中的矢量文件

（7）在弹出的"Create a New OGR Database Connection"对话框中（见图 3-36），在"Type"选项中选择连接类型为"ESRI Personal GeoDatabase"；在"Name"选项中输入连接名称"testPGDB"；在"Host"选项中输入主机地址"localhost"；在"Database"选项中输入刚才在 ODBC 数据源管理程序中定义的数据库名称"testPGDB"；单击"Test Connection"按钮，提示成功后单击"OK"按钮创建连接。

（8）在数据源管理器对话框中，单击"Add"按钮即可读取 GeoDatabase 中存储的矢量数据，如图 3-37 所示。

图 3-36　连接个人地理数据库

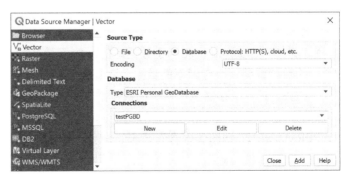

图 3-37　添加个人地理数据库

2. 文件地理数据库

读取文件地理数据库中的矢量数据可以按以下步骤操作。

（1）选择"Layer"—"Add Layer"—"V_⊕Add Vector Layer…"菜单命令，弹出数据源管理器对话框。

（2）在"Source Type"选项中选择源类型为"Directory"；在"Type"选项中选择"OpenFileGDB"；在"Vector Dataset(s)"选项中选择文件地理数据库的目录位置，单击"Add"按钮后即可读取其中的矢量数据，如图 3-38 所示。

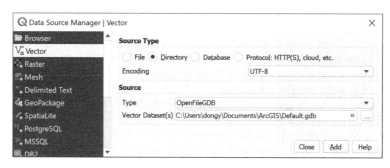

图 3-38　访问文件地理数据库中的矢量数据

3.2.4　GRASS 数据源读取

QGIS 集成了 GRASS GIS，可以轻松地对 GRASS 数据库进行访问。在学习如何使用 QGIS 读取 GRASS 数据源之前，必须先了解 GRASS 数据库。GRASS GIS 为地理空间数据设计了一个独特的组织方式，一共包括三个级别：数据库（Database）、地点（Location）和地图集（Mapset）。

- 数据库（Database）：GRASS 数据库和传统意义的数据库有着明显区别，这里的数据库是指空间数据文件的存储目录位置。一个数据库可以包含多个地点。
- 地点（Location）：相当于数据库内部的一个目录。一个地点必须具有相同的投影方式，并且一个地点通常存储一个研究区域的数据。一个地点可以包含多个地图集。
- 地图集（Mapset）：相当于数据库的二级目录。一个地图集通常为一个用户存储的数据或同一个专题下的数据。每个地点都有一个名称为"PERMANENT"的地图集，其可以存储多个用户的数据。地图集的概念类似于软件开发中的工作空间的概念。

PERMANENT 地图集中含有投影、分辨率信息、项目区域范围信息，由 GRASS 自动生成。项目的核心数据（如原始图件、环境背景数据等）都应该存放在 PERMANENT 地图集里面，只有项目的创始者对其有写的权限，其他用户不能更改。

每次启动 GRASS GIS 时，需要在一个特定的地图集下工作，如图 3-39 所示。

图 3-39　GRASS GIS 主界面

1. GRASS 插件

GRASS 插件不能运行在单独启动的 QGIS 软件"QGIS Desktop 3.10.3"中，需要在系统菜单中找到并打开"QGIS Desktop 3.10.3 with GRASS 7.8.2"，才可以通过 QGIS 的"Browser"面板访问 GRASS 地点和地图集。

对 GRASS 地图集实现完整的操作需要先在 QGIS 菜单栏中选择"Plugins"—"Manage and Install Plugins…"菜单命令，并在弹出的对话框中打开 GRASS 7 插件。此时，QGIS 界面会出现 GRASS 工具栏和 GRASS 面板。

GRASS 工具栏有两个按钮，分别是：

- Open GRASS Tools（打开 GRASS 工具）：打开 GRASS 工具面板。
- Display Current GRASS Region（显示当前 GRASS 区域）：在地图中以红色边框的形式显示当前地图集的区域（只有打开地图集时有效）。

GRASS 面板默认有两个选项卡（见图 3-40）：

- Modules（模块）：包括几乎所有的 GRASS 软件的菜单和命令。
- Region（区域）：显示当前地图集的区域范围和分辨率设置。

2. 打开 GRASS 地图集

通过以下两种方式可以打开 GRASS 地图集。

（1）选择"Plugins"—"GRASS"—"Open Mapset"菜单命令，并在弹出的对话框中选择地图集的位置，单击"OK"按钮即可，如图 3-41 所示。

图 3-40　GRASS 面板　　　　　　　　　　图 3-41　打开 GRASS 地图集

（2）在"Browser"面板中的地图集上右击，在弹出的快捷菜单中选择"Open Mapset"命令，地图集的图标将从一般状态 变为打开状态 ，如图 3-42 所示。

另外，在 GRASS 地图集的右键菜单中，可以通过"New Point Layer…"、"New Line Layer…"和"New Polygon Layer…"命令分别创建点、线、面矢量图层，如图 3-43 所示。

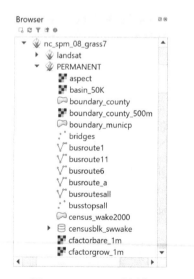

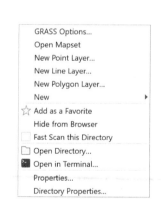

图 3-42　GRASS 地图集　　　　　　　　　图 3-43　GRASS 地图集的右键菜单

3. 创建 GRASS 地图集

若要创建 GRASS 地图集，选择"Plugins"—"GRASS"—"New Mapset"菜单命令，并在弹出的对话框中选择创建地图集的位置，如图 3-44 所示。另外，通过在 GRASS 地点的右键菜单中选择"New Mapset"命令，也可以创建一个新的地图集。

图 3-44　创建 GRASS 地图集

4. 关闭 GRASS 地图集

若要关闭 GRASS 地图集，选择"Plugins"—"GRASS"—"Close Mapset"菜单命令，或者在 GRASS 面板中单击"⓪ Close mapset"按钮即可。

5. GRASS 选项

选择"Plugins"—"GRASS"—"🔧 GRASS Options"菜单命令，或者通过 GRASS 地点或地图集的右键菜单可以打开"GRASS Options…"对话框（见图 3-45），可以进行以下设置：

- General（通用）：显示 GRASS 版本，设置 GRASS 的安装目录。
- Modules（模块）：指定 GRASS 模块的目录位置，以及是否开启调试模式。
- Browser（浏览）：导入坐标参考系的变换设置等，以及是否显示虚拟拓扑图层。
- Region（区域）：GRASS 地图集区域在地图视图中的显示设置。

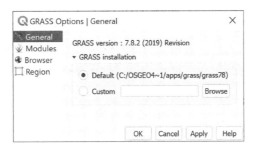

图 3-45　GRASS 选项

第4章

数据预处理

预处理是使用地理空间数据的第一步,本章介绍常用的矢量数据预处理与栅格数据预处理。

4.1 矢量数据预处理

在开展具体的地理处理工作时,不同来源的数据坐标系、空间范围、精细程度往往存在差异,这些数据间的差异需要通过坐标系变换、裁剪、拼接等一系列操作统一起来,即数据预处理。矢量数据预处理与栅格数据预处理存在差异,本节首先介绍矢量数据预处理。

4.1.1 坐标系变换

前面已经介绍过关于地理坐标系和投影坐标系的一些基本常识,下面主要介绍如何通过 QGIS 对数据进行坐标系定义与变换。

1. 动态投影

动态投影（On-the-fly reprojection）就是当地图视图中的多个数据坐标系不同时,QGIS 自动对一部分数据进行投影转换,以便将这些数据有效地叠加在一起。QGIS 地图视图的默认坐标系会以第一个添加进来的数据为准,之后被加入的数据将自动投影转换在这个坐标系之上。另外,动态投影转换是临时的,不改变数据中的坐标系设置。

修改动态投影的默认坐标系的方法如下。

（1）单击 QGIS 右下角的 "⊕EPSG:code" 按钮,打开项目属性对话框。

（2）在 "Project Properties" 对话框的 "CRS" 选项卡中,在 "Predefined Coordinate

Reference Systems"选项中选择需要设置的坐标系即可。

另外,选择"No projection"复选框即可设置无坐标系;通过"Recently Used Coordinate Reference Systems"可以快速找到最近使用的坐标参考系,也可以通过"Filter"选项筛选、查找需要的坐标系。

在 QGIS 中,常用的坐标系都包括一个唯一的标识符。标识符由前缀(管理机构标识符)和后缀(坐标系编码)组成。QGIS 坐标系标识符的前缀如表 4-1 所示,例如,"EPSG:4326"的前缀"EPSG"表示欧洲石油调查组织,后缀为该组织定义的 WGS 1984 坐标系编码。

表 4-1　坐标系标识符的前缀(管理机构标识符)

前　　缀	管　理　机　构
EPSG	欧洲石油调查组织(European Petroleum Survey Group)
ESRI	美国环境系统研究所公司(Environmental Systems Research Institute)
IGNF	法国地理研究所(Institut Geographique National de France)
IAU2000	国际天文学联合会(International Astronomical Union)2000
USER	用户自定义坐标系

EPSG 定义的坐标系包括绝大多数的坐标系;ESRI 和 IGNF 声明的坐标系相对应用较少;IAU2000 定义的坐标系为其他星球的坐标系(如水星、金星等)。

在"CRS"选项卡中,可以对动态投影开启状态、新项目默认坐标系、无坐标系定义图层的默认坐标系等进行设置,如图 4-1 所示。

图 4-1　"CRS"选项卡

2. 矢量文件坐标系的定义

如果某个矢量数据没有定义坐标系,或者定义了错误的坐标系,则可以通过以下方法更改坐标系。

(1)将需要修改坐标系的矢量数据添加到 QGIS 地图视图中。

（2）在图层列表的该图层上右击，在弹出的快捷菜单中选择"Set CRS"—"Set Layer CRS…"命令（也可以在图层属性对话框的"📇Source"选项卡中单击"Set source coordinate reference system"选项右侧的📇按钮），打开"Coordinate Reference System Selector"对话框，如图 4-2 所示。

（3）在弹出的对话框中设置正确的坐标系，单击"OK"按钮保存即可。此时该矢量图层已经按照新设置的坐标系显示在地图视图中。

注意，虽然此时图层坐标系发生了变化，但是并没有改变数据源坐标系，坐标系变化是临时的。如果需要永久修改数据源坐标系，执行完以上步骤后，通过以下方式将图层要素导出为新的数据源：在矢量图层上右击，在弹出的快捷菜单中选择"Export"—"Save Features As…"命令，打开"Save Vector Layer as…"对话框，如图 4-3 所示。此时，将"CRS"选项设置为定义的正确的坐标系，并选择输出文件的位置，单击"OK"按钮另存矢量数据即可。

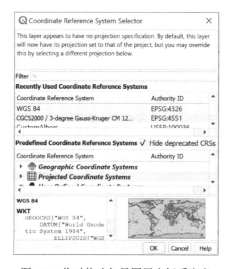

图 4-2　临时修改矢量图层坐标系定义

图 4-3　永久修改矢量图层坐标系定义
（导出为新的数据源）

3. 坐标系变换

如果希望改变矢量数据的坐标系，也采用"Save Features As…"工具，具体流程如下。

（1）打开需要投影变换的矢量数据。

（2）在该数据图层上右击，在弹出的快捷菜单中选择"Export"—"Save Features As…"命令，打开"Save Vector Layer as…"对话框。将"CRS"选项设置为需要投影到的坐标系，在"File name"选项选择输出文件的位置，单击"OK"按钮另存数据即可。

【小提示】QGIS 处理工具箱的"Vector general"—"Reproject layer"工具也可以用于对矢量图层进行投影变换。

4．自定义坐标系

选择"Settings"—"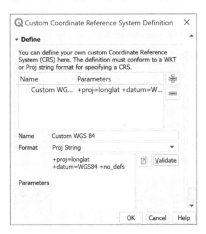Custom Projections…"菜单命令，打开"Custom Coordinate Reference System Definition"对话框。在"Name"选项输入新的坐标系名称；在"Format"选项选择定义坐标系使用的字符串类型，包括 proj4 字符串和 WKT 字符串两类；在"Parameters"选项输入坐标系定义；单击 按钮可以复制已有的坐标系定义；单击"Validate"按钮可以检验坐标系的可用性，如图 4-4 所示。

图 4-4　自定义坐标系

proj4 字符串与 WKT 字符串都可以定义坐标系，且可以相互转换。例如，WGS 84 坐标系的 proj4 字符串定义如下：

```
+proj=longlat +datum=WGS84 +no_defs
```

再比如，CGCS2000/Gauss-Kruger CM 111E 坐标系的 proj4 字符串定义如下：

```
+proj=tmerc +lat_0=0 +lon_0=111 +k=1 +x_0=500000 +y_0=0 +ellps=GRS80
+units=m +no_defs
```

proj4 字符串的各项参数说明如表 4-2 所示。

表 4-2　proj4 字符串的各项参数定义及说明

参　　数	参 数 说 明
+ellps	椭球体（可以用 proj -le 命令查询），例如，+ellps=WGS 84 表示 WGS 1984 椭球体
+a	椭球体长半轴
+b	椭球体短半轴
+axis	坐标轴方向定义，默认为+axis=enu，表示朝东（Easting）、朝北（Northing）和朝上（Up）为正方向
+k	比例因子（已弃用）
+k_0	比例因子
+lat_0	纬度原点
+lon_0	中央经线
+pm	中央经线，常用城市定义（可以用 cs2cs -lm 命令查询）。例如，+pm=madrid 表示中央经线处于马德里（西班牙）

续表

参　　数	参 数 说 明
+proj	投影名称（可以用 proj -l 命名查询）
+units	单位，例如，+units=us-ft 表示用英尺作为单位
+vunits	垂直单位
+x_0	东向偏移
+y_0	北向偏移
+lon_wrap	经度范围的中央位置。默认情况下的经度范围为-180°～180°，例如，+lon_wrap=180 表示将 180°定义为经度范围的中央位置，此时经度范围变为 0～360°（常用在等距圆柱投影中）
+over	运行经度范围超出-180°～180°

　　QGIS 会为每个自定义坐标系增加一个标识符，并从"USER:100000"开始编号，随后就可以用新的坐标系标识符进行坐标系定义和变换了。

4.1.2　矢量裁剪

1. 按参考面要素裁剪

　　按参考面要素裁剪是指通过一个参考面的要素矢量数据裁剪目标矢量数据。本例以吉林省地级行政区划数据裁剪东北地区公路网获得吉林地区公路网数据为例，介绍按参考面要素裁剪矢量图层的操作方法。

　　【小提示】公路网数据来源于全球道路开源数据集（gROADSv1），数据产品详细信息可以在下面的网站中获取：

　　http://sedac.ciesin.columbia.edu/data/set/groads-global-roads-open-access-v1/data-download。

　　（1）打开吉林省地级行政区划数据"jilin_dist.shp"和东北地区公路网数据"dongbei_roads.shp"数据。

　　（2）在"Processing Toolbox"面板中，双击"Vector overlay"工具集下的"Clip"工具，弹出"Clip"对话框，如图 4-5 所示。

图 4-5　"Clip"对话框

　　（3）在"Input layer"中选择被裁剪的数据"dongbei_roads"，在"Overlay layer"中

选择裁剪参考面的要素数据"jilin_dist",在"Clipped"中选择输出文件位置,单击"Run"按钮执行操作。

2. 区域裁剪

区域裁剪是通过 X、Y 坐标的最大值/最小值范围,即四至范围(Extent)裁剪矢量要素。下面采用区域裁剪的方式裁剪东北地区公路网数据"dongbei_roads.shp",具体操作如下。

(1)打开东北地区公路网数据"dongbei_roads.shp"。

(2)在"Processing Toolbox"面板中找到"Vector overlay"—"Extract/Clip by extent"工具,弹出如图 4-6 所示对话框。

图 4-6　"Extract/clip by extent"对话框

(3)在"Extract/clip by extent"对话框中,在"Input layer"选项中选择需要被裁剪的矢量数据"dongbei_roads";在"Extent"选项中输入裁剪范围(本例使用 124.90, 130.41, 43.43, 46.40 [EPSG:4326])。裁剪范围可以通过以下四种方式确定:

- 手动输入四至范围。
- 使用地图视图的显示范围,在菜单中选择"Use Canvas Extent"命令。
- 在地图视图中绘制范围,在菜单中选择"Select Extent on Canvas"命令。
- 使用图层范围,在菜单中选择"Use Layer Extent…"命令。

勾选"Clip features to extent"复选框后,与裁剪框相交的要素会被裁剪为框内的数据。如果不勾选该复选框,则与裁剪框相交的要素不经过裁剪,落入(或一部分落入)裁剪范围的矢量要素直接保留输出。

(4)在"Extracted"选项中选择输出文件位置,单击"Run"按钮执行操作。

4.1.3　联合、融合与合并

本节介绍矢量要素的联合(Union)、融合(Dissolve)与合并(Merge)操作。

1. 联合

联合是指求两个面要素数据的并集,并且两个数据的属性表也组合在一起。如图 4-7

所示，A 要素和 B 要素存在部分重叠，经过联合处理后会形成 A、B、C 要素。其中，C 要素的几何图形为 A 要素和 B 要素几何图形的交集，且具有 A 要素和 B 要素的属性。

图 4-7　矢量要素的联合操作

本节以吉林省地级行政区划数据"jilin_dist.shp"和吉林省自然条件本底数据"jilin_naturalregion.shp"为例，介绍联合操作的使用方法。

（1）打开上述两个数据。

（2）在"Processing Toolbox"面板中，双击"Vector overlay"工具集下的"Union"工具，弹出如图 4-8 所示对话框。

图 4-8　"Union"对话框

（3）在"Input layer"和"Overlay layer"选项中分别选择"jilin_dist"图层和"jilin_naturalregion"图层。

（4）在"Union"选项中选择输出文件位置，单击"Run"按钮执行操作。新生成的联合矢量图层的属性表字段既包括"jilin_dist"图层字段，也包括"jilin_naturalregion"图层字段，如图 4-9 所示。

（a）"jilin_dist"图层属性表　　（b）"jilin_naturalregion"图层属性表　（c）联合操作后的图层属性表

图 4-9　联合操作前后的属性表

2. 融合

融合是指根据相同的字段（或字段组合）将一个矢量数据中的要素进行合并。本例将吉林省县级行政区划数据合并成地级行政区划数据，具体操作如下。

（1）打开吉林省县级行政区划数据"jilin_county.shp"，属性表中包括行政区代码（CNTY_CODE）、行政区划名称（NAME）和所属地级行政区划名称（DIST）三个字段，如图 4-10 所示。接下来通过 DIST 属性将地级行政区划合并起来。

（2）在"Processing Toolbox"面板中，双击"Vector geometry"工具集下的"Dissolve"工具，弹出如图 4-11 所示对话框。

图 4-10　"jilin_county"图层属性表　　　　图 4-11　"Dissolve"对话框

（3）在"Input layer"中选择需要融合的数据"jilin_county"，单击"Dissolve field(s)"右侧的按钮，在弹出的对话框中选择融合字段，此处选择"DIST"，单击"OK"按钮。

（4）在"Dissolved"中选择输出文件位置，单击"Run"按钮执行操作即可。

3. 合并

合并操作是将要素类型相同、属性表字段相同的两个矢量数据图层进行合并。此处将内蒙古自治区行政区和蒙古国行政区进行合并，形成蒙古高原行政区划数据。在本例中，蒙古国行政区划数据"Mongolia.shp"和内蒙古自治区行政区划数据"InnerMongolia.shp"具有相同的属性表字段，因此可以进行合并。合并操作的具体操作如下。

（1）打开上述两个数据，将它们加入 QGIS 图层列表中。

（2）在"Processing Toolbox"面板中，双击"Vector general"工具集下的"Merge vector layer"工具，弹出如图 4-12 所示对话框。

（3）在"Input layers"选项中选择两个行政区划数据，可以在"Destination CRS"中选择输出数据的坐标系（可选）。

（4）在"Merged"中选择输出文件位置，单击"Run"按钮执行操作。

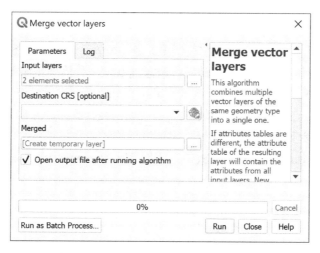

图 4-12　"Merge vector layers"对话框

4.2　栅格数据预处理

栅格数据预处理包括坐标系变换、拼接、裁剪、虚拟栅格与波段合成、配准等，这些预处理操作大多依赖于 GDAL。在使用 GDAL 进行裁剪、拼接等操作时，使用的数据务必在同一个坐标系下，否则会产生错误的结果。因为 GDAL 的 gdalwarp 等工具不会主动检测参与计算的数据是否处于同一个坐标系，当不同坐标系的数据参与计算时，这些数据本身就不能被 GDAL 匹配到一起，从而导致结果错误。下面将逐一介绍栅格数据预处理的操作方法。

4.2.1　坐标系变换

与矢量数据一样，动态投影也适用于栅格数据。本节主要介绍如何定义和转换栅格数据的坐标系。

1. 坐标系定义

当栅格数据的坐标系信息缺失或错误时，可以通过以下三种方式定义栅格数据坐标系。方法一适用于临时定义坐标系（不改变原始数据坐标系）；方法二是在原始数据中定义或修改坐标系；方法三是将新定义坐标系的栅格数据导出为一个新的数据（不改变原始数据）。

方法一：临时法。

在栅格数据图层的右键菜单中选择"Properties"命令，打开栅格图层属性对话框中的"Source"选项卡，修改"Set source coordinate reference system"中的坐标系即可，如图 4-13 所示。

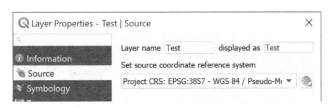

图 4-13　临时修改栅格图层坐标系定义

方法二：GDAL 法。

（1）在菜单栏选择"Raster"—"Projections"—"Assign projection"命令（也可以在工具箱面板中单击"GDAL"—"Raster projections"—"Assign projection"），打开如图 4-14 所示对话框。

（2）在"Input layer"中选择修改坐标系的图层，并将"Desired CRS"设置为新定义的坐标系，此时"GDAL/OGR console call"中显示用于修改投影坐标的 GDAL 代码。

（3）单击"Run"按钮执行 GDAL 命令。

方法三：导出法。

（1）在栅格图层属性对话框中临时修改正确的坐标系（方法同方法一）。

（2）在栅格图层的右键菜单中选择"Export"—"Save as…"命令，打开"Save Raster Layer as..."对话框。

（3）"CRS"选项中应当显示了正确的坐标系，因此只需要设置输出选项。在"Output mode"中选择"Raw data"；在"Format"中选择输出文件格式；在"File name"中选择输出文件位置；其他选项保持默认设置（见图 4-15）。

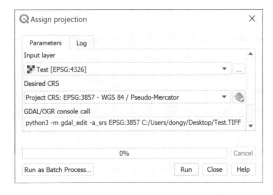

图 4-14　"Assign projection"对话框

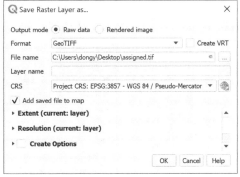

图 4-15　"Save Raster Layer as..."对话框

（4）单击"OK"按钮导出栅格数据即可。

2. 投影导出

GDAL 的投影导出工具（Extract projection）可以将栅格数据坐标系定义和六参数以附属文件的方式（prj 文件和 World File）导出。具体操作方式如下。

（1）在菜单栏中选择"Raster"—"Projections"—"Extract projection"命令（也可以在工具箱面板中单击"GDAL"—"Raster projections"—"Extract projection"），打开"Extract projection"对话框，如图 4-16 所示。

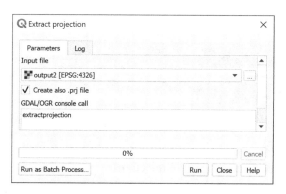

图 4-16　"Extract projection"对话框

（2）在"Input file"中选择需要导出信息的栅格数据；勾选"Create also .prj file"复选框，即可将坐标系信息以 prj 文件的形式导出（否则只导出六参数）。

（3）单击"Run"按钮即可执行操作。此时，在相应的栅格数据文件目录下将出现 World File（存储六参数）及 prj 文件。

3. 投影变换

方法一：导出法。

（1）在采用导出法进行投影变换之前，需要保证在栅格数据的图层属性中设置的坐标系是正确的。如果当前的投影坐标系不正确，需要先进行坐标系的定义。

（2）在栅格图层的右键菜单中选择"Export"—"Save as..."命令。

（3）在"Save Raster Layer as..."对话框中，将"CRS"选项设置为需要转换的投影坐标系；在"Output mode"中选择"Raw data"：在"Format"中选择输出文件格式：在"File name"中选择输出文件位置；其他选项保持默认设置（见图 4-17）。

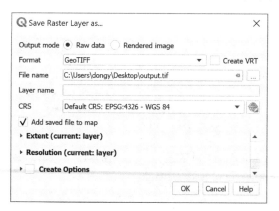

图 4-17　栅格数据的投影变换

（4）单击"OK"按钮导出栅格数据即可。

方法二：GDAL 法。

GDAL 的 Warp 工具非常强大，具有投影变换、重采样、裁剪、压缩等多项功能。利用 Warp 工具进行栅格数据坐标系变换的具体操作如下。

（1）选择"Raster"—"Projections"—"Warp (reproject)"菜单命令（也可以在工具箱面板中单击"GDAL"—"Raster projections"—"Warp (reproject)"），打开如图 4-18 所示对话框。

图 4-18 "Warp (reproject)"工具

（2）将"Target CRS"设置为需要变换的坐标系。如果原栅格数据的投影坐标系不正确，可以在"Source CRS"中设置正确的坐标系（可选）。其他的选项保持默认即可。

（3）在"Reprojected"中选择输出文件的位置，单击"Run"按钮执行操作即可。

4.2.2 裁剪与拼接

1. 按参考面要素裁剪

按参考面要素裁剪即通过面要素的边界裁切栅格数据。本例使用吉林省地级行政区划数据"jilin_dist.shp"裁切 2015 年土地利用/土地覆被数据"ESACCI_LC_2015.tif"，从而得到吉林省范围内的年土地利用/土地覆被数据。

【小提示】土地利用数据采用欧空局 ESA CCI 2015 年数据，图例文件可以参见"ESACCI-LCMapsColorLegend.qml"文件和"ESACCI-LC-Legend.csv"文件。

具体操作如下。

（1）打开上述两个数据。

（2）选择"Raster"—"Extraction"—"Clip raster by mask layer…"菜单命令（也可以在工具箱面板中单击"GDAL"—"Raster extraction"—"Clip raster by mask layer…"）。

（3）在"Clip raster by mask layer"对话框中，在"Input layer"中选择需要裁切的栅格数据，在"Mask layer"中选择裁切所需的面要素矢量数据，并在"Clipped (mask)"中选择输出文件位置，如图 4-19 所示。其他选项的说明如下：

- Assign a specified nodata value to output bands：为输出栅格数据指定一个 nodata 值。
- Create an output alpha band：创建一个透明度波段。
- Match the extent of the clipped raster to the extent of the mask layer：裁切后栅格的范围与 Mask 图层范围一致。
- Keep resolution of output raster：保持输出栅格的分辨率。
- Advanced parameters（高级参数）：可以通过 Profile 选项选择输出栅格的压缩率等。

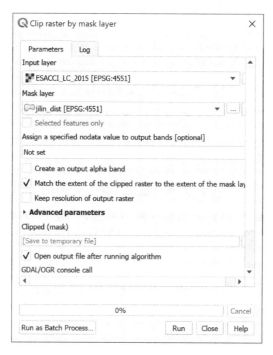

图 4-19　"Clip raster by mask layer" 对话框

（4）此时，"GDAL/OGR console call"中显示了 QGIS 调用的 GDAL 代码，可以发现该工具实际是调用 GDAL 的 Warp 工具进行操作的。单击 "Run" 按钮执行操作，即可输出裁剪后的栅格数据结果。

2. 区域裁剪

区域裁剪可以通过 Clip raster by extent 工具和 Warp 工具进行操作。本例通过一个区域范围裁剪 2015 年土地利用/土地覆被数据（ESACCI_LC_2015.tif）。打开 "ESACCI_LC_2015.tif" 文件后，可以尝试使用以下两种方法裁剪数据。

方法一：使用 Clip raster by extent 工具裁剪。

（1）选择 "Raster" — "Extraction" — "Clip raster by extent ..." 菜单命令（也可以在工具箱面板中单击 "GDAL" — "Raster extraction" — "Clip raster by extent..."），打开如图 4-20 所示对话框。

图 4-20　"Clip raster by extent"对话框

（2）在"Input layer"中选择需要裁剪的数据，在"Clipping extent"中输入或选择裁剪范围，此处可以输入"160402,930132,4525212,5131865 [EPSG:4551]"。裁剪范围与矢量数据裁剪的范围相似，可以通过地图视图画布范围（Use Canvas Extent）、在画布中绘制范围（Select Extent on Canvas）和使用图层范围（Use Layer Extent...）三种方式选择。

（3）在"Clipped (extent)"中输入输出文件的位置。此时可以发现在 GDAL/OGR console call 中出现了"gdal_translate"命令，即该工具采用相应的 GDAL 工具执行。设置完成后，单击"Run"按钮执行程序。

本工具为输出栅格数据指定一个 nodata 值（Assign a specified nodata value to output bands），高级参数（Advanced parameters）上文已经介绍过，读者可以根据需要自行设置。

方法二：使用 Warp 工具裁剪。

Warp 工具在栅格数据的坐标系变换中已经介绍过，此处介绍如何使用 Warp 工具对栅格数据进行裁剪操作。具体方法如下。

（1）选择"Raster"—"Projections"—"Warp (reproject)"菜单命令（也可以在工具箱面板中单击"GDAL"—"Raster projections"—"Warp (reproject)"），打开"Warp (reproject)"对话框。

（2）在"Input layer"中选择需要裁剪的栅格数据，在"Target CRS"中选择与该栅格数据相同的坐标系（即不改变其坐标系）。在 Advanced parameters（高级参数）中选择输出文件的范围和该范围所属的坐标系（如果裁剪范围的坐标系与栅格数据输出坐标系相同，则可以不选择）。

（3）在"Reprojected"中输入输出文件位置，单击"Run"按钮执行操作即可。

3. 栅格拼接

本例将两个具有重叠部分的 DOM 文件（示例数据 merge_test 目录下的 "dom_1.tif" 和 "dom_2.tif" 文件）进行拼接。具体操作如下。

（1）打开上述两个 DOM 文件。

（2）选择 "Raster" — "Miscellaneous" — "Merge..." 菜单命令（也可以在工具箱面板中单击 "GDAL" — "Raster miscellaneous" — "Merge" 工具），打开如图 4-21 所示对话框。

图 4-21　"Merge" 对话框

（3）在 "Input layers" 中选择需要拼接的数据。其他选项的说明如下：

● Grab pseudocolor table from first layer：使用第一个输入图像中的颜色表（其他图层的颜色表将被忽略）。

● Place each input file into a separate band：不勾选该复选框时进行影像拼接，勾选该复选框时进行波段合成。

● Output data type：输出数据类型。

（4）在 "Merged" 中输入输出文件位置，单击 "Run" 按钮即可运行拼接工具。

4.2.3　虚拟栅格与波段合成

1. 虚拟栅格

虚拟栅格是 GDAL 中的概念，可以将多个栅格图层组合在一起，实现多波段合成。虚拟栅格不改变源数据，而是通过建立 "vrt" 后缀名的文件将数据源连接组合在一起。

本节介绍将 Landsat 8 OLI 传感器采集的同一地区近红外、红、绿、蓝四个波段（各为独立的栅格图层）合成为一个虚拟栅格。具体方法如下。

（1）打开实例数据 "LC81210372016207LGN00" 目录下的四个波段数据，文件名结尾为 B2（蓝）、B3（绿）、B4（红）、B5（近红外）的文件各代表不同的波段。

（2）选择"Raster"—"Miscellaneous"—"Build virtual raster…"菜单命令，打开
"Build virtual raster"对话框，如图 4-22 所示。

图 4-22　"Build virtual raster"对话框

（3）在"Input layers"中选择需要合成的四个栅格图层，在"Virtual"中选择虚拟
栅格的输出位置，其他选项保持默认设置即可。各选项的功能如下。

- Resolution：虚拟栅格分辨率，分为平均分辨率（Average）、最大分辨率（Highest）
  和最小分辨率（Lowest）。
- Place each input file into a separate band：将每个输入文件放入独立的波段（如果
  不勾选该复选框，则只有一个图层加入虚拟栅格中）。
- Allow projection difference：允许不同的栅格投影。
- Add alpha mask band to VRT when source raster has none：对源栅格的 Nodata 部分
  生成掩膜波段。
- Override projection for the output file：复写输出虚拟栅格的投影。
- Resampling algorithm：重采样方法，包括最近邻法（Nearest Neighbour）、双线性
  内插法（Bilinear）、样条卷积法（Spline Convolution）、B 样条卷积法（B-Spline
  Convolution）、Lanczos 法（Lanczos Windowed Sinc）、平均值法（Average）、众数
  法（Mode）。
- Nodata value(s) for input bands (space separated)：指定输入栅格图层的 Nodata 值
  （用空格隔开）。

（4）单击"Run"按钮，即可将多个栅格图层合成为单一的虚拟栅格图层。通过图

层属性中的"Symbology"选项卡选择多波段渲染,并设置渲染波段,即可查看波段合成后的效果。

【小提示】上述"LC81210372016207LGN00"数据的 DN 值并没有转变为反射率。Landsat 系列卫星数据的元数据文件"*_MTL.txt"保存了两者的变换关系。"*_MTL.txt"文件可以通过 QGIS 工具箱中的"GRASS"—"Imagery (i.*)"—"i.landsat.toar"读取,直接打开包含多个波段的反射率图层。

2. 利用 Merge 工具进行波段合成

利用上述波段合成方法并不能生成真正的被合成的数据源(虽然也可以通过图层右键菜单中的"Export"命令导出独立的栅格数据源),下面介绍一种波段合成方法,即利用 Merge 工具进行合成。具体方法如下。

(1)打开实例数据"LC81210372016207LGN00"目录下的四个波段数据。

(2)选择"Raster"—"Miscellaneous"—"Merge…"菜单命令,打开"Merge"对话框(见图 4-23)。

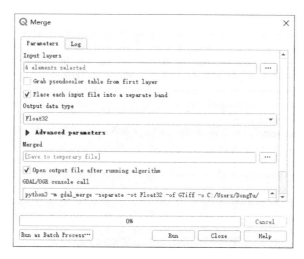

图 4-23　"Merge"对话框

(3)在"Input layers"中选择需要合成的四个栅格图层;勾选"Place each input file into a separate band"复选框;在"Merged"中选择输出的文件位置。

(4)单击"Run"按钮,即可将多个栅格图层合成为单一的栅格图层。

【小提示】波段合成还可以通过 GRASS 的"r.composite"命令完成,该命令可以在 QGIS 工具箱中找到,请读者自行尝试。

4.2.4　栅格数据的配准

栅格数据的配准就是将未知坐标(或错误坐标)的栅格数据通过控制点的方式匹配到正确的地理位置。本节将一个无坐标信息的栅格数据"image_noref.tif"匹配到基准栅格数据"landsat_composited.tif"上。

具体的操作步骤包括准备工作、选择控制点、设置和执行配准等。

1. 准备工作

准备工作包括准备插件工具，以及打开相关数据。

（1）栅格数据的配准需要借助 QGIS 的核心插件"⌗ Georeferencer GDAL"。因此，先在 QGIS 插件管理器中打开该插件（见图 4-24）。

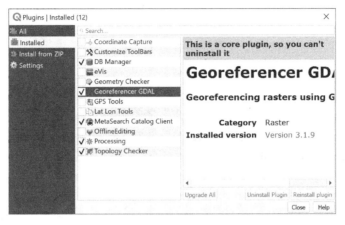

图 4-24　打开"⌗ Georeferencer GDAL"插件

（2）在 QGIS 中打开"image_noref.tif"和"landsat_composited.tif"数据。

（3）选择"Raster"—"Georeferencer…"菜单命令，或者在工具栏的"Raster Toolbar"中找到按钮⌗，打开"Georeferencer"窗口。

（4）单击工具栏中的▦按钮，添加需要被匹配的栅格数据"image_noref.tif"。

2. 选择控制点

控制点（Control Point）的选择是栅格匹配的核心步骤，也是决定匹配精度的核心要素。控制点就是待匹配栅格数据上的点与实际坐标位置上的点的关系。在选择控制点操作之前，应确定 QGIS 工程的坐标系。如果需要手动输入坐标，则必须先把 QGIS 工程修改为输入坐标相应的坐标系。随后，即可通过工具栏增加、移动和删除控制点。

1）增加控制点

在工具栏中单击按钮⚲即可打开增加控制点模式，在"Georeferencer"窗口待匹配的地图画布中找到控制点的位置并单击，即出现如图 4-25 所示对话框。

图 4-25　增加控制点

此时，可以通过输入坐标的方式在"X/East"和"Y/North"中输入该控制点实际的坐标（对应 QGIS 工程坐标系）。此外，也可以单击"From map canvas"按钮，并在 QGIS 主界面的地图画布上点选该控制点的坐标位置。坐标输入完成后，单击"OK"按钮。

在地图画布中，红点标识控制点的位置。在"Georeferencer"窗口下方的"GCP table"中也可以找到控制点（见图 4-26），其各列内容如下：

- Source X：控制点待匹配栅格数据中的 X 坐标。
- Source Y：控制点待匹配栅格数据中的 Y 坐标。
- Dest. X：控制点目标位置的 X 坐标。
- Dest. Y：控制点目标位置的 Y 坐标。
- dX (pixels)："Dest. X"与"Source X"之差。
- dY (pixels)："Dest. Y"与"Source Y"之差。
- Residual (pixels)：残差。

Visible	ID	Source X	Source Y	Dest. X	Dest. Y	dX (pixels)	dY (pixels)	Residual (pixels)
✓	0	397.618	-844.599	579854	3.66275e+06	-6.82121e-12	-6.25278e-12	9.25344e-12
✓	1	208.21	-2041.15	579097	3.66291e+06	-2.50111e-12	-3.63798e-12	4.4148e-12
✓	2	2229.18	-724.475	587194	3.66827e+06	-2.27374e-12	-2.72848e-12	3.55169e-12
✓	3	2747.46	-1946.56	589267	3.66341e+06	3.63798e-12	2.27374e-13	3.64508e-12

图 4-26　控制点列表

2）删除控制点

在工具栏中单击 ![icon] 按钮，即可切换到删除控制点模式，单击地图上的任何一个控制点即可将其删除。在"GCP table"中，在任何一条记录上右击，并在弹出的快捷菜单中选择"Remove"命令，也可以删除控制点。

3）移动控制点

在工具栏中单击 ![icon] 按钮，即可切换到移动控制点模式，单击并拖曳地图上的任何一个控制点即可进行移动操作。在"GCP table"中，修改"Source X"和"Source Y"也可以手动调整控制点的位置。

4）读取和保存控制点

在工具栏中单击 ![icon] 按钮和 ![icon] 按钮可以分别在计算机中读取和保存控制点。控制点文件以"points"为后缀名，以逗号分隔的文本方式进行存储。

【小提示】在选择控制点时，单击工具栏中的 ![icon] 按钮，改变 QGIS 地图画布范围时，Georeferencer 画布范围也随之改变；单击 ![icon] 按钮时，Georeferencer 画布范围的改变会使 QGIS 地图画布范围改变。这两个工具可以提高控制点选择的效率。

3. 设置和执行配准

单击工具栏中的 ![icon] 按钮，即可打开如图 4-27 所示对话框，此时需要对栅格配准进行以下设置。

- Transformation type：匹配模式，包括线性（Linear）、赫尔默特（Helmert）、一次多项式（Polynomial 1）、二次多项式（Polynomial 2）、三次多项式（Polynomial 3）、薄板样条插值（Thin Plate Spline）、投影（Projective）等。

- Resampling method：重采样方法，包括最近邻法（Nearest neighbour）、线性内插法（Linear）、三次立方法（Cubic）、三次样条法（Cubic Spline）、Lanczos 法等。

- Target CRS：被匹配栅格数据的目标坐标系。

- Output raster：输出栅格数据文件的位置。

- Compression：压缩方式，包括无压缩（None）、LZW、PACKBITS、DEFLATE 等。

- Use 0 for transparency when needed：必要时将透明像元值赋为 0。

- Set target resolution：指定被匹配栅格数据的目标分辨率。

- Generate PDF map：生成 PDF 地图。

- Generate PDF report：生成 PDF 报告（控制点和残差信息等）。

- Load in QGIS when done：栅格数据匹配结束时加入 QGIS 画布。

在上述设置中，尤其要注意将 "Target CRS" 设置为控制点的目标坐标相对应的坐标系。设置完成后，单击 "OK" 按钮保存。

单击工具栏中的▶按钮即可运行匹配。如果希望查看栅格数据配准对应的 GDAL 代码，可以单击按钮。

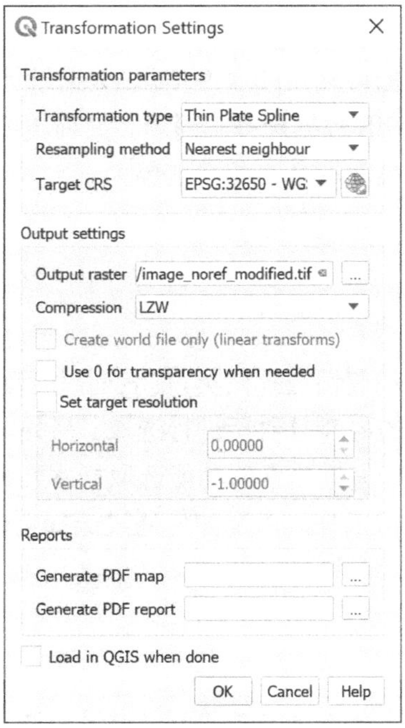

图 4-27　配准设置

【小提示】至少找到三个以上的控制点才可以进行匹配。在保证控制点精度的情况下，密集的控制点可以提高匹配的精度。

数据选择、筛选、查询与统计

为了获取地理空间数据的详细信息及统计结果，需要使用数据选择、筛选、查询与统计等方法。数据选择（仅针对矢量图层）是指通过空间位置、属性信息等特征选取的部分地理要素，被选择的地理要素可以进一步被其他的编辑工具或分析工具处理；数据筛选是指通过表达式等方式仅加载矢量数据中的部分要素，以便进一步制图或处理；数据查询可以获得矢量数据与栅格数据的属性信息；数据统计可以针对这些属性信息进行统计操作。本章主要介绍 QGIS 数据选择、筛选、查询与统计的基本方法，这些方法可以为读者提供从地理空间数据获取基本信息的能力。

5.1　数据选择

数据选择包括几何选择和属性选择两类，前者通过互动或其他矢量要素叠加的方式选择要素，后者根据属性表的内容对要素进行选取。另外，在精度验证、采样分析等领域，还可能需要使用随机选择矢量要素的功能选取样本数据。本节介绍几何选择、属性选择、随机选择的基本方法与工具，以及如何通过选择创建新图层。

5.1.1　几何选择

1. 交互式选择

交互式选择是最常用的几何选择方式，可以通过点选、框选、绘制多边形等方式从地图视图的画布中直接选择要素，具有直观、具体的特点。在进行交互式选择之前，用户必须确认选择的要素图层已经在图层列表中被选中，并且有且只有一个图层可以在同一时间进行交互式选择。

在"Attributes Toolbar"工具栏中，单击按钮右侧的下拉按钮，弹出的菜单中展示了交互式选择的四种方式（见图 5-1）。

- Select Feature(s)（矩形框选）：通过单击或框选的方式选择要素。
- Select Features by Polygon（多边形框选）：通过绘制多边形选择要素。
- Select Features by Freehand（自由框选）：通过自由绘制的方式选择要素。
- Select Features by Radius（圆形框选）：通过绘制半径生成圆形区域的方式选择要素。

图 5-1　矢量图层要素的交互式选择

这些交互式选择方式也可以通过"Edit"—"Select"菜单命令找到。

交互式选择方式有四种，切换方法如下。

- Select Features（重新选择）：直接使用鼠标选择。
- Add to current Selection（增加到当前选择内容）：按住 Shift 键选择。
- Remove from Current Selection（从当前选择内容中移除）：按住 Ctrl 键选择。
- Filter Current Selection（从当前选择内容中选择）：同时按住 Shift 键和 Ctrl 键选择。

2. 通过要素选择

通过要素选择即通过另一个矢量图层（参照图层）中的要素选择目标图层要素，可以使用工具箱中的"Vector selection"—"Select by location"工具执行操作，如图 5-2 所示。

图 5-2　"Select by location"对话框

在"Select features from"中选择目标图层；在"By comparing to the features from"中选择参照图层；在"Modify current selection by"中选择模式；在"Where the features (geometric predicate)"中可以采用几何谓词的形式选择空间选择方法，各种几何谓词的说明如表 5-1 所示。

表 5-1　空间选择的几何谓词

几 何 谓 词	说　　　明
intersect（相交关系）	选择目标图层要素与参照图层要素相交的部分（点要素、线要素、面要素之间均存在相交关系）
touch（相接关系）	选择目标图层要素与参照图层要素相接的部分（除了点要素与点要素无法相接，其他要素之间均存在相接关系）
contain（包含关系）	选择目标图层要素包含参照图层要素的部分（不存在点要素包含线要素和面要素的情况，也不存在线要素包含面要素的情况，其他要素之间均存在包含关系）
overlap（重叠关系）	选择目标图层要素与参照图层要素重叠的部分（只存在于线要素和线要素之间、面要素和面要素之间）
disjoint（不相交关系）	选择目标图层要素与参照图层要素不相交的部分（点要素、线要素、面要素之间均存在不相交关系）
are within（被包含关系）	选择目标图层要素被参照图层要素包含的部分（不存在线要素和面要素被点要素包含的情况，也不存在面要素被线要素包含的情况，其他要素之间存在被包含关系）
equal（相等关系）	选择目标图层要素与参照图层要素相等的部分（只存在于同类型的要素之间，即点要素和点要素之间、线要素和线要素之间、面要素和面要素之间）
cross（轮廓交叉关系）	选择目标图层要素与参照图层要素的轮廓交叉的部分（只存在于线要素和线要素之间、线要素和面要素之间）

单击"Run"按钮即可运行操作，在地图画布中可以查看选择的要素。

3. 全选、反选和清除选择

在属性工具栏中，可以找到以下三个工具，用于全选、反选和清除选择。
- Select All Features（全选）：选择图层中的全部要素（快捷键：Ctrl+A）。
- Invert Feature Selection（反选）：反向选择图层中没有被选择的要素。
- Deselect Features from All Layers（清除选择）：取消选择所有要素（快捷键：Ctrl+Shift+A）。

这些工具也可以在"Edit"—"Select"菜单命令中找到。

4. 选择要素的颜色设置

在默认情况下，选择的要素以黄色的点、线或黄色面填充符号突出显示在地图画布上。在 QGIS 的"Options"对话框的"Canvas & Legend"选项卡中，通过"Selection color"选项即可更改选择要素的颜色（见图 5-3）。

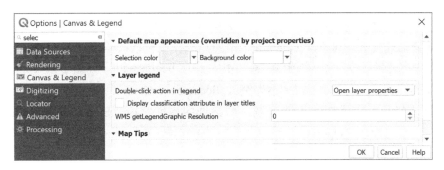

图 5-3　选择要素的颜色设置

【小提示】选择的要素也相应地体现在属性表中，要素以黄色背景突出显示。属性工具栏有三个按钮用于交互这些要素，具体的功能如下。

- 　Move selection to top：将选中的要素放在属性表的最上端。
- 　Pan map to the selected rows：将地图画布平移到选中的要素。
- 　Zoom map to the selected rows：在地图画布中缩放到选中的要素。

5.1.2　属性选择

属性选择可以利用单一的属性字段选择要素，也可以使用表达式通过多个属性字段选择要素。

1. 利用单一的属性字段选择要素

（1）打开需要筛选的图层（本例使用吉林省地级行政区划数据"jilin_dist.shp"）。

（2）打开工具箱中的"Vector selection"—"Select by attribute"工具，如图 5-4 所示。

图 5-4　"Select by attribute"工具

（3）在"Input layer"中选择需要选择要素的图层；在"Selection attribute"中选择需要筛选的属性字段；在"Operator"中选择筛选操作；在"Value"中输入筛选数值（当

筛选操作为"为空"和"不为空"时，不需要输入筛选数值）；在"Modify current selection by"中选择筛选模式。其中，"Operator"中的筛选操作包括：=（等于）、≠（不等于）、>（大于）、≥（不小于）、<（小于）、≤（不大于）、begins with（开始于）、contains（包括）、is null（为空）、is not null（不为空）、does note contain（不包括）。

本例选择长春市为新的筛选区域，即筛选的属性字段"Selection attribute"选择"NAME"；筛选操作"Operator"选择"="；在筛选数值"Value"的文本框中输入"长春市"。

（4）单击"Run"按钮执行程序，此时可以在图层中看到被选择的要素。

2. 利用"Select Feature by Values…"工具选择要素

（1）打开需要筛选的图层（本例使用吉林省地级行政区划数据"jilin_dist.shp"）。

（2）在图层的属性表中单击工具栏中的 🔽 按钮，或者在属性工具栏中单击" 🗒 Select Feature by Values…"工具，即可显示图层要素的字段及其筛选选项，如图 5-5 所示。

图 5-5　利用"Select Feature by Values…"工具选择要素

（3）每个字段值（筛选对话框中的每行）都可以参与筛选，"Exclude field"下拉菜单按钮用于切换筛选操作，包括：

- Exclude Field：不筛选该字段。
- Equal to (=)：等于。
- Not equal to (≠)：不等于。
- Is missing (null)：为空。
- Is not missing (not null)：不为空。
- Greater than (>)：大于（针对数值型字段）。
- Less than (<)：小于（针对数值型字段）。
- Greater than or equal to (≥)：不小于（针对数值型字段）。
- Less than or equal to (≤)：不大于（针对数值型字段）。
- Between (inclusive)：在区间内（针对数值型字段）。
- Not between (inclusive)：不在区间内（针对数值型字段）。
- Contains：包括（针对文本型字段）。
- Does not contain：不包括（针对文本型字段）。
- Start with：开始于（针对文本型字段）。
- Ends with：结束于（针对文本型字段）。

相对于"Select by attribute"工具,"Select Feature by Values…"工具可以同时进行多字段筛选。另外,涉及文本型字段的筛选时,选中"Case sensitive"复选框可以打开大小写敏感功能。

(4) 单击"Select features"按钮即可选择要素。

"Select Feature by Values…"工具的其他按钮的功能如下。

- Reset form:重置选择表单。
- Flash features:在地图中闪烁匹配的要素。
- Zoom to features:缩放到匹配的要素。
- Filter features:在属性表中筛选要素,通过其右侧的下拉菜单可以选择各个字段之间的筛选逻辑,包括交集(AND)和并集(OR)两种。

3. 利用表达式选择要素

利用表达式可以实现更复杂的选择功能,具体操作如下。

(1) 打开需要选择的矢量数据"jilin_dist.shp"。

(2) 在工具箱中打开"Vector selection"—"Select by expression"工具,如图 5-6 所示。

图 5-6　"Select by expression"工具

(3) 在"Input layer"中选择需要选择的图层"jilin_dist";在"Expression"中输入表达式"NAME Like '%长春市%'"(表示选择"NAME"字段包含"长春市"字符串的要素);在"Modify current selection by"中选择模式"creating new selection"。

(4) 单击"Run"按钮运行工具即可完成选择。

5.1.3　随机选择

本节介绍"Random selection"工具与"Random selection within subsets"工具的使用方法。

1. 随机选择

(1) 打开需要选择的图层。

（2）在工具箱中打开"Vector selection"—"Random selection"工具，如图 5-7 所示。

（3）在"Input layer"中选择需要选择的图层；在"Method"中选择随机选择类型，包括按数量选择要素（Number of selected features）和按比例选择要素（Percentage of selected features）两类；在"Number/percentage of selected features"中填入随机选择的数量或比例。

（4）单击"Run"按钮执行操作。

2. 分组随机选择

在许多工作中，需要在各个类型的要素下按照相同的比例或数量随机选择要素，此时需要借助工具箱中的"Vector selection"—"Random selection within subsets"工具（见图 5-8），这在精度验证等工作中非常实用。"Random selection within subsets"对话框与"Random selection"对话框类似，只是多了一个"ID field"选项，用于把矢量要素划分为不同的类型。

图 5-7　"Random selection"对话框　　图 5-8　"Random selection within subsets"对话框

5.1.4　通过选择创建新图层

在实际工作中，可能需要对矢量数据中某些特定的矢量要素进行单独的处理、制图等。这可以通过工具箱"Vector selection"中的提取（Extract）工具将矢量数据的一部分要素提取出来，并创建一个新矢量图层。提取工具和选择工具是一一对应的，如表 5-2 所示。

表 5-2　"Vector selection"中的提取工具及对应的选择工具

提 取 工 具	对应的选择工具
Random extract（随机提取）	Random selection（随机选择）
Random extract within subsets（分组随机提取）	Random selection within subsets（分组随机选择）
Extract by attribute（按属性提取）	Select by attribute（按属性选择）
Extract by expression（按表达式提取）	Select by expression（按表达式选择）
Extract by location（按几何位置提取）	Select by location（按几何位置选择）

5.2　数据筛选

当需要对矢量数据中的一部分要素开展工作时,除了通过提取（Extract）的方式创建一个新图层,也可以使用筛选（Filter）功能只读取矢量数据中所需的要素,并将其显示在地图视图和属性表中。相对于数据提取,数据筛选可以减少数据冗余。

本节分别介绍利用查询构建器和表达式筛选要素的方法,并介绍属性表条件格式化的基本方法。

5.2.1　查询构建器筛选

通过查询构建器,可以利用类 SQL 语句的方式筛选要素。查询构建器筛选包括图层筛选和属性表筛选两类:进行图层筛选时,图层经过筛选后在地图视图和属性表中均只显示被筛选的要素,而且在执行其他分析工具时,也只使用被筛选的要素;属性表筛选只在属性表中显示被筛选的要素,作用范围仅为属性表中的操作（如属性计算器等）,且不会影响地图视图的显示和分析工具的执行。本小节分别通过图层筛选和属性表筛选两种方式介绍如何从吉林省县级行政区划数据中将长春市的各区县筛选出来。

1. 图层筛选

（1）打开吉林省县级行政区划数据"jilin_county.shp"。

（2）在图层的右键菜单中选择"Filter…"命令（也可以在图层属性的"Source"选项卡中单击"Query Builder"按钮）,打开"Query Builder"对话框,如图 5-9 所示。

图 5-9　"Query Builder"对话框

（3）在"Provider specific filter expression"中输入查询的类 SQL 语句,本例输入""DIST" LIKE '%长春市%'"语句,表示筛选"DIST"字段中包括"长春市"字符串的所有要素。语句中各个字段、操作符和具体的字段值可以通过"Fields"、"Values"和

"Operators"选项辅助输入。

- 在"Fields"中双击字段即可填入字段名称。
- "Values"中可以列出与左侧所选字段相应的字段值列表，双击即可填入相应的字段值。另外，单击"Sample"按钮，最多显示 25 个字段值；单击"All"按钮，显示所有的字段值；在输入框输入字符可以直接进行筛选；选择"Use unfiltered layer"复选框，可以在所有的要素中进行查找，否则仅在已经筛选的要素中查找。
- 在"Operators"中单击关系表达式按钮即可填入相应内容。

（4）单击"OK"按钮完成筛选。

筛选完成后，若在图层列表相应图层的右侧出现▽图标，则说明该图层已经被筛选成功，并且地图视图上只出现被筛选的要素。如果取消筛选，则需要重新打开"Query Builder"对话框，单击"Clear"按钮即可。

2. 属性表筛选

在数据的属性表中单击工具栏中的▽按钮，即可进行属性表筛选。先输入筛选所需的各项条件，再单击"Filter features"按钮即可实现筛选（见图 5-10）。

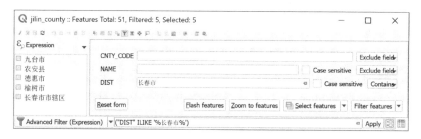

图 5-10　属性表筛选

此时，属性表中仅显示被筛选的数据，但是地图视图中仍然显示完整的地图。用于筛选的类 SQL 语句自动生成并显示在属性表底端的输入框中，取消属性表筛选只需要在该输入框中删除语句，并单击右侧的"Apply"按钮即可。

【小提示】单击"Advanced Filter (Expression)"按钮可以进行表达式筛选，也可以在其右侧的下拉菜单中选择"Field Filter"子菜单下的某个字段，进行单字段筛选。

5.2.2　表达式与表达式筛选

1. 表达式

表达式用于矢量数据的选择、查询、分析、渲染等，例如，通过表达式进行属性计算、符号化、地图标注等具体操作。QGIS 表达式可以通过"Expression Based Preview"对话框快速构建，如图 5-11 所示，该对话框包括以下两个选项卡。

- 表达式（Expression）：用于基本 QGIS 表达式的创建和编辑。
- 函数编辑器（Function Editor）：使用 Python 语言实现更高级的函数功能。被创建的函数显示在"表达式"选项卡函数选择器的"Custom"节点中。

"Expression"选项卡分为以下三部分。

- 表达式编辑器（Expression Editor）：包括输入和编辑表达式的文本框、常用的表达式符号及输出预览（Output preview）。
- 函数选择器（Function Selector）：包括表达式可能用到的所有语句、函数等。
- 帮助面板（Help Panel）：显示函数选择器某一具体项的说明。

图 5-11　"Expression Based Preview"对话框

2. 表达式筛选

下面介绍如何利用表达式进行属性表筛选，具体的操作方法如下。

（1）打开数据图层"jilin_county.shp"。

（2）打开"jilin_county"图层属性表，并在"Show All Features"的下拉菜单中选择"Advanced Filter (Expression)"，打开"Expression Based Preview"对话框。

（3）输入筛选表达式""DIST" Like '%长春市%'"（见图 5-12），单击"OK"按钮完成筛选。

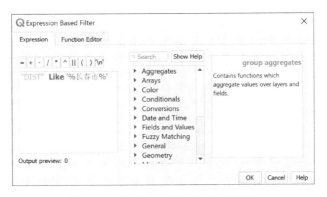

图 5-12　利用表达式进行属性表筛选

【小提示】在 QGIS 表达式中，双引号表示一个字段，单引号声明一个字符串。

5.2.3 属性表条件格式化

属性表条件格式化不是常规意义上的数据筛选，使用它可以在属性表中标注某些特定的属性值，帮助用户检查数据和发现问题。

下面以吉林省县级行政区划数据（jilin_county.shp）为例，在属性表中突出显示长春市所属行政区的记录，具体的操作方法如下。

（1）打开上述数据。

（2）在属性表中单击 按钮，弹出"Conditional Format Rules"界面，如图 5-13 所示。

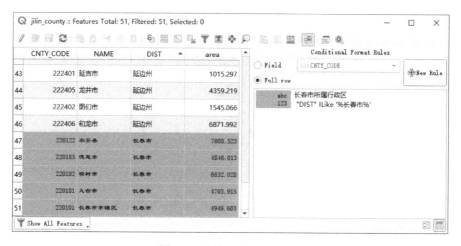

图 5-13　属性表条件格式化

选中"Field"单选按钮表示仅针对某个字段进行格式化，选中"Full row"单选按钮即可对所有符合条件的记录进行格式化。在本例中，选中"Full row"单选按钮并单击"New Rule"按钮创建新的条件格式化规则，如图 5-14 所示。

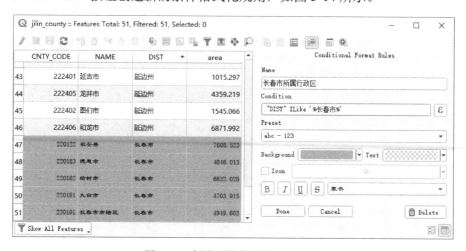

图 5-14　创建新的条件格式化规则

（3）在"Name"中输入格式化名称；在"Condition"中输入条件语句筛选要素，可以通过右侧的按钮输入表达式；在"Preset"中可以选择预设的显示格式，或者通过其下面的各个选项进行设置。

（4）单击"Done"按钮即可创建条件格式化规则。此时，在属性表中可以看到，所有长春市的行政区要素的行底纹和字体均做了相应修改。

【小提示】属性表条件格式化不改变地图画布上的要素的显示效果。

5.3　数据查询

数据查询是最常用且基本的操作之一。对于矢量数据而言，数据查询包括通过属性值查找要素位置（属性查询），以及通过地理位置查询要素属性（空间查询）。对于栅格数据而言，数据查询是指查询某一像元的栅格值。

本节将介绍各类数据查询的基本方法，以及长度、面积、角度测量和坐标定位的基本方法。

5.3.1　矢量数据查询

矢量数据查询包括通过选择要素查询和通过 Identify 工具查询两种，前者用于对特定图层的空间查询与属性查询，后者用于在某个位置快速地对多个图层的数据进行查询。

1. 通过选择要素查询

选择要素有几何选择和属性选择两种，因此其查询方式也包括空间查询和属性查询两种，并且可以通过表达式进行更高级、更复杂的查询。具体方法如下。

（1）通过几何选择或属性选择方式选择要素。

（2）打开属性表，在"Show All Features"下拉菜单中选择"Show Selected Features"，即可在属性表中查看所有被选择的要素。此时，在属性表的表格模式中，在任何一个要素的右键菜单中选择"Zoom to Feature"、"Pan to Feature"或"Flash Feature"，即可在地图画布中缩放、平移或闪烁该要素。

2. 通过 Identify 工具查询

选择"View"—"Identify Features"菜单命令（快捷键：Ctrl+Shift+I），可以查询某一地理位置下所有矢量图层的要素属性及栅格数据的像元值。本例以吉林省地级行政区划数据（jilin_dist.shp）、吉林省县级行政区划数据（jilin_county.shp）和吉林省 DEM 数据（jilin_srtm.tif）为例，介绍 Identify 工具的具体使用方法。

（1）打开上述数据。

（2）选择"View"—"Identify Features"菜单命令（或者在"Attributes"工具栏中单击 按钮），打开"Identify Results"面板。

（3）单击地图画布中的某个位置，就可以在"Identify Results"面板中看到该位置的所有图层属性或栅格值。

在矢量图层中，列出了所有查询要素的属性字段及字段值；"(Derived)"节点中列出了要素、查询位置的基本信息；单击"(Actions)"节点的"View feature form"选项可以以表单形式展示要素的所有属性。

在栅格图层中，列出了该位置的所有波段对应的栅格值，并在"(Derived)"节点中列出了查询坐标。"(Derived)"节点下各项内容的说明如表 5-3 所示。

表 5-3   "(Derived)"节点下的各项内容及其说明

项　　目	显示时的图层类型	说　　明
(clicked coordinate X)	所有图层	单击 X 坐标
(clicked coordinate Y)	所有图层	单击 Y 坐标
Feature ID	矢量图层	要素 ID
X	点要素图层	点对象的 X 坐标
Y	点要素图层	点对象的 Y 坐标
Closest X	线、面要素图层	几何对象中与查询点最近的 X 坐标
Closest Y	线、面要素图层	几何对象中与查询点最近的 Y 坐标
Closest vertex X	线、面要素图层	几何对象中与查询点最近的节点的 X 坐标
Closest vertex Y	线、面要素图层	几何对象中与查询点最近的节点的 Y 坐标
Closest vertex number	线、面要素图层	与查询点最近的节点的数量
Vertices	线、面要素图层	所有节点数量
Length (Cartesian)	线要素图层	线要素长度（平面坐标系）
Length (Ellipsoidal)	线要素图层	线要素长度（椭球体坐标系）
firstX	线要素图层	线要素第一个节点的 X 坐标
firstY	线要素图层	线要素第一个节点的 Y 坐标
lastX	线要素图层	线要素最后一个节点的 X 坐标
lastY	线要素图层	线要素最后一个节点的 Y 坐标
Part number	面要素图层	查询点所在面要素的部件号
Parts	面要素图层	面要素的部件数
Area (Cartesian)	面要素图层	面要素面积（平面坐标系）
Area (Ellipsoidal)	面要素图层	面要素面积（椭球体坐标系）
Perimeter (Cartesian)	面要素图层	面要素周长（平面坐标系）
Perimeter (Ellipsoidal)	面要素图层	面要素周长（椭球体坐标系）

【小提示】在 Identify 工具中，通过框选的方式可以查询区域内各图层要素的属性信息。但是，通过框选的方式无法查询栅格数据的栅格值，在矢量图层的"(Derived)"节点中也只显示"Feature ID"一项。

Identify 工具共包括四种模式，可以通过"Identify Results"面板的"Mode"选项进行选择。

● Current layer: 仅查询当前图层。

● Top down, stop at first：查询第一个可见图层。

- Top down：查询所有图层。
- Layer selection：在每次查询后，通过菜单选择的方式决定要查询的图层。

Identify 工具共包括三种查询结果展示方式，可以通过 "Identify Results" 面板的 "View" 下拉列表切换（见图 5-15）。

- Tree：树形结构。
- Table：表格结构（适用于图层较多的情况）。
- Graph：图形展示（适用于多波段栅格数据，可以查询光谱信息）。

　　　（1）树形结构　　　　　　　（2）表格结构　　　　　　　（3）图形展示

图 5-15　Identify 工具的三种查询结果展示方式

【小提示】在 Identify 工具中，选择 "Auto open form" 复选框可以自动在查询时打开要素属性窗口。

在树形结构展示方式下，在各项内容上右击可以出现快捷菜单，各选项的功能如表 5-4 所示。

表 5-4　快键菜单及各选项的功能

菜　　单	功　　能
View Feature Form…	以表单的形式查看属性
Zoom to Feature	缩放到要素
Copy Feature	复制要素
Toggle Feature Selection	选择被查询的要素
Copy Attribute Value	复制属性值
Copy Feature Attributes	复制要素的所有属性
Clear Results	清除查询结果
Clear Highlights	在地图画布上清除选择
Highlight All	在地图画布上突出显示查询要素
Highlight Layer	在地图画布上突出显示该图层的查询要素
Activate Layer	在图层列表中选择该图层
Layer Properties…	打开图层属性窗口
Expand All	展开全部
Collapse All	折叠全部

5.3.2 栅格数据查询

除了上述方法，还可以利用"Sample raster values"工具，通过点要素图层同时查询多个位置的像元值，并生成新的点要素矢量图层。该工具在影像分类训练样本点、精度验证等工作中非常实用。下面根据点要素矢量数据（jilin_sample.shp）查询吉林省 DEM 数据（jilin_srtm.tif），具体操作如下。

（1）打开上述数据。

（2）打开工具箱中的"Raster analysis"—"Sample raster values"工具，如图 5-16 所示。

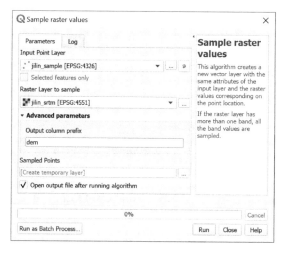

图 5-16 "Sample raster values"工具

（3）在"Input Point Layer"中选择采样点要素图层"jilin_sample"；在"Raster Layer to sample"中选择被采样的栅格数据"jilin_srtm"；在"Output column prefix"中输入采样字段前缀"dem"；在"Sampled Points"中输入输出文件的位置。

（4）单击"Run"按钮开始执行工具，采样点要素数据和采样后的结果数据的属性表如图 5-17 所示。

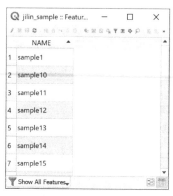

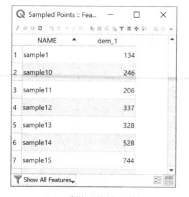

（a）采样点要素数据　　　　　　　　　（b）采样后的结果数据

图 5-17 采样数据结果

在输出数据中，可以看到结果中多了一个字段"dem_1"，即各点要素采样的栅格值。如果被采样的栅格数据存在多个波段，那么还将存在"dem_2"和"dem_3"等字段。

5.3.3　长度、面积与角度测量

在 QGIS 中，可以在当前地图视图指定的坐标系中进行长度、面积和角度测量。

【小提示】长度、面积和角度测量是基于当前地图视图的坐标系的，所以应当注意所测量位置在投影坐标系中的长度、面积和角度形变。一般情况下，长度测量需要在等距投影坐标系下，面积测量需要在等积投影坐标系下，角度测量需要在等角投影坐标系下，这样测量结果才可以反映真实情况。

1. 长度测量

选择"View"—"Measure"—"Measure Line"菜单命令（快捷键：Ctrl+Shift+M），打开"Measure"对话框（或者在属性工具栏中单击▦按钮），如图 5-18 所示。

图 5-18　长度测量工具

在地图上可以绘制一个临时的线几何对象，绘制过程中即可在"Measure"对话框的"Segments"列表中显示每条线段的长度，并在"Total"中显示线段总长度。在"Total"右侧的下拉菜单中，也可以选择长度测量单位。另外，单击"New"按钮即可重新测量；单击"Configuration"按钮可以打开设置窗口；单击"Close"按钮即可结束测量。

2. 面积测量

选择"View"—"Measure"—"Measure Area"菜单命令（快捷键：Ctrl+Shift+J），即可打开"Measure"对话框（或者在属性工具栏中单击▦按钮），如图 5-19 所示。

图 5-19　面积测量工具

在地图上可以绘制一个临时的面几何对象，绘制过程中即可在"Measure"对话框中显示该对象的面积。单击"Total"右侧的下拉菜单可以选择面积单位；单击"New"按钮即可重新测量；单击"Configuration"按钮可以打开设置窗口；单击"Close"按钮即可结束测量。

3. 角度测量

选择"View"—"Measure"—"Measure Angle"菜单命令（或者在属性工具栏中单击 按钮），即可开始角度测量。

在地图上可以绘制一个临时的线几何对象，且最多绘制两条线段组成一个夹角。绘制完成后，即可弹出"Angle"对话框（见图5-20），显示两条线段所夹的角度。该角度以北为基准，以顺时针为正方向，值域为[-180, 180]。

图 5-20　角度测量工具

【小提示】进行长度、面积和角度测量时，可以使用要素捕捉绘制临时几何对象。

4. 测量工具设置

在进行测量工具设置时，在"Measure"对话框中单击"Configuration"按钮，或者选择"Settings"—"Options"菜单命令，并在打开的对话框中打开" Map Tools"选项卡（见图5-21）。

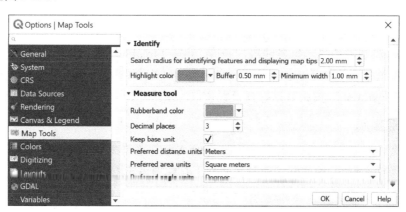

图 5-21　测量工具设置

测量工具的设置在该选择卡的"Measure tool"选项组中，设置选项说明如下。

- Rubberband color：绘制临时几何对象的颜色。
- Decimal places：小数保留位数。
- Keep base unit：选中该选项后不自动转换单位，否则自动选择合适的单位，例如，在长度测量中，QGIS 会根据临时几何对象的长度在不同单位（如"米"和"千米"等）间转换。

- Preferred distance units：设置默认距离单位。
- Preferred area units：设置默认面积单位。
- Preferred angle units：设置默认角度单位。

5. 在属性表中计算面积和长度

在属性表中，利用属性计算器可以计算每个线要素的长度及面要素的周长和面积，并将其保存在属性表的某个字段中。

此处以吉林省县级行政区数据（jilin_county.shp）为例，在属性表中计算每个行政区的面积和周长。具体操作如下。

（1）打开"jilin_county.shp"数据，并打开其属性表。

（2）单击▦按钮打开属性计算器。

（3）勾选"Create a new field"复选框，创建一个新字段，并在"Output field name"中设置字段名称为"area"；在"Output field type"中设置字段类型为"Decimal number (real)"；在"Output field length"中设置字段长度（见图 5-22）。

图 5-22　属性计算器

（4）单击"Expression"选项卡，输入表达式"$area /1000 /1000"。其中，"$area"表示当前面对象的面积，两个"/1000"的含义是将面积单位从平方米转换为平方千米。

（5）单击"OK"按钮执行计算，此时属性表增加了"area"字段，并且每个记录均对应面积字段值，如图 5-23 所示。

图 5-23　增加的面积字段"area"

（6）取消选中工具栏中的 ⟋ 按钮，结束编辑状态并保存更改。此时，"area"字段就保存在数据源中了。

> 【小提示】可以用相似的方法计算面要素的周长和线要素的长度等，具体的表达式如下。
> - 点要素 X 坐标：$x。
> - 点要素 Y 坐标：$y。
> - 线要素长度：$length。
> - 面要素周长：$perimeter。
> - 面要素面积：$area。
> 其他的相关函数可以参见"附录 A 表达式函数"的相关内容。

5.3.4　坐标定位

本节介绍如何根据一个坐标定位到地图画布上，或者查询地图画布中具体位置的坐标。

1. 查询地图画布中某位置的坐标

除了直接在 QGIS 的状态栏中查看某位置的坐标，还可以借助 QGIS 的核心插件"Coordinate Capture"查询某位置的坐标。具体操作如下。

（1）在 QGIS 插件管理器中，找到并打开"Coordinate Capture"插件。

（2）在 QGIS 工具栏中单击 ⊹ 按钮，打开"Coordinate Capture"面板，如图 5-24 所示。

图 5-24　"Coordinate Capture"面板

138

（3）单击"✛ Start capture"按钮后，在地图画布上单击任何一个兴趣点，即可在"Coordinate Capture"面板中显示其坐标。◉按钮后面显示该兴趣点在某个坐标系下的坐标，即动态投影坐标（单击✛按钮改变坐标系）；在▦按钮后面显示当前地图视图系下的坐标。

【小提示】单击🔅按钮即可打开捕获模式；鼠标光标在地图上移动即可直接改变面板的坐标，直到用户单击了地图中的某个兴趣点；单击"Copy to Clipboard"按钮即可将坐标复制到剪切板中。

2. 将坐标定位到地图画布上

在 QGIS 状态栏，直接在"Coordinate"中输入坐标，按回车键，QGIS 地图视图会自动将该坐标所在位置跳转为中心位置。但是，使用上述方法具有许多限制，例如，只能在地图当前坐标系进行坐标定位，且没有具体的标签标识位置，只是将位置显示在地图中心。为了解决这些问题，可以借助"Lat Lon Tools"插件进行定位操作，具体步骤如下。

（1）在 QGIS 插件管理器中下载并打开"Lat Lon Tools"插件。

（2）选择"Plugins"—"Lat Lon Tools"—"Zoom To Coordinate"菜单命令，打开"Zoom to Coordinate"面板，如图 5-25 所示。

图 5-25　"Zoom to Coordinate"面板

（3）在默认情况下，输入纬度和经度（中间使用半角逗号隔开）后，单击🔍按钮即可定位。此时，地图上会出现该位置的十字丝。

（4）如果希望输入其他坐标系下的坐标，单击"Zoom to Coordinate"面板的🔧按钮，打开"Lat Lon Settings"对话框，如图 5-26 所示。在"Zoom to"选项卡的"'Zoom to' input coordinate CRS"选项中选择常用的坐标系，或者选择"Custom CRS"后，在"Custom CRS"选项中选择更多的坐标系。设置完成后，单击"OK"按钮即可。此时，在"Zoom to Coordinate"面板中即可输入指定坐标系下的坐标进行定位。

另外，在"Zoom to Coordinate"面板中单击⊠按钮，即可删除地图视图中用于定位的十字丝。

【小提示】"Lat Lon Tools"插件还有其他功能，例如，在 OpenStreetMap 地图中显示坐标、多位置缩放、坐标转换等，可以通过"Plugins"—"Lat Lon Tools"菜单命令使用上述实用功能。

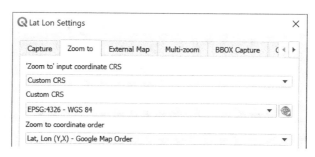

图 5-26   "Lat Lon Settings"对话框

5.4   数据统计

5.4.1   矢量数据统计

对于矢量数据来说,其几何对象信息可以通过表达式的方式注入属性表中,因此矢量数据的统计就是对矢量数据的属性表的各个字段进行统计。

本节以包含区域面积字段的吉林省县级行政区划数据(jilin_county_with_area.shp)文件为例,介绍"Basic statistics for fields"和"Statistics by categories"两个工具,分别进行单字段统计和分类字段统计操作。

1.单字段统计操作

(1)在工具箱中打开"Vector analysis"—"Basic statistics for fields"工具,如图 5-27 所示。

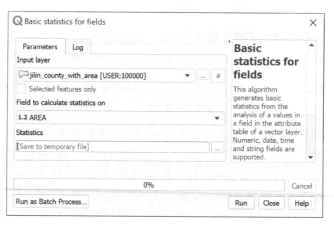

图 5-27   "Basic statistics for fields"工具

(2)在"Input layer"中选择需要统计的图层"jilin_county_with_area";在"Field to calculate statistics on"中选择统计字段"AREA";在"Statistics"中选择输出文件的位置,单击"Run"按钮,即可对"AREA"字段进行统计。

(3)此时,在"Results Viewer"面板中以列表的方式显示了统计信息,双击并打开统计信息，会以 HTML 文件的形式展示字段统计结果，如下：

```
Analyzed field（统计字段）：AREA
Count（数量）：51
Unique values（唯一值数量）：51
NULL (missing) values（空值数量）：0
Minimum value（最小值）：82.601
Maximum value（最大值）：16058.711
Range（范围）：15976.109999999999
Sum（总和）：264193.833
Mean value（平均值）：5180.271235294117
Median value（中值）：4703.915
Standard deviation（标准差）：3262.2891067079504
Coefficient of Variation（变异系数）：0.6297525667153082
Minority (rarest occurring value)（众数）：82.601
Majority (most frequently occurring value)（寡数）：82.601
First quartile（第一四分位数）：3024.785
Third quartile（第三四分位数）：6965.067
Interquartile Range (IQR)（四分位距）：3940.282
```

注：括号内的中文内容为作者添加的注释，不存在于最终结果中。

除了上述工具，单字段统计还可以通过"Statistics"面板进行操作，方法如下：选择"View"—"Statistical Summary"菜单命令，打开"Statistics"面板，如图 5-28 所示。

图 5-28　"Statistics"面板

在"Statistics"面板中，选择矢量图层的特定字段，即可在列表中显示该字段的各类统计信息。

2. 分类字段统计操作

在分类统计中，以地级行政区"DIST"字段为分类，统计面积字段"AREA"的各类统计特征，具体操作如下。

（1）在工具箱中打开"Vector analysis"—"Statistics by categories"工具，如图 5-29 所示。

（2）在"Input vector layer"中选择被统计的矢量数据"jilin_county_with_area"；在"Field to calculate statistics on"中选择被统计的字段"AREA"（如果不选择，则只统计

各分类的要素数量）；在"Field(s) with categories"中选择分类字段"DIST"（该选项可以选择多个字段用于分类）；在"Statistics by category"中输入输出文件的位置。

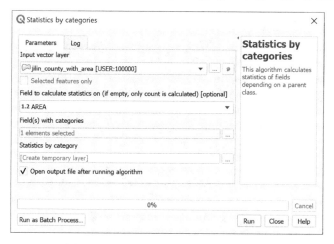

图 5-29　"Statistics by categories"工具

（3）单击"Run"按钮后，输出的数据文件保存了各个地级行政区的面积字段"AREA"的统计特征，如图 5-30 所示。

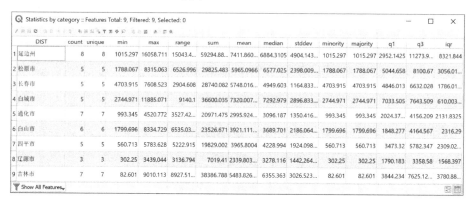

	DIST	count	unique	min	max	range	sum	mean	median	stddev	minority	majority	q1	q3	iqr
1	延边州	8	8	1015.297	16058.711	15043.4...	59294.88...	7411.860...	6884.3105	4904.143...	1015.297	1015.297	2952.1425	11273.9...	8321.844
2	松原市	5	5	1788.067	8315.063	6526.996	29825.483	5965.0966	6577.025	2398.009...	1788.067	1788.067	5044.658	8100.67	3056.01...
3	长春市	5	5	4703.915	7608.523	2904.608	28740.082	5748.016...	4949.603	1164.833...	4703.915	4703.915	4846.013	6632.028	1786.01...
4	白城市	5	5	2744.971	11885.071	9140.1	36600.035	7320.007...	7292.979	2896.833...	2744.971	2744.971	7033.505	7643.509	610.003...
5	通化市	7	7	993.345	4520.772	3527.42...	20971.475	2995.924...	3096.187	1350.416...	993.345	993.345	2024.37...	4156.209	2131.8325
6	白山市	6	6	1799.696	8334.729	6535.03...	23526.671	3921.111...	3689.701	2186.064...	1799.696	1799.696	1848.277	4164.567	2316.29
7	四平市	5	5	560.713	5783.628	5222.915	19829.002	3965.8004	4228.994	1924.069...	560.713	560.713	3473.32	5782.347	2309.02...
8	辽源市	3	3	302.25	3439.044	3136.794	7019.41	2339.803...	3278.116	1442.264...	302.25	302.25	1790.183	3358.58	1568.397
9	吉林市	7	7	82.601	9010.113	8927.51...	38386.788	5483.826...	6355.363	3026.523...	82.601	82.601	3844.234	7625.12...	3780.88...

图 5-30　分类字段统计结果

统计特征及其字段名称对应如下：数量（count）、唯一值数量（unique）、最小值（min）、最大值（max）、范围（range）、总和（sum）、平均值（mean）、中值（median）、标准差（stddev）、寡数（minority）、众数（majority）、第一四分位数（q1）、第三四分位数（q3）、四分位距（iqr）。

5.4.2　栅格数据统计

1. 栅格数据基本统计信息

栅格数据基本统计信息包括各个波段的平均值、最大值、最小值、标准差等。许多栅格数据本身包含这些信息的元数据，只需要打开栅格图层的图层属性窗口，在"ⓘ Information"选项卡即可浏览这些元数据，如图 5-31 所示。

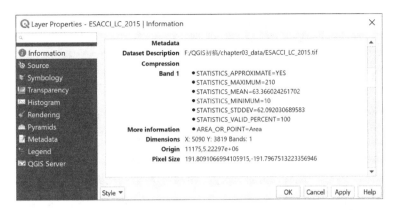

图 5-31 许多栅格数据的元数据包含各个波段的基本统计信息

这些统计信息的元数据说明如下。

- STATISTICS_APPROXIMATE：是否存在统计信息。
- STATISTICS_MAXIMUM：最大值。
- STATISTICS_MEAN：平均值。
- STATISTICS_MINIMUM：最小值。
- STATISTICS_STDDEV：标准差。
- STATISTICS_VALID_PERCENT：可用（非空）像元比例。

如果元数据不包括这些基本统计信息，可以借助工具箱中的"Raster layer statistics"工具进行统计，具体操作方法如下。

（1）打开工具箱中的"Raster analysis"—"Raster layer statistics"工具，如图 5-32 所示。

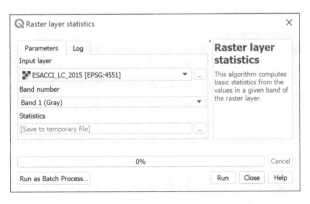

图 5-32 "Raster layer statistics"工具

（2）在"Input layer"中选择统计图层；在"Band number"中选择波段；在"Statistics"中输入输出文件的位置，单击"Run"按钮即可统计。

此时，在"Results Viewer"面板中以列表的形式出现了统计结果，双击该结果即可打开对应的统计 HTML 文件，如下：

```
Analyzed file（统计文件和波段）: F:/filename.tif (band 1)
Minimum value（最小值）: 10.0
```

```
Maximum value（最大值）: 210.0
Range（值域范围）: 200.0
Sum（总和）: 1235343208.0
Mean value（平均值）: 63.5506784143598
Standard deviation（标准差）: 62.2300480769512
Sum of the squares（平方和）: 75277933999.00494
```

注：括号内的中文内容为作者注释，不存在于最终结果中。

【小提示】更高级的栅格统计可以借助属性计算器和表达式中的"raster_statistic"函数进行统计。例如，统计"jilin_srtm"栅格图层第一个波段的平均值，即可使用"raster_statistic('jilin_srtm', 1, 'avg')"函数，详细的函数定义与使用方式详见 QGIS 说明文档。

2. 直方图

栅格数据的直方图可以在栅格图层属性中生成。在示例数据"test_dom.tif"栅格图层属性的"Histogram"选项卡中，单击"Compute Histogram"按钮即可出现如图 5-33 所示界面。

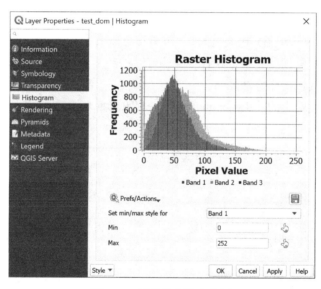

图 5-33　栅格数据的直方图

在"Histogram"选项卡中，在"Min"和"Max"选项中可以设置直方图的最小值和最大值；在"Set min/max style for"选项中可以选择最小值/最大值的图层来源。也可以直接输入最小值和最大值，或者单击 按钮，在直方图中选择最小值和最大值。

另外，在直方图中单击框选范围可以放大直方图，右击框选范围可以重置直方图。

单击"Prefs/Actions"按钮可以对直方图进行以下设置。

（1）最小值/最大值设置（Min/Max options）。

● Always show min/max markers：显示最小值/最大值标记。

● Zoom to min/max：缩放到最小值/最大值范围。

- Update style to min/max：更新最小值/最大值的样式。

（2）波段可见性（Visibility）。

- Show all bands：显示所有波段。

- Show RGB/Gray band(s) ：显示 RGB/灰度波段。

- Show selected band：显示选择的波段。

（3）显示（Display）。

- Draw as lines：切换条形图/折线图。

（4）动作（Actions）。

- Reset：重置直方图。

- Recompute Histogram：重新计算直方图。

3. 离散数据统计

本文以 2015 年土地利用数据"ESACCI_LC_2015.tif"为例，介绍如何统计离散数据中的各个值在数据中出现的频率。具体操作如下。

（1）打开土地利用数据。

（2）打开工具箱中的"Raster analysis"—"Raster layer unique values report"工具，如图 5-34 所示。

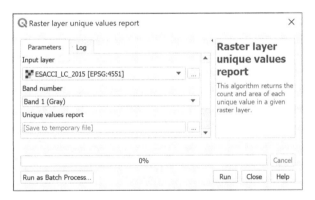

图 5-34　"Raster layer unique values report"工具

（3）在"Input layer"中选择统计的栅格数据"ESACCI_LC_2015"；在"Band number"中选择统计的波段；在"Unique values report"中输入输出文件的位置，单击"Run"按钮即可开始统计。

（4）在"Results Viewer"面板中双击相应的结果，即可打开 HTML 形式的统计结果，如下：

```
Analyzed file（统计文件）: F:/ESACCI_LC_2015.tif (band 1)
Extent（范围）: 11175.04,4490496.88 : 987483.40,5222968.67
Projection（投影）: CGCS2000 / 3-degree Gauss-Kruger CM 126E (EPSG:4551)
Width in pixels（宽度）: 5090 (units per pixel 191.809)
Height in pixels（高度）: 3819 (units per pixel 191.797)
Total pixel count（像元数）: 19438710
```

```
NODATA pixel count（NODATA 像元数）: 0
Value（像元值）        Pixel count（数量）        Area （m²）（面积）（统计列表）
10                398567            14662627690.64312
11                5923563           217918189090.0878
20                1601982           58934296198.91221
30                511885            18831411470.15396
40                678713            24968740582.63595
50                3059              112535604.0657588
......
```

注：上述括号内的中文内容为作者注释，不存在于最终结果中。

在上述 HTML 文件的统计列表中，每行对应一个像元值，并依次显示其像元值、数量和面积。

5.4.3 栅格数据的区域统计

1. 离散数据的区域统计

以吉林省地级行政区划数据（jilin_dist.shp）和 2015 年土地利用数据（ESACCI_LC_2015.tif）为例，介绍如何在各个区域内统计离散数据中各个唯一值出现的次数和面积。具体操作如下。

（1）打开上述数据。

（2）打开工具箱中的"Raster analysis"—"Zonal histogram"工具，如图 5-35 所示。

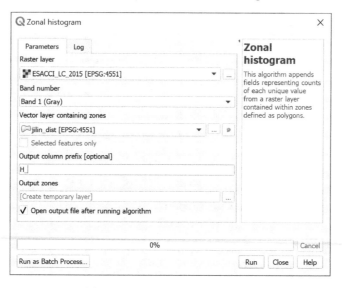

图 5-35 "Zonal histogram"工具

（3）在"Raster layer"中选择需要统计的栅格数据"ESACCI_LC_2015"；在"Band number"中选择需要统计的波段"Band 1"；在"Vector layer containing zones"中选择区域统计参照的矢量文件"jilin_dist"；在"Output column prefix"中输入生成统计字段的前缀"H_"；在"Output zones"中输入输出文件位置。

（4）单击"Run"按钮执行操作。

程序运行结束后，打开生成的图层属性表。此时，每个土地利用类型（离散数据）都以字段的形式出现"H_10"和"H_11"等，其中，"H_"为前缀，其后所接各土地利用的值，如图 5-36 所示。每个字段值代表某个土地利用类型的像元在某个要素范围内出现的次数。

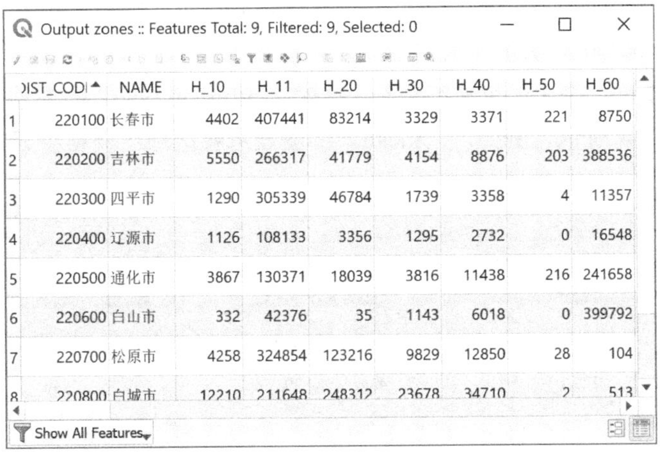

DIST_COD▲	NAME	H_10	H_11	H_20	H_30	H_40	H_50	H_60
1	220100 长春市	4402	407441	83214	3329	3371	221	8750
2	220200 吉林市	5550	266317	41779	4154	8876	203	388536
3	220300 四平市	1290	305339	46784	1739	3358	4	11357
4	220400 辽源市	1126	108133	3356	1295	2732	0	16548
5	220500 通化市	3867	130371	18039	3816	11438	216	241658
6	220600 白山市	332	42376	35	1143	6018	0	399792
7	220700 松原市	4258	324854	123216	9829	12850	28	104
8	220800 白城市	12210	211648	248312	23678	34710		513

图 5-36　离散数据的区域统计结果

2. 连续数据的区域统计

本节介绍利用吉林省地级行政区划数据（jilin_dist.shp）对吉林省 DEM 数据（jilin_srtm.tif）进行区域统计。具体操作如下。

（1）打开上述数据。

（2）打开工具箱中的"Raster analysis"—"Zonal statistics"工具，如图 5-37 所示。

图 5-37　"Zonal statistics"工具

（3）在"Raster layer"中选择被统计的栅格数据"jilin_srtm"；在"Raster band"中选择统计波段"Band1"；在"Vector layer containing zones"中选择区域统计参照的矢量文件"jilin_dist"；在"Output column prefix"中输入生成统计字段的前缀"_"；在"Statistics to calculate"中选择需要统计的特征，包括栅格数（count）、栅格值总和（sum）、平均值（mean）、中值（median）、标准差（stdev）、最小值（min）、最大值（max）、值域范围（range）、寡数（minority）、众数［majority (mode)］、唯一值数目（Variety）、方差（Variance）和全部特征（All）等。

（4）单击"Run"按钮即可执行统计。此时，"jilin_dist.shp"的属性表中多了这些统计数据，如图 5-38 所示。例如，"_mean"字段表示各区域下栅格像元的平均值。

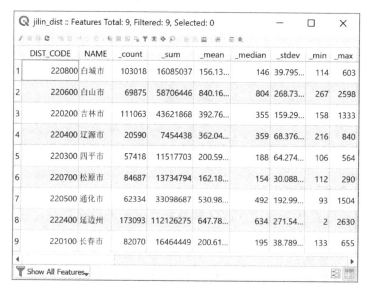

	DIST_CODE	NAME	_count	_sum	_mean	_median	_stdev	_min	_max
1	220800	白城市	103018	16085037	156.13...	146	39.795...	114	603
2	220600	白山市	69875	58706446	840.16...	804	268.73...	267	2598
3	220200	吉林市	111063	43621868	392.76...	355	159.29...	158	1333
4	220400	辽源市	20590	7454438	362.04...	359	68.376...	216	840
5	220300	四平市	57418	11517703	200.59...	188	64.274...	106	564
6	220700	松原市	84687	13734794	162.18...	154	30.088...	112	290
7	220500	通化市	62334	33098687	530.98...	492	192.99...	93	1504
8	222400	延边州	173093	112126275	647.78...	634	271.54...	2	2630
9	220100	长春市	82070	16464449	200.61...	195	38.789...	133	655

图 5-38　连续数据的区域统计结果

第6章

矢量编辑

QGIS 可以对多种数据源进行矢量编辑。除了文件型数据源，QGIS 也可以编辑存储在 SpatiaLite、PostGIS、Oracle Spatial 等数据库中的矢量图层。本章介绍如何使用 QGIS 对矢量数据图层进行编辑操作。

【小提示】虽然 GRASS 图层的编辑也可以使用 QGIS 的编辑工具，但是由于 GRASS 图层利用拓扑模型存储矢量数据，其数据结构、图层类型等方面与简单要素模型存在众多区别，因此下面介绍的许多工具可能不适用于 GRASS 矢量图层。

6.1 基本编辑

本节介绍矢量图层的基本编辑工具，以及要素捕捉的相关设置选项。学习完本节内容，可以独立完成矢量化的基本操作，包括创建、编辑、删除矢量要素等。

6.1.1 基本编辑工具

在"Digitizing Toolbar"（数字化工具栏）中可以进行基本的编辑操作，下面介绍这些工具栏中的各个按钮的作用。由于矢量图层的编辑必须在编辑状态下进行，因此也介绍如何开始和结束矢量图层的编辑操作。

1. 数字化工具栏

数字化工具栏的各个按钮及其功能如表 6-1 所示。

表 6-1　数字化工具栏的各个按钮及其功能

按　钮	功　能
编辑工具	保存、回滚、取消编辑内容
切换编辑状态	打开编辑状态
保存	保存编辑内容
新建表记录	在数据表中增加一条记录
新建点要素	增加一个点要素
新建线要素	增加一个线要素
新建面要素	增加一个面要素
节点工具（所有图层）	打开节点边界器面板，打开调整节点模式（所有图层）
节点工具（当前图层）	打开节点边界器面板，打开调整节点模式（当前图层）
编辑选中要素属性	批量修改被选择要素的属性
删除	删除要素
剪切	剪切要素
复制	复制要素
粘贴	粘贴要素
撤销	撤销编辑
恢复	恢复编辑

2. 开始矢量编辑

在"Layer"面板的图层列表中选中一个矢量图层，单击数字化工具栏中的 ✎ 按钮即可开始编辑（进入编辑状态）。若图层列表中的某图层上存在 ✎ 按钮，则说明该图层处于编辑状态。

3. 结束和保存矢量编辑

选中一个正在编辑的图层，取消选中数字化工具栏中的 ✎ 按钮即可结束编辑（或者在右键菜单中选择"Toggle Editing"命令）。结束编辑时，如果存在没有保存的变更，则提示用户是否保存，如图 6-1 所示。

图 6-1　"Stop Editing"对话框

若矢量图层处在编辑状态下，也可以单击数字化工具栏中的 🖫 按钮保存变更。另外，✎ 按钮的下拉菜单也可以用于保存、回滚、取消要素变更。

- 🖫 Save for Selected Layer(s)：保存选中图层的变更。

- 🔄 Rollback for Selected Layer(s)：回滚选中图层的变更。
- 🔄 Cancel for Selected Layer(s)：取消选中图层的变更。
- 💾 Save for All Layers：保存所有图层的变更。
- 🔄 Rollback for All Layers：回滚所有图层的变更。
- 🔄 Cancel for All Layers：取消所有图层的变更。

【小提示】编辑要素时，最好养成提前备份、随时保存的好习惯，以防止发生意外，导致数据丢失。

6.1.2　要素捕捉与编辑设置

下面介绍如何进行要素捕捉和编辑设置。

1. 要素捕捉

进行编辑时,通过捕捉工具可以使新建要素或正在编辑要素的节点和其他要素的节点重合,从而维持要素之间正确的拓扑关系。开启捕捉后,正在创建或编辑一个要素时,将鼠标光标停留在其他要素的节点旁边,系统会根据预设的容差捕捉这些节点,此时新建的节点将与被捕捉的节点重合。

在工具栏中打开"Snapping Toolbar"捕捉工具栏，如图 6-2 所示。

图 6-2　"Snapping Toolbar"捕捉工具栏

选中 🧲 按钮即可打开捕捉，捕捉范围可以单击 🎋 按钮的下拉按钮进行设置。

- 🎋 All Layers：捕捉所有图层。
- 🎋 Active Layer：捕捉选中图层。
- 🎋 Advanced Configuration：高级设置，可以对每个图层的捕捉类型与容差进行设置（见图 6-3）。
- Open Snapping Options：打开捕捉选项（也可以通过菜单栏中的"Project"—"Snapping Options…"命令打开）。

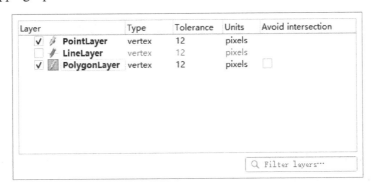

图 6-3　捕捉范围的高级设置

【小提示】在高级设置中选中"Avoid intersection"后，可以避免新建的面要素与对应图层上的要素重叠（即自动将重叠部分删除）。

捕捉模式可以单击 ⁚ 按钮的下拉按钮进行设置，共包括捕捉节点（⁚Vertex）、捕捉节点和线段（ᐯVertex and Segment）、捕捉线段（ᐯSegment）三种。在捕捉模式的右侧，可以通过输入像素值或地理距离的方式设置捕捉容差。

要素捕捉还有以下三种模式。

1）拓扑模式

选中捕捉工具栏中的 ⅄ 按钮即可打开拓扑模式。打开拓扑模式以后，编辑某个线/面要素且改变其节点或线段时，与其相连共边的线/面要素的节点与线段也随之移动，以保证两要素之间的拓扑关系。拓扑模式对处于不同图层的多个要素（只要其均处于编辑状态）也有效。

2）交点捕捉模式

选中捕捉工具栏中的 ╳ 按钮即可打开交点捕捉模式。开启交点捕捉模式后，即使相交线段的相交处没有节点，其也可以被捕捉。

3）跟踪模式

选中捕捉工具栏中的 ⤬ 按钮即可打开跟踪模式（快捷键：T）。通常，当一个新建要素需要沿着另一个要素保持拓扑关系时，可以用鼠标一个一个地捕捉并点选这些节点。开启跟踪模式以后，可以跨越大量的节点，QGIS 会自动填充之前的节点保持其他要素的拓扑关系，减轻用户负担（见图 6-4）。

图 6-4　要素捕捉的跟踪模式

2. 编辑设置

选择"Settings"—"Options"菜单命令，打开 QGIS 设置选项对话框，利用"Digitizing"选项卡进行编辑设置，如图 6-5 所示。

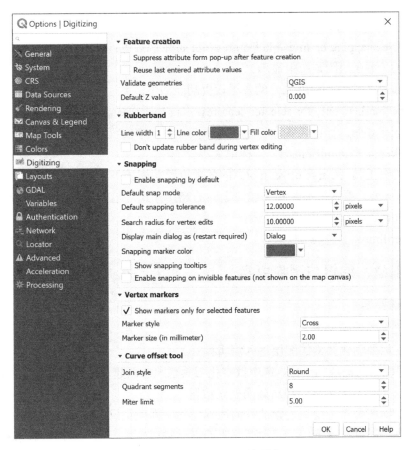

图 6-5 "Digitizing"选项卡

要素创建（Feature creation）的各项设置功能如下。

- Suppress attribute form pop-up after feature creation：创建要素后不再弹出属性设置对话框。
- Reuse last entered attribute values：复用最后一次输入的属性值。
- Validate geometries：选择用于验证几何图形的模式，包括 QGIS、GEOS 和关闭。
- Default Z value：默认 Z 值。

临时几何对象（Rubberband）显示的设置包括线宽（Line width）、线颜色（Line color）和面颜色（Fill color）等。

捕捉（Snapping）的各项设置功能如下。

- Enable snapping by default：是否默认开启捕捉。
- Default snap mode ：默认捕捉模式。
- Default snapping tolerance：默认捕捉容差。
- Search radius for vertex edits：顶点编辑的搜索半径。
- Display main dialog as (restart required)：主对话框是否停靠显示（需重启 QGIS）。
- Snapping marker color：捕捉标记颜色。

- Show snapping tooltips：显示捕捉提示。
- Enable snapping on invisible features (not shown on the map canvas)：捕捉不可见的要素（不在地图画布中显示）。

节点标记（Vertex markers）的各项设置功能如下。

- Show markers only for selected features：：仅显示选中要素的节点。
- Marker style：标记样式，包括半透明圆点、十字交叉和无。
- Marker size (in millimeter)：标记大小。

要素扩缩工具（Curve offset tool）的各项设置功能如下。

- Join style：要素扩展时相邻线段之间的连接样式，包括圆角、尖角和斜角。
- Quadrant segments：象限区段。
- Miter limit：斜接限制。

6.1.3 创建、编辑与删除要素

1. 创建要素

创建要素的步骤如下。

（1）使需要创建要素的图层进入编辑模式。

（2）根据当前图层的类型，选中数字化工具栏上的新建表记录按钮、新建点要素按钮、新建线要素按钮和新建面要素按钮。

（3）在地图画布上绘制要素的几何图形（除了新建记录）。对于点要素而言，直接在地图上单击即可；对于线要素和面要素而言，需要先按照排列顺序绘制所有的节点，再右击完成绘制（在绘制过程中，按 Esc 键或退格键即可取消绘制）。

（4）在弹出的属性对话框中填入属性信息，单击"OK"按钮确认。

2. 编辑要素

选中数字化工具栏中的按钮即可开启节点编辑模式。节点编辑模式包括当前图层节点编辑和所有图层节点编辑两种模式，可在其下拉菜单中选择。在当前图层节点编辑模式下只能编辑选中图层的要素节点，在所有图层节点编辑模式下可以编辑所有图层的要素节点。

此时，当鼠标光标停留在可以编辑的要素上时，QGIS 会突出显示其要素节点，特别是鼠标光标停留的线段位置。

1）增加节点

如果需要在要素的某个线段中增加节点，只需要在线段中间单击虚拟节点"＋"即可，在地图画布的合适位置再次单击，即可保存节点位置，如图 6-6（a）所示。如果需要在线要素两端延长要素，只需要先将鼠标光标移动到其一端的节点上，再单击旁边出现的虚拟节点"＋"即可增加一个节点，在地图画布的合适位置再次单击，即可保存节点位置，如图 6-6（b）所示。

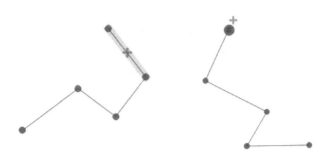

（a）在线段中间添加节点　　　　　（b）在线段一端增加节点

图 6-6　增加节点

2）选择节点

如果需要同时操作多个节点，可以使用下述方法选中多个要素。

- 按住 Shift 键的同时依次单击需要的节点。
- 使用鼠标框选节点。
- 按 "Shift+R" 键后，单击同一个要素上的两个节点，可以选中其间的所有节点。
- 按住 Ctrl 键的同时单击或框选节点可以取消选中。

3）删除节点

选择需要删除的节点后按 Delete 键即可删除节点。

4）移动节点

选择需要移动的节点后，单击其中某一个节点并开始移动鼠标，然后在地图画布的合适位置再次单击即可。

5）移动线段

单击需要移动的线段（除了其节点和中央虚拟节点 "+"）并移动鼠标，然后在地图画布的合适位置单击即可。

6）修改节点坐标

在节点编辑模式下，右击任何一个可编辑要素，QGIS 会在 "Vertex Editor"（节点编辑器）中显示各个节点的坐标，如图 6-7 所示。节点列表与地图画布上的节点可以交互，在地图画布上被选择的节点所在的行在列表中将被选中。此时，在列表中可以修改要素节点的 x 坐标、y 坐标、r 弧度（弧要素时可用）、z 值和 m 值（如果可用）。

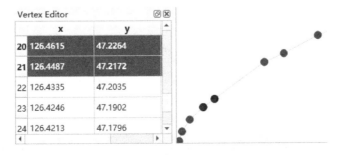

图 6-7　修改节点坐标

7）剪切、复制与粘贴

在编辑状态下，通过数字化工具栏中的剪切按钮 ✄（快捷键：Ctrl+X）、复制按钮 ▤（快捷键：Ctrl+C）和粘贴按钮 ▤（快捷键：Ctrl+V）可以对要素进行相应的操作。放入剪切板中的要素以文本格式存在（几何对象转为 WKT 格式），也可以将其复制到其他应用程序中。另外，通过其他应用程序获取的要素的 WKT 格式或 GeoJSON 格式的字符串也可以粘贴到 QGIS 的图层中。

QGIS 支持跨图层的要素剪切、复制和粘贴。选择需要剪切或复制的要素时，需要在图层列表中选择要素所在的图层，跨图层粘贴要素前切换到目标图层即可。

3. 删除要素

在编辑状态下，选择需要删除的要素后，单击 Delete 键（或退格键，或数字化工具栏中的 🗑 按钮）即可删除要素。

【小提示】若编辑时出现失误，可以单击 ↩ 按钮撤销操作。单击 ↪ 按钮可以恢复撤销。

6.2 高级编辑

6.2.1 高级编辑操作

掌握前面的知识就基本能够完成矢量化等基本工作了，下面介绍高级编辑工具栏及其主要操作。高级编辑工具栏中的按钮及其功能如表 6-2 所示。

表 6-2 高级编辑工具栏中的按钮及其功能

按　　钮	功　　能
◪	打开高级数字化面板
 "⬚" "⬚" "⬚"	移动要素
 "⬚" "⬚" "⬚"	复制并移动要素
⬚	旋转要素
⬚	简化要素
⬚	面要素增加内环
⬚	增加部件
⬚	以内环的形式分割面要素的内部区域
⬚	删除环
⬚	删除部件
⬚	要素扩缩
⬚	要素重塑
⬚	反转线要素节点

续表

按　钮	功　能
	剪短/扩展要素
	分割要素
	分割部件
	统一要素属性
	合并要素
	旋转点要素符号
	偏移点要素符号

1. 通用高级编辑工具

1) 移动要素

在高级编辑工具栏中，根据要素类型的不同，单击""、""或""按钮分别进入移动点、线、面要素的模式。在上述按钮右侧的下拉菜单中，还可以单击""、""或""按钮分别进入复制并移动点、线、面要素的模式。移动要素是指在不产生新的要素的情况下，整体移动要素的位置；复制并移动要素则是保持原有的要素不变，复制一套新的要素并将其放入新的位置。

- 移动单一要素：在不选择任何要素的情况下，单击需要移动的要素，并在新的位置再次单击即可。
- 移动多个要素：选择需要移动的要素后，单击地图视图中的任何一个位置，将要素放置在新的位置再次单击即可。

复制并移动要素工具一次可以复制多个要素，因此操作完成后需要右击（或按 Esc 键）退出此次复制并移动操作。

2) 旋转要素

单击高级编辑工具栏中的按钮即可打开旋转要素模式。旋转单一要素只需要在不选择任何一个要素的情况下点选需要旋转的要素，使用鼠标将其旋转到正确的位置后再次单击即可，如图 6-8 所示。旋转多个要素则先选择需要旋转的要素，单击地图视图中的任何一个位置后旋转要素，再次单击结束操作。

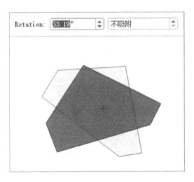

图 6-8　旋转要素

旋转要素时，旋转中心在要素的中心位置。另外，通过"Rotation"选项可以手动输入旋转角度旋转要素，在吸附选项中，可以固定旋转角度为某个值的倍数。

3）简化要素

简化要素的对象只能为线、面要素对象。单击高级编辑工具栏中的🖉按钮即可开始简化要素模式，单击需要简化的要素即可弹出简化要素对话框，如图6-9所示。

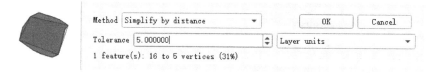

图6-9　简化要素

在"Method"选项中选择简化的方法，共包括：

- Simplify by distance：通过距离简化。
- Simplify by snapping to grid：通过对齐网格简化。
- Simplify by area (Visvalingam)：通过面积简化（Visvalingam 法）。
- Smooth：平滑。

在"Tolerance"中输入容差及单位。在调整这些方法和参数时，对话框下方会提示节点的变化情况，并在要素上显示简化后的要素形状。如图6-9所示，红色边的临时几何对象标识了简化后的几何对象，对话框下方的"1 features(s)：16 to 5 vertices (31%)"表示简化一个要素，将原来的 16 个节点简化为 5 个节点（节点数减少到 31%）。注意，通常简化要素操作会导致许多拓扑问题的产生，请参考"6.4 拓扑检查与修正"的相关内容修正拓扑错误。

【小提示】在一般情况下，要素简化会使要素内的节点数变少。但是，如果在"Method"选项中选择"Smooth（平滑）"，由于拐角平滑处理的需要，平滑后的节点通常会增多。

4）多部件要素

多部件要素（Multi-part feature）标识一个要素包含多个几何对象，每个几何对象都是其中的一个部件。例如，具有飞地（Enclave）的行政区就属于多部件要素。

- 新建部件：单击高级编辑工具栏中的🖉按钮，选中需要新建部件的要素（不可多选），绘制部件。
- 删除部件：单击高级编辑工具栏中的🖉按钮，选中需要删除部件的要素（不可多选），单击需要删除的部件。
- 分割部件：单击高级编辑工具栏中的🖉按钮，选中需要分割部件的要素（不可多选），绘制临时线对象切割该要素。
- 合并为部件（合并要素）：选中需要合并的多个要素，单击高级编辑工具栏中的🖉按钮，在弹出的"Merge Feature Attributes"对话框中合并属性，如图6-10所示。

图 6-10　"Merge Feature Attributes"对话框

在"Merge Feature Attributes"对话框中，"Id"行标识合并规则，"Merge"行标识合并后的属性值，其他行均为正在合并的各个要素的属性表。合并规则可以指定设置为某要素的属性值，例如，"Feature -33"表示设置为"-33"要素的属性值。除了设置为具体要素的属性值，合并规则还可以为计数（Count）、总和（Sum）、平均值（Mean）、中值（Median）、总体标准差［St dev (pop)］、样本标准差［St dev (sample)］、最小值（Minimum）、最大值（Maximum）、值域范围（Range）、寡数（Minority）、众数（Majority）、唯一值数目（Variety）、第一四分位数（q1）、第三四分位数（q3）、四分位距（iqr）、跳过属性（Skip attribute）和自定义值（Manual value）等。

"Merge Feature Attributes"对话框下方的三个按钮的功能如下。

- Take attributes from selected feature：设置为选中要素的属性。
- Skip all fields：跳过全部属性，即全部设置为空。
- Remove feature from selection：从待合并要素中去除选择的要素。

5）统一要素属性

选择需要统一的要素后，单击 按钮即可出现"Merge Feature Attributes"对话框。

6）修正要素

修正要素可以改变线要素或面要素几何对象的一部分，如图 6-11 所示。单击高级编辑工具栏中的 按钮，绘制一条与线要素（或面要素边界）具有两个相交点以上的线对象，系统会将要素第一个相交点和最后一个相交点之间的部分替换为新绘制的几何对象的部分。对于面要素而言，如果临时几何对象有两个节点在要素外部，则要素被扩展；如果临时对象有两个节点在要素内部，则要素被切割。另外，用于修正面要素的临时线对象不能够跨越多个环（拓扑错误）。

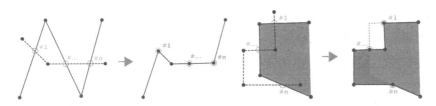

图 6-11　修正要素

【小提示】通过重塑要素工具，从线要素端点开始（需要启用捕捉）绘制临时几何对象可以延长要素长度。

7）扩缩要素

在高级编辑工具栏中单击 按钮即可启动扩缩要素模式，可以将要素扩展或缩小，如图 6-12 所示。

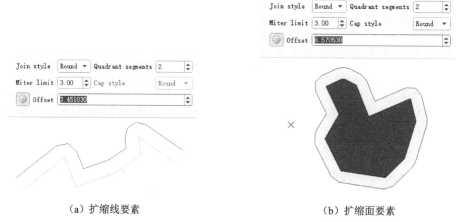

（a）扩缩线要素　　　　　　　　　　（b）扩缩面要素

图 6-12　扩缩要素

8）分割要素

分割要素可以将一个线要素或面要素分割成多个要素：单击高级编辑工具栏中的 工具，在地图画布中绘制临时几何对象穿过需要分割的要素后右击即可，如图 6-13 所示。如果绘制几何对象之前已经选择了部分要素，则分割操作仅限于被选中的要素中。

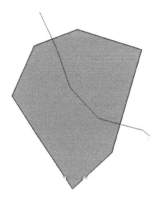

图 6-13　分割要素

2. 点要素高级编辑工具

点要素可以根据属性表中的旋转角度字段旋转渲染符号。例如，在实例数据的 "point_offset.qgz" 工程文件中，其点图层要素使用 "single symbol" 简单符号。其中，"Rotate" 的旋转角度设置为 "angle" 属性；"Offset" 的旋转角度设置为 "offset" 属性。

通过高级编辑工具栏中的 ⟳ 按钮和 ↗ 按钮可以交互修改旋转和偏移量，同时修改属性表的相应字段值。

由于设置了要素偏移，地图画布显示符号的位置并不是其要素的实际位置，因此需要选中要素（全选）显示其中心位置（以红色"×"标识），如图 6-14 所示。

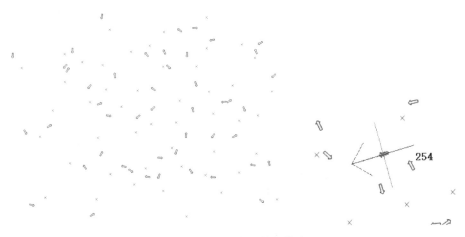

图 6-14　要素的旋转与偏移

1）旋转点要素符号

先单击高级编辑工具栏中的 ⟳ 按钮，再单击并按住要素所在位置的红色"×"标识，移动鼠标设置旋转量后松开鼠标即可。

2）偏移点要素符号

先单击高级编辑工具栏中的 ↗ 按钮，再单击并按住要素所在位置的红色"×"标识，移动鼠标设置偏移量后松开鼠标即可。

3. 线要素高级编辑工具

先单击高级编辑工具栏中的 ↘ 按钮，再单击线要素即可反转线要素节点。

4. 面要素高级编辑工具

面要素的环的新建、删除等操作可以按照以下方法进行操作。

1）新建环

单击高级编辑工具栏中的 ⬡ 按钮，在面要素内绘制内环即可创建环。

2）删除环

先单击高级编辑工具栏中的 ⬡ 按钮，再单击面要素的内环即可删除环。

3）新建环并新建要素

单击高级编辑工具栏中的 ⬡ 按钮，在面要素内绘制内环即可创建内环，并将内环内部分割为新的要素。在弹出的对话框中输入新建要素的属性，单击"OK"按钮即可。

6.2.2　CAD 工具

CAD 工具可以帮助用户在特定角度、坐标或距离下绘制几何对象及其节点。单击高级编辑工具栏中的 按钮即可打开高级数字化面板（快捷键：Ctrl+4）并开启 CAD 工具。在 CAD 工具面板中单击 按钮也可以启动 CAD 工具，如图 6-15 所示。

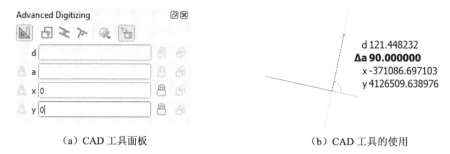

　　（a）CAD 工具面板　　　　　　　　　　　　　　　（b）CAD 工具的使用

图 6-15　CAD 工具

【小提示】CAD 工具只能在地图画布处于投影坐标系（不可为地理坐标系）下时使用。

在图 6-15 中，"d"表示距离（distance）；"a"表示角度（angle）；"x"表示 X 坐标；"y"表示 Y 坐标。 按钮用于切换相对/绝对模式； 按钮用于锁定值； 按钮用于保持锁定； 按钮用于开启（关闭）实时鼠标旁悬浮提示（Floater）。通过 按钮选择绘制线段方向的捕捉角度，共包括：

- Do Not snap to Common Angle（禁用捕捉角度）
- 5.0, 10.0, 15.0, 20.0°…
- 10.0, 20.0. 30.0, 40.0°…
- 15.0, 30.0, 45.0. 60.0°…
- 18.0, 36.0, 54.0, 72.0°…
- 22.5, 45.0, 67.5. 90.0°…
- 30.0 ,60.0, 90.0, 120.0°…
- 45.0, 90.0, 135.0, 180.0°…
- 90.0, 180.0, 270.0, 360.0°…

例如，选择了"90.0, 180.0, 270.0, 360.0°…"选项以后，在地图画布上绘制节点时，与上一个节点组成的选段可以捕捉到上述角度。

CAD 工具的快捷键如表 6-3 所示。

表 6-3　CAD 工具的快捷键

按　键	单独按此键时	按 Ctrl 键或 Alt 键时	按 Shift 键时
D	设置距离	锁定距离	
A	设置角度	锁定角度	切换相对/绝对角度
X	设置 X 坐标	锁定 X 坐标	切换相对/绝对 X 坐标
Y	设置 Y 坐标	锁定 Y 坐标	切换相对/绝对 Y 坐标
C	切换构建模式		
P	切换垂直/平行模式（需要启用捕捉功能）		

1. 锁定坐标

通过锁定坐标可以绘制特定 X 坐标、Y 坐标位置下的点要素（或线要素、面要素的节点）。接下来介绍如何绘制一个特定坐标的点要素。

（1）启动 CAD 工具。

（2）单击 ⋮ 按钮创建点要素。

（3）在"Advanced Digitizing"面板中输入需要锁定的坐标（分别按 X 键和 Y 键即可跳转到相应坐标设置的文本框中），并按下回车键锁定，地图画布中会出现坐标标线，如图 6-16 所示。

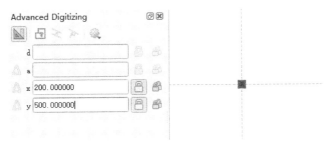

图 6-16　使用 CAD 工具锁定坐标

（4）在地图画布的任意位置单击即可将点要素限制在锁定的坐标。

绘制线要素和面要素时，可以采用上述方法固定节点的 X 坐标或 Y 坐标。

2. 锁定距离

绘制线要素、面要素时，通过该方法可以锁定节点到上一个节点之间的距离。操作方法如下。

（1）启动 CAD 工具。

（2）在绘制过程中按 D 键，并输入锁定距离，按回车键即可锁定，此时地图画布中会出现距离上一个节点距离为半径的虚线圆，如图 6-17 所示。

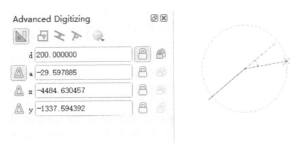

图 6-17　使用 CAD 工具锁定距离

（3）在虚线圆上绘制节点即可。

3. 锁定角度

绘制线要素、面要素时，通过该方法可以锁定节点与上一个节点所成线段方向。在相对模式下，设置的角度为所成线段与上一个线段所成的夹角。在绝对模式下，设置的角度为线段的方向角。操作方法如下。

（1）启动 CAD 工具。

（2）在绘制过程中按 A 键，并输入锁定角度，按回车键即可锁定，此时地图画布中会出现一条固定方向的虚线，如图 6-18 所示。

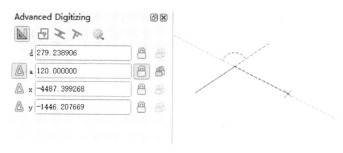

图 6-18　使用 CAD 工具锁定角度

（3）在虚线上单击绘制节点。

4. 垂直模式或平行模式

在垂直模式或平行模式下，可以绘制与已有要素中的某条线段垂直或平行的线段。具体操作如下。

（1）启动 CAD 工具。

（2）在绘制过程中单击 ☞ 按钮启动垂直模式（快捷键：P），如图 6-19 所示。

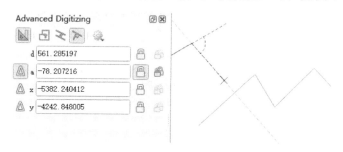

图 6-19　垂直模式

（3）单击其他要素中的某条线段（参考线段），即可出现与该线段垂直的直虚线。

（4）在虚线上单击绘制节点，自动退出垂直模式。

通过类似的方法，单击"☒"按钮，启动平行模式，此时可以在与其他要素中的某条线段保持平行时绘制节点。

【小提示】使用垂直模式或平行模式时需要启动捕捉功能。

5. 构建模式

单击 ⊡ 按钮可以启动构建模式。在构建模式下，可以设置即将绘制的节点与地图画布上其他节点（或点要素）的位置关系。例如，在绘制线要素的过程中，绘制的节点需要与地图画布中其他的点要素保持 300 米的距离，则需要使用构建模式。具体操作如下。

（1）打开捕捉模式和 CAD 工具。

（2）在绘制线要素的过程中，单击 按钮（快捷键：C）进入构建模式。

（3）单击参考点要素，此时会以该点要素为中心出现绘制的虚线提示。

（4）设置固定距离为 300（快捷键：D），并按回车键锁定，如图 6-20 所示。

图 6-20 构建模式

（5）单击 按钮退出构建模式。

（6）在虚线圆上绘制节点。

6.2.3 创建规则几何要素

利用形状数字化工具栏可以绘制一些形状规则的线要素或面要素，包括弧线、圆形、椭圆形、矩形和正多边形（见图 6-21）。

图 6-21 形状数字化工具栏

形状数字化工具栏的按钮及其功能如表 6-4 所示。

表 6-4 形状数字化工具栏的按钮及其功能

按 钮	功 能
Add Circular String	通过 3 个点绘制弧线
Add Circular String by Radius	通过 2 个点和半径绘制弧线
Add Circle from 2 Points	通过 2 个点（在一个直径上）绘制圆形
Add Circle from 3 Points	通过 3 个点绘制圆形
Add Circle from 3 Tangents	通过 3 个切线绘制圆形
Add Circle from 2 Tangents and a Point	通过 2 个切线和 1 个点绘制圆形
Add Circle by a Center Point and Another Point	通过圆心和 1 个点绘制圆形
Add Ellipse from Center and 2 Points	通过圆心和 2 个点绘制椭圆形

续表

按　　钮	功　　能
Add Ellipse from Center and a Points	通过圆心和 1 个点绘制椭圆形
Add Ellipse from Extent	通过最小外切矩形范围绘制椭圆形
Add Ellipse from Foci	通过圆心和焦点绘制椭圆形
Add Rectangle from Center and a Point	通过中心和 1 个点绘制矩形
Add Rectangle from Extent	通过范围绘制矩形
Add Rectangle from 3 Points (Distance from 2nd and 3rd point)	通过 3 个点绘制矩形（通过到第 2 个点和第 3 个点的距离）
Add Rectangle from 3 Points (Distance from projected point on segment p1 and p2)	通过 3 个点绘制矩形（通过到第 1 个点和第 2 个点所成线段的投影点的距离）
Add Regular Polygon from 2 Points	通过 2 个顶点绘制正多边形
Add Regular Polygon from Center and a Point	通过中心和 1 个边的中点绘制正多边形
Add Regular Polygon from Center and a Corner	通过中心和 1 个顶点绘制正多边形

例如，通过 2 个顶点绘制正多边形的方法如下。

（1）单击"　Add Regular Polygon from 2 Points"按钮。

（2）在地图画布中单击一个顶点后，在右上角的"Number of sides"中输入正多边形的边数。

（3）在地图画布中另一个顶点的位置上右击，即可绘制一个以正多边形为几何对象的要素，如图 6-22 所示。

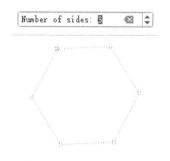

图 6-22　绘制正六边形

6.2.4　工具箱中的高级编辑

除了上述高级编辑操作，QGIS 工具箱还提供多种在编辑状态下处理几何对象的功能。为了筛选这些功能，单击工具箱上方工具栏中的　按钮（在菜单栏中选择"Processing"—"Edit Features in-Place"命令）即可。这些工具如表 6-5 所示。

表 6-5　工具箱中的高级编辑工具

工　具		说　明
矢量创建 （Vector creation）	Array of offset (parallel) lines	将图层中的每个要素沿着一定的距离创建新的要素，新创建的每个要素中的线段和原始对象中的线段平行
	Array of translated features	将图层中的每个要素沿着一定的方向和距离复制若干个
矢量通用 （Vector general）	Drop geometries	删除选中的要素
	Reproject layer	将图层投影变换到一个新的数据图层
	Split features by character	通过分隔符或正则表达式分隔存储在要素属性的字符串，并生成多个要素
矢量对象 （Vector geometry）	Densify by count	通过每个线段增加的数量的方式加密线/面要素节点
	Densify by interval	按照一定的距离加密线/面要素节点
	Explode lines	拆分线要素中的每个线段为一个新要素
	Extend lines	延长线要素首尾线段长度
	Fix geometries	修复几何对象
	Geodesic line split at antimeridian	如果测地线通过子午线，则在交点处分割测地线
	Line substring	沿着线要素一定的起始距离和结束距离裁剪线要素
	Merge lines	合并线要素
	Multipart to singleparts	将多部件要素中的每个部件转为单独的单部件要素
	Offset lines	偏移线要素
	Orthogonalize	正交化线/面要素，即通过指定的容差，尝试使要素中的所有线段之间正交化（垂直或平行关系）
	Remove duplicate vertices	移除重复的节点
	Reverse line direction	反转线要素方向
	Rotate	通过中心点和角度的方式旋转要素
	Simplify	简化要素
	Smooth	平滑要素
	Snap points to grid	捕捉点要素（线/面要素节点），以对齐网格
	Split lines by maximum length	通过最大长度分割线要素
	Subdivide	细分要素。将具有大量节点的要素转为多个要素，每个要素的节点数不超过指定的数量
	Swap X and Y corrdinates	反转要素中每个节点的 X 坐标和 Y 坐标
	Translate	通过指定的偏移量移动要素
矢量叠加 （Vector overlay）	Clip	通过参考面要素图层裁剪目标要素图层
	Difference	目标图层与参考面要素图层的差集
	Split with lines	通过参考线要素图层分割目标图层的要素

6.3 属性编辑

6.3.1 属性编辑操作

在编辑模式下，除了几何对象的创建和编辑，也可以在属性表中编辑各要素的属性。属性表上部包括类似于编辑工具栏中的部分按钮，如表 6-6 所示。

表 6-6 属性表中用于属性编辑的相关按钮

按 钮	功 能
Toggle editing mode	打开编辑状态
Toggle multi edit mode	打开多要素编辑模式
Save edits	保存编辑内容
Reload the table	刷新属性表数据

属性编辑常见的操作包括修改属性值、新建字段、删除字段、新建记录等。

1. 修改属性值

在编辑状态下，表格或表单中的数据可以被修改属性值。下面介绍如何一次性修改多个要素的属性值，具体操作如下。

（1）选择需要修改的要素。

（2）单击 按钮打开多要素编辑模式，如图 6-23 所示。

（3）在弹出的界面中输入一次性修改的属性值，并单击最上方的"apply changes"按钮应用修改，或者单击"reset changes"按钮重置所有修改。

每行属性的右侧均存在一个按钮，具体含义如下。

- 选中的要素具有多个不同属性值。
- 将属性值修改为左侧用户输入的内容。
- 选中的要素具有相同的属性值。

单击右侧的按钮并选中"Reset to Original Values"即可重置修改操作；选中"Set ***for All Selected Features"（***为已经选择的要素数量）即可将选中的要素设置为相同的属性值。

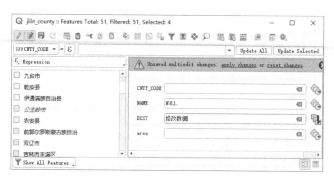

图 6-23 多要素编辑模式

2. 新建字段

单击属性表工具栏中的按钮，即可为当前图层创建一个新的字段。如图 6-24 所示，在“Name”中输入字段名称；在“Comment”中输入字段说明；在“Type”中选择字段类型；“Provider type”显示具体数据格式界定的数据类型；在“Length”中输入数据的字段长度，单击“OK”按钮即可。

Add Field
Name
Comment
Type
Whole number (integer)
Provider type integer
Length
0
OK
Cancel

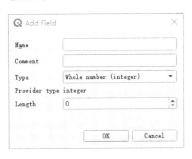

图 6-24　新建字段

3. 删除字段

单击属性表工具栏中的按钮，在弹出的对话框中选择需要删除的字段，并单击“OK”按钮即可，如图 6-25 所示。

Delete Fields
CNTY_CODE
NAME
DIST
area
OK
Cancel

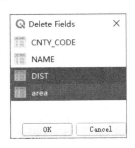

图 6-25　删除字段

4. 新建记录（要素）

单击属性表工具栏中的按钮即可新建记录（见图 6-26），在弹出的对话框中输入各个属性值即可。通过新建记录的方式并不能创建几何对象，请读者慎用。

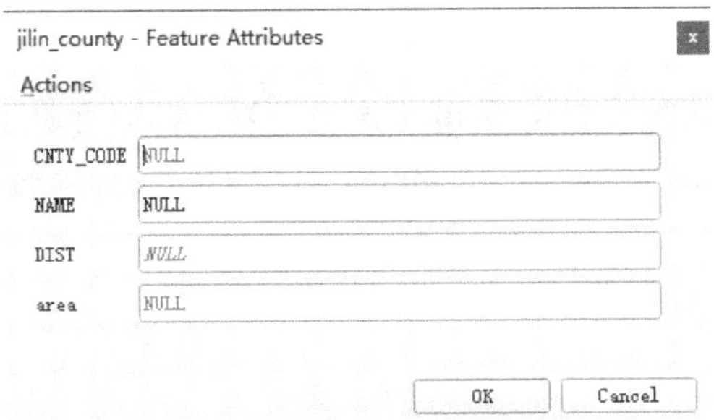
jilin_county - Feature Attributes
Actions
CNTY_CODE
NULL
NAME
NULL
DIST
NULL
area
NULL
OK
Cancel

图 6-26　新建记录（要素）

6.3.2 属性计算器

属性计算器可以更新或创建一个新的属性，并根据表达式为其每个要素赋予属性值。在属性表工具栏中单击██按钮即可打开属性计算器（见图 6-27）。

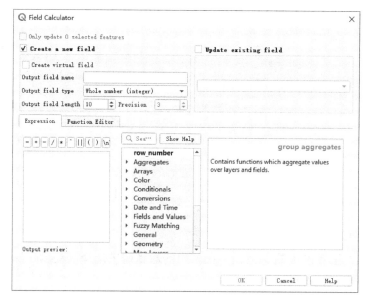

图 6-27 属性计算器

属性计算器包括以下两个模式。

（1）创建字段（Create a new field）：选中该复选框即可通过表达式创建一个字段，各选项说明如下。

- Create virtual field：创建一个虚拟字段。虚拟字段（Virtual Field）是指源数据中并不包含这个字段，其中的属性值是通过表达式实时更新的。当表达式涉及的变量发生变化时，该字段值也会相应变化。
- Output field name：字段名称。
- Output field type：字符类型。
- Output field length / Precision：字段长度和精度。

【小提示】虚拟字段被定义在 QGIS 工程中，并不修改数据源。另外，虚拟字段无法被修改，如需修改，则只能将其删除后重新创建。

（2）更新字段（Update existing field）：选中该复选框即可通过表达式更新一个字段。另外，选中"Only update ** selected features"（**为已经选择的要素数量）复选框即可只更新选中的要素部分。

以下为常见的属性计算器功能。

1. 连接字符串

使用属性计算器可以将多个属性信息连接在一起，例如，jilin_county 数据将"DIST"

和"NAME"属性值连接在一起：

```
"DIST" + "NAME"
```

如果 DIST 原来的属性值为"长春市"，NAME 原来的属性值为"九台区"，则利用上述表达式生成的信息为"长春市九台区"

【小提示】在 QGIS 表达式中，字段用双引号表示，字符串用单引号表示，不可混用。

2. 求要素边界范围

例如，求一个矢量要素的最小外接矩形范围可以使用下面的表达式：

```
to_string(x_min($geometry)) + ',' +
to_string(x_max($geometry)) + ',' +
to_string(y_min($geometry)) + ',' +
to_string(y_max($geometry))
```

其中，"$geometry"表示当前要素的几何对象，"x_min"和"x_max"函数分别求最小、最大的 X 坐标，"to_string"函数将其转为字符串类型。

3. 取得 Shapefile 文件的 FID

在 QGIS 中，Shapefile 文件的 FID 并不直接显示在属性表中，通过下面的表达式，可以将其 FID 放置在其他字段中，以便于操作。

```
@row_number - 1
```

Shapefile 文件的 FID 是从 0 开始的，但是@row_number 是从 1 开始的，因此需要将@row_number 减 1。

6.4　拓扑检查与修正

拓扑是指几何对象之间的关系。通过拓扑检查和修正可以提高矢量数据的质量，消除失误或精度导致的几何对象之间的关系错误。

6.4.1　拓扑检查

本小节介绍拓扑检查的基本操作。QGIS 的核心插件"Topology Checker"可以用于拓扑检查。实例数据中的吉林省县级行政区划数据（jilin_county.shp）中的面要素之间存在小的间隙，属于拓扑错误。下面以上述数据为例，介绍拓扑检查的具体操作方法。

（1）打开"jilin_county.shp"文件。

（2）打开插件管理器，启用"Topology Checker"插件，如图 6-28 所示。

（3）选择"Vector"—"Topology Checker"菜单命令，出现拓扑检查面板（见图 6-29）。

（4）单击拓扑检查面板中的🔧按钮，即可建立拓扑关系。在弹出的"Topology Rule

Settings"对话框中选择图层及其拓扑关系（见图 6-30）。

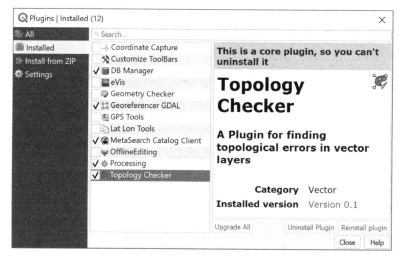

图 6-28 启用"Topology Checker"插件

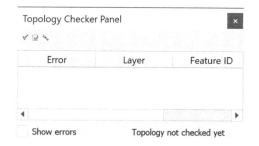

图 6-29 拓扑检查面板

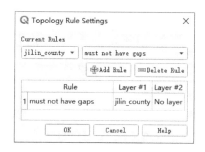

图 6-30 拓扑规则设置

点要素的拓扑规则如下。

- must be covered by：必须包含在另一个图层的要素中（后接点、线要素图层）。
- must be covered by endpoints of：必须与另一个图层的线要素的端点重合（后接线要素图层）。
- must be inside：必须在另一个图层的面要素之中（后接面要素图层）。
- must not have duplicates：不可重复。
- must not have invalid geometries：不可包含无效几何对象。
- must not have multi-part geometries：不可包含多部件几何对象。

线要素的拓扑规则如下。

- end points must be covered by：端点必须与另一个图层的点要素重合（后接点要素图层）。
- must not have dangles：不可悬挂。
- must not have duplicates：不可重复。
- must not have invalid geometries：不可包含无效几何对象。

- must not have multi-part geometries：不可包含多部件几何对象。
- must not have pseudos：不可包含假节点。线对象的一个端点与另一个对象的端点重合，则称这个端点为假节点（Pseudo Node）。

面要素的拓扑规则如下。

- must contain：必须包含另一个图层的点要素（后接点要素图层）。
- must not have duplicates：不可重复。
- must not have gaps：要素之间不能有间隙。
- must not have invalid geometries：不可包含无效几何对象。
- must not have multi-part geometries：不可包含多部件几何对象。
- must not overlap：不能重叠。
- must not overlap with：不能与其他要素重叠（后接面要素图层）。

本例用于检查数据中的间隙错误，因此图层选择"jilin_county"，关系选择"must not have gaps"，单击"Add Rule"按钮新建规则。拓扑规则添加完成后单击"OK"按钮。

（5）单击 ✓ 按钮查找全局的拓扑错误；单击 ☑ 按钮查找当前范围内的拓扑错误。

拓扑错误显示在面板的列表中，选中"Show errors"复选框即可在地图上查看错误的位置。

6.4.2　拓扑修正

除了通过手动编辑的方式修正拓扑错误，也可以通过 GRASS 工具提供的"v.clean"命令批量修正拓扑错误。与 Shapefile 等矢量数据参考的 OGC 简单要素模型不同，GRASS 矢量数据采用拓扑模型构建，使用 v.info 和 v.build 命令可以分别查看和构建拓扑关系。GRASS 包括以下几种矢量对象类型，掌握这些矢量对象类型对理解"v.clean"命令非常有用。

- point（点）：点（相当于简单要素模型中的 point）。
- line（线）：线（相当于简单要素模型中的 line）。
- boundary（边界）：多边形与多边形之间的共有边。
- centroid（中心）：边界（boundary）构成的闭环（closed ring）内的点。
- area（区域）：由边界（boundary）构成的闭环（closed ring）和中心（centroid）构成的拓扑组合，确定一个区域（类似于简单要素模型中的 polygon）。
- face（表面）：3D 中的多面体与多面体之间的共有面，类似于平面中的边界（boundary）。
- kernel（核心）：表面（face）构成的封闭多面体内的点，类似于平面中的中心（centroid）。
- volume（3D 区域）：由表面（face）构成的封闭多面体和核心（kernel）构成的拓扑组合，确定一个 3D 区域，类似于平面中的区域（area）。

"v.clean"命令包括 13 种拓扑工具，如表 6-7 所示。

表 6-7 "v.clean" 命令包括的 13 种拓扑工具

拓 扑 工 具	说 明
break	折断线（line）与边界（boundary）的相交部分（无须阈值参数）
snap	通过固定的阈值捕捉线（line）与边界（boundary）相近的节点
rmdangle	去除线（line）与边界（boundary）小于某阈值长度的悬挂；如果阈值小于零，则去除所有悬挂
chdangle	将边界（boundary）上小于某阈值长度的悬挂转为线（line）；如果阈值小于零，则转变所有悬挂
rmbridge	去除外环与内环间的桥接（无须阈值参数）
chbridge	将边界（boundary）中外环与内环间的桥接转为线（line）（无须阈值参数）
rmdupl	去除重复（完全重叠）的矢量对象（无须阈值参数）
rmdac	去除区域（area）中重复的中心（centroid）（无须阈值参数）
bpol	折断区域边界（boundary）；与 break 工具类似，处理速度更快，但较占内存（无须阈值参数）
prune	通过阈值移除线（line）与边界（boundary）节点，从而简化线（line）和区域（area）
rmarea	去除面积小于阈值的区域（area）
rmline	去除零长度线（line）或边界（boundary）（无须阈值参数）
rmsa	去除线（line）与线（line）之间小的夹角，将夹角的两个边（线段）合并（无须阈值参数）

本小节介绍如何在 QGIS 中对线要素和面要素的常见拓扑错误进行修正。在进行下面的操作之前，先启动整合 GRASS 的 QGIS 应用程序，如 Windows 菜单中的 "QGIS Desktop 3.4.XX with GRASS 7.8.XX"。

1. 去除线要素悬挂

线要素悬挂是指两个线要素之间本应该处于同一位置的节点，由于精度原因（没有进行捕捉设置等）导致位置存在略微偏移，如图 6-31 所示。

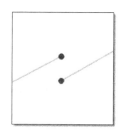

图 6-31 线要素悬挂

具体操作如下。

（1）打开示例数据 "topotest_line.shp"。

（2）利用 "Topology Checker" 插件进行拓扑检查，在 "topotest_line" 图层添加 "must not have dangles" 规则，单击 √ 按钮，共发现六个线要素悬挂拓扑错误，如图 6-32 所示。

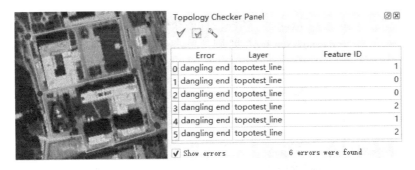

图 6-32　发现的六个线要素悬挂拓扑错误

（3）在工具栏中打开"GRASS"—"Vector (v.*)"—"v.clean"工具，如图 6-33 所示。

图 6-33　消除线要素悬挂拓扑错误

（4）在"Layer to clean"中选择需要修正拓扑的图层"topotest_line"；在"Input feature type"中选择需要修正的几何类型（保持默认即可）；在"Cleaning tool"中选择拓扑工具，此处选择"break"、"snap"和"rmdangle"；在"Threshold"中输入阈值（按照"Cleaning tool"的顺序输入阈值，并用逗号隔开），此处将 snap 和 rmdangle 的阈值均设置为 20，即输入"0, 20, 20"；在"Cleaned"中选择输出文件位置；在"Errors"中选择错误修正的输出文件位置；其他选项保持默认即可，单击"Run"按钮运行工具。

（5）在输出的数据中可以查看之前的拓扑错误已经被修正。

2. 去除面要素的空隙和重叠

（1）打开示例数据"topotest.shp"。

（2）利用"Topology Checker"插件进行拓扑检查，在"topotest"图层添加"must not have gaps"和"must not overlap"规则，单击 ✓ 按钮发现存在两个拓扑错误，分别是多边形间存在空隙，以及多边形间存在重叠，如图 6-34 所示。

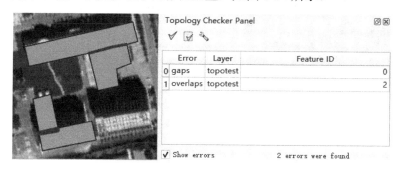

图 6-34　发现的面要素的空隙和重叠

（3）在工具栏中打开"GRASS"—"Vector (v.*)"—"v.clean"工具，如图 6-35 所示。

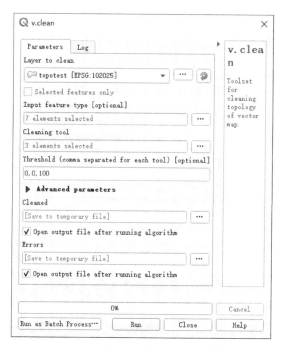

图 6-35　去除面要素的空隙和重叠

（4）在"Layer to clean"中选择需要修正拓扑的图层"topotest"；在"Input feature type"中选择需要修正的几何类型（保持默认即可）；在"Cleaning tool"中选择拓扑工具，此处选择"rmdupl"、"bpol"和"rmarea"；在"Threshold"中输入阈值（按照"Cleaning tool"的顺序输入阈值，并用逗号隔开），此处将 rmarea 的阈值设置为 100，即输入"0, 0, 100"；在"Cleaned"中选择输出文件位置；在"Errors"中选择错误修正的输出文件位置；其他选项保持默认即可，单击"Run"按钮运行工具。

（5）在输出的数据中可以查看之前的拓扑错误已经被修正。

【小提示】QGIS 核心插件 "Geometry Checker" 也可以进行拓扑修正：打开该插件后，选择 "Vector" — "Check Geometries..." 菜单命令，即可在对话框中查找和修正拓扑。

地图符号化

地图制图是 QGIS 的优势所在，QGIS 包含完整的地图制图功能，如标注与注记、符号化与地图综合等多种功能。

在地图制图过程中，必须经过符号化和地图综合两个最基本的操作。符号化（Symbolization）是指利用符号将地理事物或现象抽象化。地图综合（Cartographic Generalization）是根据制图目的，针对地理事物或现象进行选区和概括。

7.1 符号化与图层渲染

7.1.1 点要素符号化

本小节以吉林省主要城市"jilin_city.shp"数据为例，介绍点要素的符号化。

在点要素图层的图层属性中，选择"Symbology"选项卡，即可在最上方的下拉菜单中选择符号化类型。

- 无符号（No symbols）：不显示该图层要素。
- 单一符号（Single symbol）：统一设置要素符号方案。
- 分类（Categorized）：根据类型（属性表的离散变量）设置不同的符号方案。
- 分级（Graduated）：根据数值大小（数据表的连续变量），利用配色方案（Color ramp）设置不同的颜色。
- 基于规则（Rule-based）：在不同的规则（表达式筛选、特定的分辨率）下，使用不同的符号方案。
- 点分布（Point displacement）：点要素过于密集时，将距离近的符号偏移原位置，提高地图可读性。

- 点聚合（Point cluster）：点要素过于密集时，将距离近的符号聚合，提高地图的可读性。
- 热度图（Heatmap）：用颜色代表点密度，用于表现点要素出现集中性的地图。

【小提示】本小节仅介绍点要素单一符号渲染方法，以及特殊的点要素符号化方案（点分布、点聚合和热度图），分类渲染、分级渲染和基于规则渲染参见"7.1.4 矢量数据高级渲染"。

1. 单一符号渲染

点要素以标记（Marker）符号为中心，一个标记符号可能包含多个标记图层。窗口的最上方显示标记的所有图层及其显示效果，如图 7-1 所示，默认情况下只包括一个简单标记（Simple marker）图层。标记图层列表的下方存在图层控制按钮，包括增加图层按钮（＋）、删除图层按钮（－）、锁定图层颜色按钮（🔓/🔒）、复制图层按钮（📋）、上移图层按钮（▲）和下移图层按钮（▼）。

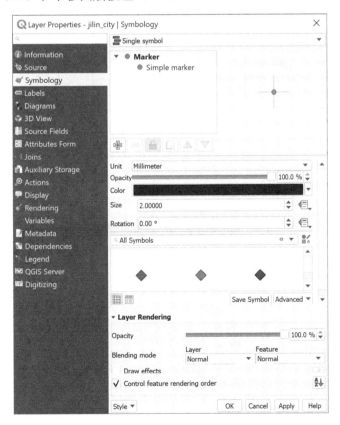

图 7-1　单一符号渲染

单一符号渲染还包括以下设置选项。

- 标记设置：标记参考单位（Unit）、透明度（Opacity）、符号颜色（Color）、符号大小（Size）、旋转角度（Rotation）的设置选项。

- 默认标记列表：用户可以直接选择其中的标记用于该图层的标记符号，分类和符号内容可以在符号库中进行管理。
- 图层渲染选项：进行图层的透明度、混合模式、绘制效果和要素排列顺序等设置。

单击"Simple marker"标记符号图层，或者单击 ✛ 按钮增加标记符号图层，即可出现标记符号图层设置窗口。

标记符号图层包括椭圆形标记（Ellipse marker）、填充（圆形）标记（Filled marker）、字符标记（Font marker）、几何生成器（Geometry generator）、简单标记（Simple marker）、SVG 标记（SVG marker）和矢量字段标记（Vector field marker）等。

简单标记最常用，在"Symbol layer type"中选择"Simple marker"，此时标记图层的设置选项如图 7-2 所示，选项包括标记大小（Size）、填充颜色（Fill color）、边框颜色（Stroke color）、边框样式（Stroke style）、边框宽度（Stroke width）、连接样式（Join style）、旋转量（Rotation）、偏移量（Offset）、锚点位置（Anchor point）、简单标记形状列表、是否启用该图层（Enable layer）、绘制选项（Draw effects）等。除了将这些标记属性设置为单一的数值，单击选项右侧的按钮可以通过要素属性或表达式对不同的要素设置不同的标记属性。

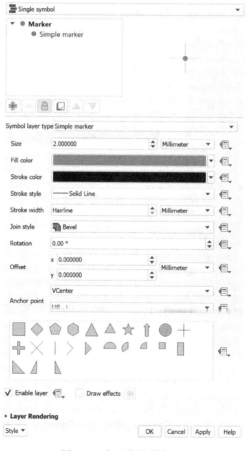

图 7-2　点要素简单标记

除此之外，SVG 标记还提供更多复杂的内置图形作为标记符号，也可以导入所需的 SVG 文件作为标记符号图形（见图 7-3）；字符标记可以将某个 UTF 字符或中文字符等作为标记符号图形。

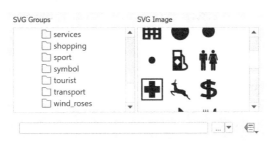

图 7-3　SVG 标记符号

2. 图层渲染选项

图层渲染选项可以对要素图层整体的效果进行设置，包括透明度、混合模式等，如图 7-4 所示。

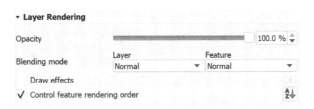

图 7-4　图层渲染选项

1）透明度（Opacity）

透明度用来设置图层的可见性。

2）混合模式（Blending mode）

混合模式可以设置图层或要素与其下方图层的叠加关系，包括以下模式。

- 正常（Normal）：正常叠加模式。
- 变亮（Lighten）：选择基色和混合色较亮的颜色作为结果色。
- 滤色（Screen）：当混合色比基色亮时，叠加在基色上使其更亮；当混合色比基色暗时，基色即为结果色，常用于纹理混合，例如，将山体阴影叠加在 DEM 数据上。
- 颜色减淡（Dodge）：通过混合色亮度使基色对比度降低和亮度升高。
- 相加（Addition）：基色和混合色相加得到结果色，超出 RGB 范围则显示白色。
- 变暗（Darken）：选择基色和混合色较暗的颜色作为结果色。
- 正片叠底（Multiply）：基色和混合色相乘得到结果色。
- 颜色加深（Burn）：通过混合色亮度使基色对比度升高和亮度降低。
- 叠加（Overlay）：正片叠底和滤色的组合，使亮的地方更亮，暗的地方更暗。
- 柔光（Soft light）：颜色加深和颜色减淡的组合，产生柔光照射效果。

- 强光（Hard light）：与柔光相似，产生强光照射效果。
- 差值（Difference）：混合色减去基色的绝对值。如果混合色为白色，则产生反相；如果混合色为黑色，则颜色不变。
- 减去（Subtract）：混合色减去基色。如果该值低于 RGB（负值），则显示为黑色。

【小提示】基色指下方图层的颜色；混合色指本图层的符号颜色；结果色指混合后的颜色。

3）绘制效果（Draw effects）

在图 7-4 中，勾选 "Draw effects" 选项后，单击其右侧的 ☆ 按钮即可弹出 "Effects Properties" 对话框。在该对话框中，可以为符号增加内发光（Inner Glow）、内阴影（Inner Shadow）、外发光（Outer Glow）、外阴影（Outer Shadow）四种绘制效果，如图 7-5 所示。

4）控制要素渲染顺序（Control feature rendering order）

如果图层中的要素存在叠加关系，则该工具可以根据要素属性设置显示顺序。例如，在铁路数据中，高铁应显示在普通铁路之上；新出现的森林过火区域显示在旧的森林过火区域之上。勾选 "Control feature rendering order" 复选框后，即可单击其右侧的 ⇵ 按钮设置显示顺序。在弹出的 "Define Order" 对话框中，可以添加一个或多个字段作为排序字段，在 "Asc/Desc" 列中选择正排序（Ascending）或反排序（Descending）；在 "NULLs handling" 列中选择 NULL 在前（NULLs first）或 NULL 在后（NULLs last），单击 "OK" 按钮即可，如图 7-6 所示。

图 7-5　渲染效果

图 7-6　控制要素渲染顺序

3. 点分布、点聚合与热度图

点分布、点聚合与热度图适用于点要素非常多的情况，以提高地图的可读性。下面以 "jilin_randompoints.shp" 为例进行介绍。

1）点分布（Point displacement）

点要素过于密集时，将距离近的符号偏移原位置，并环绕在中心符号周围，提高地图可读性。在"jilin_randompoints"的图层属性"Symbology"选项卡的最上方选择" 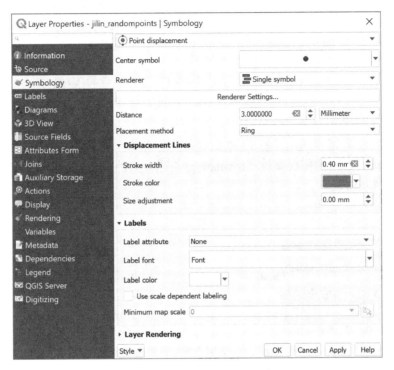 Point displacement"选项，如图7-7所示。

图 7-7　点分布符号设置选项

各选项的说明如下。

- Center symbol：中心符号，点密度过高地集中显示时出现的中心点符号。
- Renderer：中心符号渲染方式，包括无符号（No symbols）、单一符号（Single symbol）、分类（Categorized）、分级（Graduated）、基于规则（Rule-based）等。
- Renderer Settings…：渲染方式设置。
- Distance：形成中心符号的距离阈值。
- Placement method：点要素围绕在中心符号的方式，包括圆形排列（Ring）、同心圆排列（Concentric ring）和网格排列（Grid）三种（见图7-8）。
- Stroke width：排列要素的连接线宽度。
- Stroke color：排列要素的连接线颜色。
- Size adjustment：要素在连接线上的距离调整值。
- Label attribute：标注属性。
- Label font：标注字体。
- Label color：标注颜色。

● Use scale dependent labeling：勾选该复选框后即可设置标注最小地图比例尺（Minimum map scale），小比例尺不显示标注。

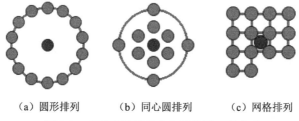

（a）圆形排列　　　（b）同心圆排列　　　（c）网格排列

图 7-8　点要素围绕在中心符号的三种方式

2）点聚合（Point cluster）

点要素过于密集时，将距离近的符号聚合，提高地图的可读性。在"jilin_randompoints"的图层属性"Symbology"选项卡的最上方选择" Point cluster"选项，如图 7-9 所示。

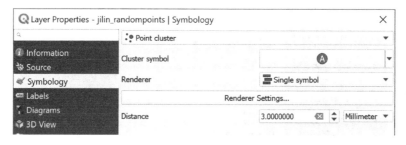

图 7-9　点聚合符号设置选项

各选项说明如下。

● Cluster symbol：设置聚合点符号。

● Renderer：聚合点符号渲染方式，包括无符号（No symbols）、单一符号（Single symbol）、分类（Categorized）、分级（Graduated）、基于规则（Rule-based）等。

● Renderer Settings…：渲染方式设置。

● Distance：形成聚合点的距离阈值。

【小提示】将符号标记图层的字符通过表达式设置为"@cluster_size"，即可显示聚合点中的点数量。

3）热度图（Heatmap）

热度图以颜色代表点密度，用于表现点要素出现集中性的地图。在"jilin_randompoints"的图层属性"Symbology"选项卡的最上方选择" Heatmap"选项，如图 7-10 所示。

用于设置热度图的各个选项如下。

● Color ramp：配色方案。

● Radius：单个要素影响的热力半径。

- Maximum value：限制的最大值。
- Weight points by：通过属性对点要素加权。
- Rendering quality：渲染质量，在最佳（Best）和最快（Fastest）之间选择。

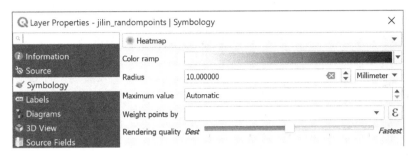

图 7-10　热度图符号设置选项

7.1.2　线要素符号化

本小节以吉林省道路"jilin_roads.shp"数据为例，介绍线要素的符号化。

在线要素图层的图层属性中，选择"Symbology"选项卡，即可在最上方的下拉菜单中选择符号化类型：无符号（No symbols）、单一符号（Single symbol）、分类（Categorized）、分级（Graduated）、基于规则（Rule-based）等。

【小提示】本小节仅介绍线要素单一符号渲染方法，分类渲染、分级渲染和基于规则渲染参见"7.1.4 矢量数据高级渲染"。

线要素以线（Line）符号为中心，一个线符号可能包含多个符号图层。各个符号图层的操作与点要素标记符号图层的操作方式相同，不再赘述。线要素单一符号渲染的主要设置选项如下（见图 7-11）。

- 标记设置：标记参考单位（Unit）、透明度（Opacity）、符号颜色（Color）、线宽（Width）的设置选项。
- 默认线符号列表：可以直接选择其中的线符号用于该图层。
- 图层渲染选项：图层的透明度、混合模式、绘制效果和要素排列顺序等设置。

单击图层列表中的"Simple line"符号图层，或者单击⊞按钮增加线符号图层即可出现线符号图层设置窗口，如图 7-12 所示。

线符号图层包括箭头（Arrow）、几何生成器（Geometry generator）、标记线（Marker line）和简单线（Simple line）等。箭头（Arrow）可以通过线要素的节点顺序在线要素上生成箭头；标记线可以通过排列标记符号的方式生成线符号。

简单线最常用，在"Symbol layer type"中选择"Simple line"，此时图层的设置选项如图 7-12 所示，包括颜色（Color）、边框宽度（Stroke width）、偏移量（Offset）、边框样式（Stroke style）、连接样式（Join style）、端点样式（Cap style）、使用自定义虚线样式（Use custom dash pattern）、是否启用该图层（Enable layer）、绘制选项（Draw effects）等，单击选项右侧的按钮可以通过要素属性或表达式对不同的要素设置不同的属性。

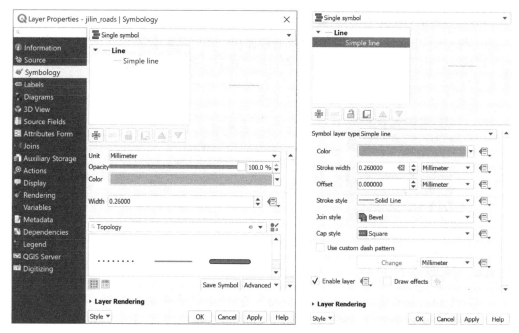

图 7-11　线要素的单一符号渲染　　　　图 7-12　线要素的简单线符号

7.1.3　面要素符号化

本小节以吉林省地级行政区划数据"jilin_dist.shp"为例,介绍面要素的符号化。

在面要素图层的图层属性中,选择"Symbology"选项卡,即可在最上方的下拉菜单中选择符号化类型:无符号(No symbols)、单一符号(Single symbol)、分类(Categorized)、分级(Graduated)、基于规则(Rule-based)、反转面要素(Inverted polygons)和 2.5 D 等。

【小提示】本小节仅介绍面要素单一符号渲染方法,以及特殊的面要素符号化方案(反转面要素渲染和 2.5D 渲染),分类渲染、分级渲染和基于规则渲染参见"7.1.4 矢量数据高级渲染"。

面要素填充(Fill)符号可能包含多个图层,各个图层的操作与点要素标记符号图层的操作方式相同,不再赘述。填充符号的主要设置选项如下(见图 7-13)。

- 标记设置:标记参考单位(Unit)、透明度(Opacity)、符号颜色(Color)的设置选项。
- 默认填充符号列表:可以直接选择其中的填充符号用于该图层。
- 图层渲染选项:图层的透明度、混合模式、绘制效果和要素排列顺序等设置。

单击图层列表中的"Simple fill"符号图层,或单击 按钮增加填充符号图层即可出现填充符号图层设置窗口,如图 7-14 所示。

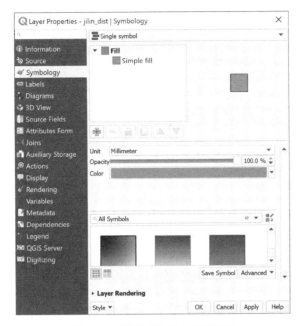

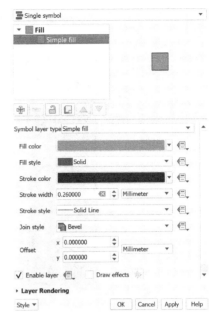

图 7-13　面要素的单一符号渲染　　　　图 7-14　面要素的简单填充符号

填充符号图层包括仅渲染中心点（Centroid fill）、几何生成器（Geometry generator）、渐变填充（Gradient fill）、使用线符号填充（Line pattern fill）、使用点符号填充（Point pattern fill）、栅格数据填充（Raster image fill）、SVG 填充（SVG fill）、形状炸裂填充（Shapeburst fill）、简单填充（Simple fill）、采用箭头渲染边界（Outline: Arrow）、采用标记符号渲染边界（Outline: Marker line）、采用简单线渲染边界（Outline: Simple line）等。

1. 简单填充

在"Symbol layer type"中选择"Simple fill"，此时图层的设置选项如图 7-14 所示，包括填充颜色（Fill color）、填充样式（Fill style）、边框颜色（Stroke color）、边框宽度（Stroke width）、边框样式（Stroke style）、连接样式（Join style）、偏移量（Offset）、是否启用该图层（Enable layer）、绘制选项（Draw effects）等，单击选项右侧的按钮可以通过要素属性或表达式对不同的要素设置不同的属性。

2. 反转面要素渲染

反转面要素渲染常用于掩膜数据。例如，在"7.1.1 点要素符号化"中介绍的热度图超出了吉林省的范围，但是关注的仅为吉林省区域内。利用反转面要素渲染的方式，通过"jilin_dist.shp"数据可以将超出范围的部分遮挡起来。具体操作如下。

（1）数据准备：将"jilin_random.shp"数据渲染为热点图；将"jilin_dist.shp"数据导入图层中，放在"jilin_random.shp"数据图层的上方，并打开其属性窗口。

（2）在"Symbology"选项卡中，选择渲染方式为"Inverted polygons"，如图 7-15 所示。

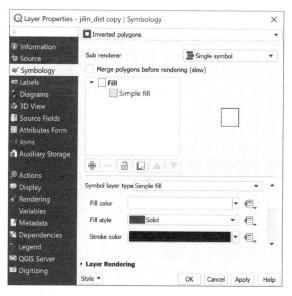

图 7-15　反转面要素渲染设置选项

此时，界面中的"Sub renderer"指示了除了多边形区域的渲染器，此处保持"Single symbol"。

（3）将填充图层"Simple fill"中的"Fill color"设置为白色，并将透明度"Opacity"设置为 100%。

（4）单击"OK"按钮完成设置。

在本例中，"jilin_dist.shp"数据相当于热度图的掩膜，将无关的部分去除，只留下用户关注的热度图范围。

3. 2.5 D 渲染

2.5D 渲染可以将多边形渲染为类 3D 效果。下面以"houses.shp"文件为例，介绍渲染方法。具体操作如下。

（1）打开"houses.shp"文件，并打开其图层属性，进入"Symbology"选项卡。

（2）在上方的下拉菜单中选择"2.5D"选项，如图 7-16 所示。

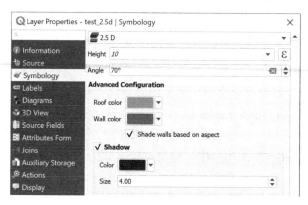

图 7-16　2.5D 渲染设置选项

（3）在"Height"中选择模拟三维模型高度；在"Angle"中选择模拟三维模型的角度；在"Roof color"中选择房顶的颜色；在"Wall color"中选择墙边要素；选中"Shade walls based on aspect"复选框，即可在不同的墙面设置不同的颜色（自动设置）；通过"Shadow"下的"Color"和"Size"选项可以分别设置阴影的颜色和大小。

【小提示】设置完成后，可以切换到其他符号化类型（如单一符号、分级、分类等）进行更高级的操作。

7.1.4　矢量数据高级渲染

本小节介绍分级渲染、分类渲染和基于规则渲染。

1. 分级渲染

下面以吉林省行政区划（含降水量）数据"jilin_dist_with_prec.shp"为例，介绍分级渲染的使用方法。具体操作方法如下。

（1）打开上述数据图层后，在属性窗口中打开"Symbology"选项卡，并将最上方的下拉菜单切换到"Graduated"（见图 7-17）。

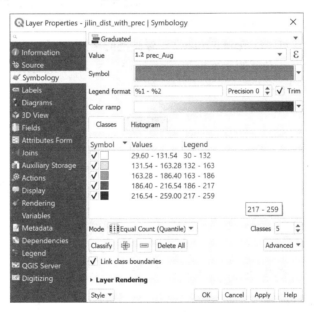

图 7-17　分级渲染设置选项

（2）字段设置：将"Value"设置为分类字段"prec_Aug"（2017 年 8 月降水量）后，单击"Classify"按钮，即可在"Classes"选项卡中对"prec_Aug"属性值进行分级。在默认情况下，分级模式"Mode"为"Equal Count (Quantile)"，分级模式包括：

- Equal Count (Quantile)（等量分级）：每个级别包含的要素数量相同。
- Equal Interval（等距分级）：每个级别的数值范围长度相同。
- Logarithmic scale（对数比例）：级别分段值以指数形式增长（对数值以等距方式增长）。

- ▦▦▦ Natural Breaks (Jenks)（自然分级）：采用 Jenks 最佳自然断裂法分级，即使级别内部的方差最小、级别之间的方差最大。
- ▦▦▦ Pretty Breaks（整数分级）：分级间断点为整数，提高图例的可读性。
- ▦▦▦ Standard Deviation（标准差分级）：以平均值为中心，按标准差将平均值左右两侧进行分割分级，例如，将 $\mu-0.5\sigma$、μ 和 $\mu+0.5\sigma$ 作为分级的间断点（μ 表示平均值，σ 表示标准差）。

在分级列表中，"Values"列对应"Value"字段下的属性值的范围；"Symbol"列指示相应属性值范围内要素应用的符号；"Legend"列表示图例中显示的文字。分级数量、间断点和格式可以通过以下方法设置。

- 分级数量：通过"Classes"选项可以选择分级数量。
- 分级间断点：分级间断点可以直接在"Classes"列表中修改（双击分级列表中的任何一项，可以单独修改其分级范围，如图 7-18 所示），也可以在"Histogram"选项卡的直方图中进行设置（见图 7-19）。在"Histogram"选项卡中，单击"Load Values"按钮显示直方图，通过拖动的方式可以设置间断点；在"Histogram bins"中设置直方图的 bin 值；选中"Show mean value"和"Show standard deviation"复选框可以显示直方图的平均值及其两侧单倍标准差的位置。
- 分级格式：通过"Legend format"设置图例的格式，"%1"和"%2"分别代表间断点数值；在其右侧的文本框"Precision X"中可以设置数值的显示精度；选中"Trim"复选框可以忽略小数点后面多余的 0。

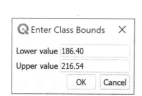

图 7-18　设置分级范围

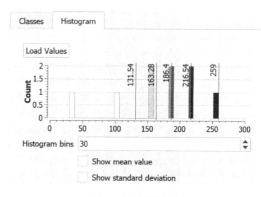

图 7-19　分级设置直方图

（3）符号设置：在"Color ramp"中选择合适的配色方案，此处选择"Blues"，单击"OK"按钮查看效果。

2. 分类渲染

下面以"jilin_county.shp"数据为例，介绍分类渲染的方法。具体操作如下。

（1）打开"jilin_county.shp"数据，在属性窗口中打开"Symbology"选项卡，并将最上方的下拉菜单切换到"Categorized"，如图 7-20 所示。

图 7-20　分类渲染设置选项

（2）字段设置：将"Column"设置为分类字段"DIST"后单击"Classify"按钮，即可在列表中出现所有的"DIST"属性下的值，并使用默认配色方案"Random colors"进行配色。

在列表中，"Value"列对应"Column"字段下的各个属性值；"Symbol"列指示相应属性值的要素应用的符号，取消勾选左侧的复选框后地图上不显示该分类；"Legend"列表示图例中显示的文字。单击 按钮和 按钮可以手动增加或删除列表中的一行，单击"Delete All"按钮可以清空列表。

（3）符号设置：在"Symbol"中设置符号的基本样式；在"Color ramp"中选择合适的配色方案。在其下拉菜单中，选中"Random Color Ramp"即可选择随机配色方案（见图 7-21）；单击"Shuffle Random Colors"即可重新随机生成配色；在"All Color Ramps"中可以选择所有 QGIS 默认的配色方案（可以通过样式管理器进行管理）；选择"Create New Color Ramp…"命令即可创建新的配色方案，如图 7-22 所示。

为了获得更好的配色效果，此处选择"ColorBrewer"中的"Pastel2"配色方案，如图 7-23 所示（更多配色方案的设置参见"7.4.3 样式管理器"）。具体操作如下：选择"Create New Color Ramp…"命令，在弹出的"Color ramp type"对话框中选择"Catalog: Color Brewer"选项，单击"OK"按钮；在弹出的"ColorBrewer Ramp"对话框中，选择"Scheme name"为"Pastel2"，在"Colors"中选择颜色数量为"8"（可以通过"Preview"浏览配色效果），并单击"OK"按钮。回到图层属性的"Symbology"选项卡，列表中的各个分类已经应用了新的配色方案，单击"OK"按钮查看效果。

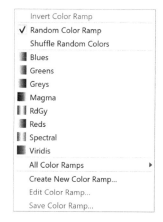

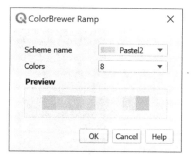

图 7-21　配色方案选择菜单　　　图 7-22　新建配色方案　　图 7-23　"Pastel2"配色方案

事实上，分类渲染中的所有分类的符号化设置主要集中在"Symbol"设置的符号样式，只是在不同的分类下应用"Color ramp"设置的不同颜色。如果用户希望在各个分类中设置更多的符号差异，可以在"Symbol"选项中使用表达式，也可以直接双击列表中"Symbol"列下的相应符号进行特殊设置。

【小提示】在默认情况下，分类列表都存在"Value"字段为空的一行，该行应用于该图层中没有被其他行定义渲染设置的要素。

3. 基于规则渲染

相对于前面介绍的各种渲染方式，基于规则渲染（Rule-based）具备更高级的渲染能力。这种方式可以通过表达式规则、分辨率规则等实现。

经过上述分类渲染后，将最上方的下拉菜单切换到"Rule-based"时，即可看到分级渲染实际上也是基于规则渲染的具体实现之一，如图 7-24 所示。

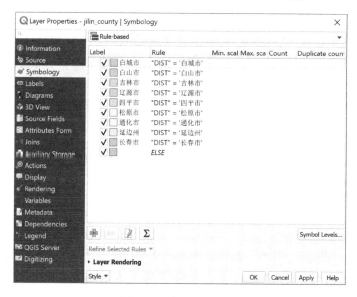

图 7-24　基于规则渲染

在规则列表中，"Label"列显示渲染符号和图例文字；"Rule"列显示表达式规则；"Min. scale"和"Max .scale"列表示显示的最小比例尺和最大比例尺。双击每行规则即可打开"Edit Rule"对话框（见图 7-25），各选项的功能如下。

- Label（标签）：规则名称，也是图例中显示的文字。
- Filter（过滤）：通过表达式过滤要素（表达式规则），选中"Else"单选按钮，则除了其他规则筛选到的要素均为本规则渲染要素。
- Description（描述）：规则的描述信息。
- Scale range（比例尺范围）：要素显示的比例尺范围（比例尺规则），在"Minimum (exclusive)"中输入最小比例尺，在"Maximum (inclusive)"中输入最大比例尺。
- Symbol（符号）：要素符号。

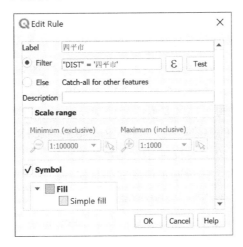

图 7-25　编辑渲染规则

规则列表依照从底部到上部的顺序进行渲染。例如，此处将表达式为"ELSE"的规则进行编辑，设置为"Filter"并留空表达式（即渲染全部要素）后保存。如果将此项规则放置在规则列表的顶部，则地图可以正常显示，这是由于渲染了顶部的规则（全部要素同一个颜色）后，其他规则也随之进行渲染。如果将此项规则放置在规则列表的底部，则地图全部渲染为该规则（全部要素同一个颜色），这是由于渲染了上面的规则后，其他规则被底部的规则覆盖。

利用基于规则渲染可以将某些要素单独进行渲染。例如，将长春市市辖区进行单独渲染，作为突出显示的对象。具体操作如下。

（1）单击 ⊕ 按钮新建规则。

（2）设置"Label"为图例文本"长春市市辖区"；设置"Filter"筛选长春市市辖区的表达式（见图 7-26）：

"NAME" = '长春市市辖区'

将"Symbol"中的填充符号设置为红色，单击"OK"按钮确认。

图 7-26　突出渲染长春市市辖区规则

（3）在"Symbology"选项卡中出现新建立的规则，单击"Apply"按钮应用设置。单击"Refine Selected Rules"下拉菜单，可以对已经存在的规则进行设置。

- Add Scales to Rule：为规则增加分辨率范围。
- Add Categories to Rule：为规则内的要素增加分类渲染。
- Add Ranges to Rule：为规则内的要素增加分级渲染。

下面介绍为四平市的每个地区要素符号分别设置不同的填充颜色。

（1）选中针对四平市的渲染规则，选择"Refine Selected Rules"下拉菜单中的"Add Categories to Rule"，弹出如图 7-27 所示对话框。

（2）在"Column"列中筛选四平市所有的县级行政区，使用表达式：

```
CASE WHEN "DIST" = '四平市' THEN "NAME" END
```

（3）在"Symbol"中选择合适的符号，在"Color ramp"中选择合适的配色方案，单击"Classify"按钮生成列表，单击"OK"按钮确认。

此时在"Symbology"选项卡中即可出现针对四平市的规则下属的多个规则，将"Label"修改为合适的名称后单击"OK"按钮，如图 7-28 所示。此时，地图画布会将四平市的每个行政区进行单独的颜色渲染。

图 7-27　为规则内的要素增加分类渲染

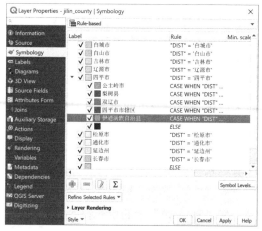

图 7-28　"四平市"所属要素分类渲染

7.1.5　栅格数据渲染

栅格数据渲染包括以下几种方式，可以在"Render type"中选择。

- Multiband color：多波段彩色。
- Paletted/Unique values：唯一值着色。
- Singleband gray：单波段灰度。
- Singleband pseudocolor：单波段假彩色。
- Hillshade：山体阴影。

1.单波段灰度

以"jilin_srtm.tif"数据为例，介绍单波段灰度着色的使用方法。具体操作如下。

（1）打开数据，在图层属性的"Symbology"选项卡中选择"Render type"为"Singleband gray"，如图 7-29 所示。

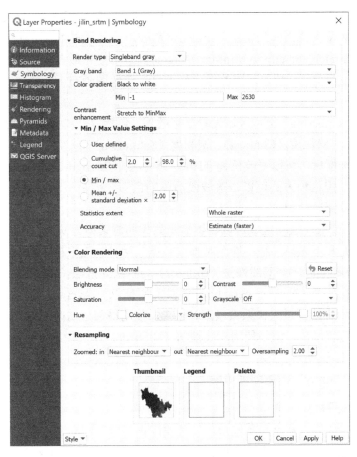

图 7-29　单波段灰度渲染

（2）在"Gray band"中选择需要渲染的波段；在"Color gradient"中选择渐变方向，包括从黑色到白色（Black to white）和从白色到黑色（White to Black）两种方式。

在"Min"和"Max"中输入渐变区域的最小值和最大值，或者通过"Min / Max Value

Settings"中的四个选项进行自动设置。

- User defined：用户自定义最大值和最小值。
- Cumulative count Cut：按照数值从小到大排列，仅保留一定百分比内的数值，去除可能存在的异常值。
- Min / max：设置为波段内数值的最小值或最大值。
- Mean +/- standard deviation：取平均值左右两侧一个标准差范围内的数值，以及 $\mu-\sigma$ 与 $\mu+\sigma$ 之间的数值（μ 表示平均值，σ 表示标准差）。

另外，在"Statistics extent"中选择上述设置的统计范围，包括整个影像（Whole raster）、当前范围（Current canvas）和随范围变化（Updated canvas）。随范围变化指当用户改变地图范围时，栅格数据渲染的最大值和最小值也随之变化。在"Accuracy"中选择最大值和最小值的计算精度，包括估计（较快）[Estimate (faster)] 和精确（较慢）[Actual (slower)] 两种。

在"Contrast enhancement"中选择对比度增强方法，包括无增强（No enhancement）、拉伸到最小值和最大值之间的范围（Stretch to MinMax）、拉伸并裁剪到最小值和最大值之间的范围（Stretch and clip to MinMax）、裁剪到最小值和最大值之间的范围（Clip to MinMax）。经过裁剪后，超出范围的像元将不显示在地图画布上；反之，则显示为黑色或白色。

在"Color Rendering"选项区域设置显示效果，包括混合模式（Blending mode）、亮度（Brightness）、对比度（Contrast）、饱和度（Saturation）、灰阶（Grayscale）等。选中"Colorize"复选框后，可以更改色调（Hue）及强度（Strength），显示为其他颜色的渐变效果。虽然使用这种方式可以修改波段渲染的色彩，但是不能通过配色方案（Color ramp）实现更高级的效果。

在"Resampling"选项区域可以设置显示效果的重采样方法，包括上采样（放大地图时插值数据）和下采样（缩小地图时抽取数据）两种。上采样（Zoom in）包括最邻近法（Nearest neighbour）、双线性法（Bilinear）和三次立方法（Cubic）；下采样（Zoom out）包括最邻近法（Nearest neighbour）和平均值法（Average）。另外，还可以在"Oversampling"中选择过采样系数（默认为 2，使用最邻近法时无效）。通常，默认的最邻近法渲染速度最快，但是使用双线性法（Bilinear）和三次立方法（Cubic）时渲染效果更好。

（3）单击"Apply"按钮即可渲染。

2. 单波段假彩色

使用单波段假彩色渲染栅格图层能够使用配色方案（Color ramp）来提高渲染的效果。下面以"jilin_srtm.tif"数据为例，介绍 DEM 数据的渲染。具体操作如下。

（1）打开数据，在图层属性的"Symbology"选项卡中选择"Render type"为"Singleband pseudocolor"，如图 7-30 所示。

图 7-30　单波段假彩色渲染

（2）渲染波段（Band）、最小值（Min）、最大值（Max）的设置与单波段灰度的设置类似，不再赘述。在"Interpolation"中选择线性渲染（Linear）方式，包括：

- Discrete（分级渲染）：相邻两个段点之间采用同一种颜色（更大的段点值在配色方案中的颜色）渲染。
- Linear（线性渲染）：通过线性插值的方法，选择配色方案中的颜色进行渲染，渲染效果是连续的。
- Exact（精确渲染）：只有波段的像元值与段点值相同时才会渲染，否则不渲染（类似于唯一值着色方法）。

渲染 DEM 数据需要选择适用于高程渲染的配色方案：在"Color ramp"的下拉菜单中选择"Create New Color Ramp..."命令，在弹出的"Color ramp type"对话框中选择"Catalog: cpt-city"符号集，单击"OK"按钮，如图 7-31 所示；在弹出的"Cpt-city Color Ramp"对话框中找到并选择"wiki-schwarzwald-cont"配色方案，单击"OK"按钮，如图 7-32 所示。

在"Label unit suffix"中输入数据单位，这会在列表图例文字（Label）的数值后面添加数据单位。另外，通过"Mode"可以设置断点自动选择的模式，包括连续分级（Continuous）、等距分级（Equal Interval）和等量分级（Quantile）三种。通过"Classes"可以设置分段点的数量。选中"Clip out of range values"后，超出范围的数据将不渲染在地图上。此处选择连续模式，段点由 QGIS 自动设置。

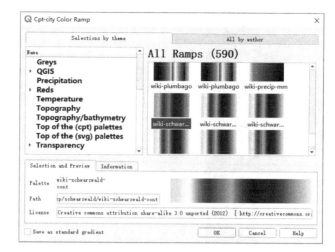

图 7-31　新建配色方案　　　　　　　　图 7-32　"cpt-city" 符号集

（3）单击 "OK" 按钮即可完成设置。

3. 山体阴影

下面以 "jilin_srtm.tif" 数据为例，介绍山体阴影的使用方法。具体操作如下。

（1）打开数据，在图层属性的 "Symbology" 选项卡中选择 "Render type" 为 "Hillshade"。

（2）在 "Band" 中选择需要渲染的波段；在 "Altitude" 中选择光源的高度角，默认为 45°；在 "Azimuth" 中选择光源的方向角，默认为 315°；在 "Z Factor" 中输入高程数据的缩放参数（可以加强阴影效果），默认为 1；选中 "Multidirectional" 即可开启多角度阴影，如图 7-33 所示。

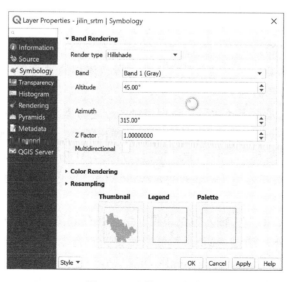

图 7-33　山体阴影渲染

（3）单击"OK"按钮即可。

4. 多波段彩色

下面以"landsat_composited.tif"数据为例，介绍多波段彩色的使用方法。具体操作如下。

（1）打开数据，在图层属性的"Symbology"选项卡中选择"Render type"为"Multiband color"，如图 7-34 所示。

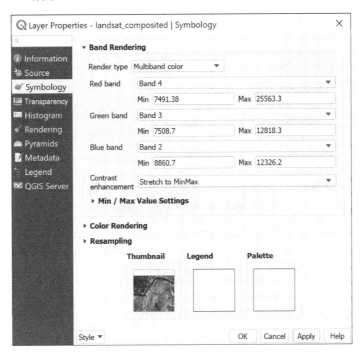

图 7-34　多波段彩色渲染

（2）在"Red band"、"Green band"、"Blue band"中分别选择红、绿、蓝的波段及其最小值和最大值范围（也可以通过"Min / Max Value Settings"选项进行设置）。此处采用假彩色渲染方法，将红、绿、蓝波段分别设置为"Band 4"、"Band 3"和"Band 2"。在"Contrast enhancement"中选择对比度增强模式。

（3）单击"OK"按钮即可。

5. 唯一值着色

下面以"ESACCI_LC_2015.tif"数据为例，介绍唯一值着色的使用方法。具体操作如下。

（1）打开数据，在图层属性的"Symbology"选项卡中选择"Render type"为"Paletted/Unique values"，如图 7-35 所示。

（2）在"Band"中选择需要渲染的波段；在"Color ramp"中选择配色方案。

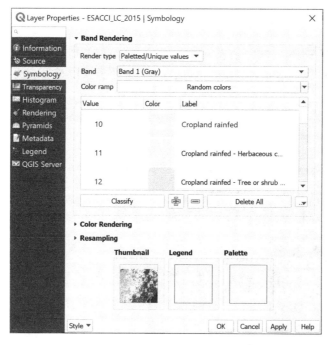

图 7-35　唯一值着色渲染

（3）单击"Classify"按钮会自动统计栅格波段所有的唯一值，并以配色方案的方式显示在列表中。"Value"列表示所有的渲染值；"Color"列表示渲染颜色；"Label"列表示图例文字。单击列表右下角的"..."下拉按钮，即可从其他图层或外部读取色彩配置表（Color map）：

- Load Classes from Layer：使用其他图层的色彩配置表。
- Load Color Map from File...：从文件中加载色彩配置表。
- Export Color Map to File...：导出色彩配置表到文件。

外部的配置表采用逗号分隔的方式将数据存储在文本文件中。此处通过"Load Color Map from File..."加载示例数据中的"ESACCI-LC-Legend.txt"文件。

（4）单击"OK"按钮渲染完成。

【小提示】该数据的样式文件"ESACCI-LCMapsColorLegend.qml"也包括色彩配置表，可以通过单击左下角的"Style"—"Load Style..."加载。

7.2　标注和注记

有时地图需要使用一些文字信息说明其中的地理要素或其他信息，如河流的名称、人口的数量等，可以通过标注（Label）、注记（Annotation）和地图提示（Map tips）添加这些信息。标注是与图层关联的，一般通过图层的属性信息生成，并与矢量要素一一关联。注记是与地图关联的，一般不随图层的变化而变化。地图提示则不直接将文字信

息显示在地图上，而是通过鼠标停留的方式显示在提示框中。读者需要根据具体的需要
选择添加文字信息的方式。

7.2.1 标注

1. 单一属性标注

此处以长春市行政区划为例，标注各个行政区的名称。具体操作如下。

（1）打开"jilin_dist.shp"文件，并打开其图层属性，切换到"Labels"选项卡（或
者在图层样式面板中找到该选项卡），如图 7-36 所示。

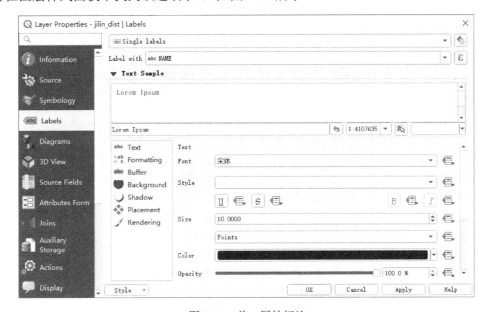

图 7-36 单一属性标注

（2）在最上方的下拉列表中选择"Single labels"，各选项的说明如下。

- No labels：无标注。
- Single labels：简单标注。
- Rule-based labeling：基于规则标注。
- Blocking：遮挡，用于调整其他图层的标注布局，防止标注被遮挡。将图层设置
  为其他图层标签的遮挡时，其本身无须呈现任何标签。

（3）在"Label with"选项中选择需要标注的字段，此处选择"NAME"。

【小提示】可以单击"Label with"右侧的按钮通过表达式创建显示的文字。

（4）单击"OK"按钮即可浏览效果。

在单一属性标注中，可以在"Text Sample"中显示标注的预览，浏览的文字可以在
其下方的文本框中进行修改，单击 按钮即可恢复文字，在其右侧可以修改在不同比
例尺下显示的文字效果；单击 按钮即可设置当前地图的比例尺；在最后的选择框可以
选择背景颜色。

可以通过文字（Text）、格式化（Formatting）、缓冲区（Buffer）、背景（Background）、阴影（Shadow）、位置（Placement）、渲染（Rendering）选项卡设置格式。

1）文字（Text）设置

文字设置包括字体（Font）、样式（Style）、文字大小及其单位（Size）、文字颜色（Color）、透明度（Opacity）、大小写（Type case）、间距（Spacing）和混合模式（Blend mode）等。样式包括常规（Regular）和加粗（Bold），通过"U"和"S"按钮可以设置添加下画线或加粗。大小写包括无变化（No change）、全部字母大写（All Uppercase）、全部字母小写（All lowercase）和单词首字母大写（Capitalize first letter）。间距包括字符间距（letter）和单词间距（word）。

选中"Apply label text substitutes"选项即可替换标签中的部分文字：选中该选项后，单击其右侧的"…"按钮即可打开"Substitutions"对话框（见图7-37），在"Text"中设置被替换文字，在"Substitution"中设置替换后的文字，选中"Case Sensitive"复选框即区分字母大小写；取消选中"Whole Word"复选框后替换所有符合的文字，选中"Whole Word"复选框后替换标签全部为"Text"设置的文字。

图7-37　标注中的文字替换选项

2）格式化（Formatting）设置

（1）多行格式（Multiple lines）。

- Wrap on character：设置特定的换行符号。
- Wrap lines to：设置每行的最大字符数或最小字符数。选中"Maximum line length"时设置最大字符数，选中"Minimum line length"时设置最小字符数。
- Line height：行高。
- Alignment：对齐设置，包括左对齐（Left）、居中（Center）和右对齐（Right）。

（2）数字格式（Formatted numbers）。

选中"Formatted numbers"复选框后可以进行以下设置。

- Decimal places：小数点后面的位数。
- Show plus sign：显示正负号。

3）缓冲区（Buffer）设置

单击"Draw text buffer"即可设置标注的缓冲区，具体的设置包括缓冲大小（Size）、颜色（Color）、透明度（Opacity）、边角样式（Pen join style）、混合模式（Blend mode）和绘制效果（Draw effects）等。边角样式包括斜角（Bevel）、直角（Miter）和圆角（Round）等（见图7-38）。

长春市　　长春市　　长春市

(a) 斜角　　　　　(b) 直角　　　　　(c) 圆角

图 7-38　缓冲区的边角样式

4）背景（Background）设置

单击"Draw background"即可设置标注的背景，具体的设置包括背景形状（Shape）、大小类型（Size type）、大小（Size）、旋转（Rotation）、偏移（Offset X,Y）、透明度（Opacity）、混合模式（Blend mode）、填充颜色（Fill color）、边框颜色（Stroke color）、边框宽度（Stroke width）和绘制效果（Draw effects）等。背景形状包括矩形（Rectangle）、正方形（Square）、椭圆形（Ellipse）、圆形（Circle）和 SVG 形状（SVG）等（见图 7-39）。大小类型包括以标签做缓冲区为基准（Buffer）和固定大小（Fixed）两种。旋转包括以标签角度旋转（Sync with label）、以标签方向为基础旋转（Offset of label）和固定角度（Fixed）等。

（a）矩形　　　（b）正方形　　　（c）椭圆形　　　（d）圆形　　　（e）SVG 形状

图 7-39　背景形状

5）阴影（Shadow）设置

单击"Draw drop shadow"即可设置标注阴影，具体的设置包括阴影基准（Draw under）、偏移量（Offset）、模糊半径（Blur radius）、透明度（Opacity）、缩放量（Scale）、阴影颜色（Color）和混合模式（Blend mode）等。阴影基准包括标注部件最外部部分（Lowest label component）、文字（Text）、缓冲区（Buffer）和背景（Background）等。

6）位置（Placement）设置

通过"Placement"设置要素标注排放位置及优先级。

点要素的"Placement"设置共有三个选项，分别是自动制图（Cartographic）、环绕点（Around point）和点位移（Offset from point）。在自动制图中，标注按照以下顺序排放：右上角、左上角、右下角、左下角、右侧、左侧、上方偏右、下方偏左（该顺序可以通过"Position priority"选项修改）。在环绕点中，标注通过指定的半径排布在点要素周围。在点位移中，可以根据指定的偏移方向和偏移距离设置标注的位置。

线要素的"Placement"设置共有三个选项，包括与沿线方向（Parallel）、跟随线（Curved）和水平（Horizontal），如图 7-40 所示。

面要素的"Placement"设置共有六个选项，分别是中心点偏移（Offset from centroid）、水平［Horizontal (slow)］、环绕点（Around centroid）、自由［Free (slow)］、沿边框方向（Using perimeter）、跟随边框［Using perimeter (curved)］等，如图 7-41 所示。

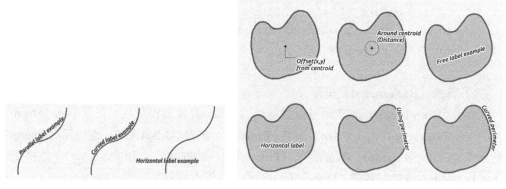

图 7-40　线要素的位置选项　　　　图 7-41　面要素的位置选项

在"Placement"设置最下方的"Priority"选项中可以设置图层标注的优先级。

7）渲染（Rendering）设置

渲染设置标注的显示比例尺（Scale dependent visibility）和分辨率（Pixel size-based visibility (label in map units)）范围。"Label z-index"用于设置该图层标注的 Z 值，当多个图层标注冲突重叠时，Z 值高的图层标注在 Z 值低的图层上方。单击"Show all labels for the layer (including colliding labels)"后，该图层的所有标注均显示，即使标注之间存在重叠。在"Data Defined"中可以通过表达式设置哪些标注显示（Show label），或者总是显示（Always show）在地图上。"Show upside-down labels"用于设置反转标签的可见性，包括总不（never）、当标注渲染被定义时（when rotation defined）和总是（always）。

在"Feature options"中，选中"Label every part of multi-part features"可以定义多部件要素的每个部件都标注；选中"Limit number of features to be labeled to"可以设置每个要素最多的标注数量。

在"Obstacles"中，可以设置该图层要素对标注的遮挡能力。

2. 工具栏

自动标注常不尽如人意，通过地图标注工具栏可以手动调整标注，各个按钮和功能如下。

- ⓐ Layer Labeling Options：打开图层标注设置。
- ⓐ Layer Diagram Options：打开图层图表设置。
- ⓐ Pin/Unpin Labels and Diagrams：锁定/解除锁定标注或图表。在标注或图表存在自定义位置的情况下，通过单击或拖动的方式可以锁定标注或图表（使用自定义位置）；按 Shift 键后单击或拖动标注或图表可以解除锁定（使用自动位置）；按 Ctrl 键后单击或拖动标注或图表切换锁定状态。
- ⓐ Highlight Pinned Labels and Diagrams：突出显示已被锁定的标注或图表。在图层可编辑的情况下，采用绿色突出显示，否则采用蓝色突出显示。

-  Show/Hide Labels and Diagrams：显示/隐藏标注或图表。按 Shift 键后单击或框选标注或图表即可使其隐藏，直接单击或框选标注或图表即可使其显示。
- Move Label and Diagram：直接拖动标注或图表。
- Rotate Label：单击标注并拖动鼠标可以使标注旋转。
- Change Label：单击标注可打开对话框修改其可见性、字体、缓冲区和显示位置等，如图 7-42 所示。

图 7-42　标注属性对话框

7.2.2　注记

使用注记（Annotation）可以在地图上增加气泡框，并在其中显示文字、表单、HTML 和 SVG。

1. 增加注记

在 Attributes toolbars 的 "T" 按钮的下拉菜单中，通过 "T Text Annotation"、" Form Annotation"、" HTML Annotation" 或 " SVG Annotation" 按钮即可分别创建文本、窗体、HTML 或 SVG 地图注记。

【小提示】窗体地图注记采用 Qt Creator 中的 UI 格式创建。

先单击上述按钮，再单击地图上的任何一个位置即可创建注记。

2. 编辑注记

新创建的注记不包含任何内容，双击注记即可对其进行编辑，例如，打开一个文本注记，弹出如图 7-43 所示对话框。

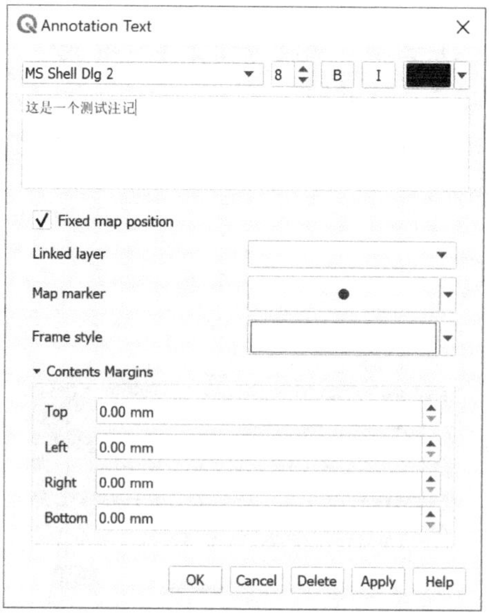

图 7-43 编辑注记对话框

在弹出的对话框中输入文本后单击"Apply"按钮，即可在注记中显示文字，如图 7-44 所示。

所有的注记都包括以下选项。

- Fixed map position：取消选中该复选框后，气泡框不随地图范围的移动而移动，并且气泡框不显示锚点（默认为红点标记弹出位置）。
- Linked layer：关联图层。设置关联图层后，注记会随图层的可见性改变可见性。
- Map marker：气泡框锚点的标记符号。
- Frame style：气泡框的符号样式。
- Contents Margins：气泡框内边距，包括上方（Top）、下方（Bottom）、左侧（Left）和右侧（Right）。

（a）含锚点的气泡框　　　（b）无锚点的气泡框　　　（c）无气泡框

图 7-44 注记效果

如果不需要注记的气泡框出现，可以在"Map marker"和"Frame style"两个符号样式中将透明度设置为 0。

3. 移动注记

在 Attributes toolbars 的"T"按钮的下拉菜单中单击" Move Annotation"按钮，即可移动注记。移动锚点时，锚点和气泡框整体均移动；移动气泡框时，锚点不移动。

7.2.3　地图提示

本小节以"jilin_county.shp"数据为例，介绍地图提示的使用方法。

1. 创建地图提示

（1）在图层属性中选择"Display"选项卡，如图 7-45 所示。

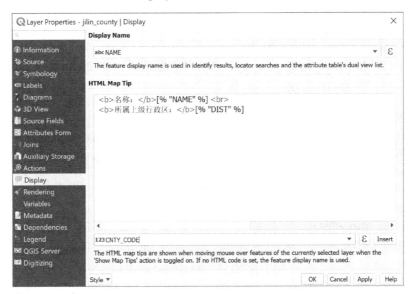

图 7-45　增加地图提示

（2）地图提示可以通过以下两种方式实现。

- 显示名称（Display Name）：直接将要素的某个字段或表达式作为地图提示的内容。例如，直接将"NAME"属性（行政区名称）作为显示内容。
- HTML 地图提示（HTML Map Tip）：通过将表达式嵌入 HTML 代码中实现地图提示。表达式通过"[% %]"的方式嵌入，例如，"[% "NAME" %]"表示行政区名称。

此处使用以下 HTML 代码作为该图层的 HTML 地图提示，设置完成后单击"OK"按钮即可。

```
<b>名称：</b>[% "NAME" %] <br>
<b>所属上级行政区：</b>[% "DIST" %]
```

嵌入的表达式也可以在文本框下方输入，单击"Insert"按钮自动插入。

【小提示】当 HTML 地图提示中有 HTML 代码时，使用 HTML 地图提示；反之，使用显示名称（Display Name）作为地图提示。

2. 显示地图提示

在 Attributes tools 的工具栏中单击"🗨"按钮，鼠标停留在图层的任何一个要素上即可显示地图提示。

7.3　地图图表

地图图表功能可以为地图矢量图层添加与要素关联的饼图（Pie chart）、文字图表（Text diagram）和直方图（Histogram）。

在矢量图层的图层属性中，通过"🐾Diagrams"选项卡左上角的下拉菜单可以选择图表类型，包括无图表（○ No diagrams）、饼图（🥧 Pie chart）、文字图表（ᵃᵇᶜ Text diagram）和直方图（📊 Histogram）。

本小节以"jilin_dist_with_prec.shp"和吉林省行政区（含 2017 年降水量）数据为例，介绍上述图表的制作方法。

1. 通用设置

由于这几种图表包含的共有选项很多，因此首先介绍各个选项的使用方法。在"Diagrams"选项卡中，选中任何一种图表后，即可出现属性（Attributes）、渲染（Rendering）、尺寸（Size）、位置（Placement）、设置（Options）和图例（Legend）六个主要选项卡。

1）属性（Attributes）

在该选项卡中（见图 7-46），需要从"Available attributes"列表中选择需要制作图表的数据，并单击"➕"按钮将其添加到"Assigned attributes"列表中。当然，也可以单击"ε"按钮通过表达式的方式添加属性。如果添加错误，选中"Assigned attributes"列表中需要删除的数据后，单击"➖"按钮即可。

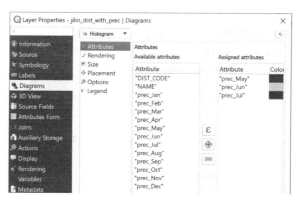

图 7-46　地图图表的属性设置

在"Assigned attributes"列表中，每条数据的右侧都显示该数据在图表中对应的颜色，双击这些颜色即可进行修改。

2）渲染（Rendering）

在"渲染"选项卡可以设置具体图表的颜色、线条宽度等。通用设置如下。

- Opacity：图表的透明度。
- Diagram z-index：设置该图层标注的 Z 值，当多个图层标注冲突重叠时，Z 值高的图层标注在 Z 值低的图层的上方。

- Show all diagrams：选中该选项后显示全部图表。另外，通过表达式还可以设置哪些图表显示（Show diagram），或者总是显示（Always show）在地图上。
- Scale dependent visibility：图表显示的比例尺范围。

3）尺寸（Size）

在该选项卡中可以设置绝对尺寸或相对尺寸。

- 绝对尺寸（Fixed size）：图表的绝对大小，随比例尺的缩放而缩放。
- 相对尺寸（Scaled size）：图表的相对大小，不随比例尺的缩放而缩放；在"Attributes"选项中，还可以根据属性对图表设置不同的大小。

4）位置（Placement）

该选项卡用于设置图表绘制的位置。对于点要素来说，包括点要素周围（Around Point）和在点要素上（Over Point）两个选项；对于线要素来说，包括线要素周围（Around Line）和在线要素上（Over Line）两个选项；对于面要素来说，包括在几何中心位置（Over Centroid）、在几何中心周围（Around Centroid）、在面要素内部（Inside Polygon）和在边缘上（Using Perimeter）四个选项。

另外，在"Coordinates"选项中，可以通过属性或表达式直接选定显示的位置。通过"Priority"选项可以设置图表显示的优先级。

5）设置（Options）

在直方图中，通过"Bar Orientation"选项可以设置直方图的方向，包括向上（Up）、向下（Down）、向左（Left）和向右（Right）。

6）图例（Legend）

该选项卡设置图表图例是否显示在地图图例中，包括标题、显示方式等设置选项。

2. 饼图

（1）打开"jilin_dist_with_prec.shp"数据，进入其图层属性的"Diagrams"选项卡，将其上方下拉菜单中的图表类型设置为"Pie chart"。

（2）在"Attributes"选项卡中，将"prec_May"、"prec_Jun"和"prec_Jul"属性加入"Assigned attributes"列表中。

（3）在"Rendering"选项卡中，在"Line color"中设置边框线颜色，默认为黑色；在"Line width"中设置边框线宽，默认为 0；在"Start angle"中设置基准点朝向，默认为向上（Top）。在"Size"选项卡中设置固定大小（Fixed size）为"20 Millimeter"。

（4）单击"OK"按钮。

3. 文字图表

（1）打开"jilin_dist_with_prec.shp"数据，进入其图层属性的"Diagrams"选项卡，将其上方下拉菜单中的图表类型设置为"Text diagram"。

（2）在"Attributes"选项卡中，将"prec_May"、"prec_Jun"和"prec_Jul"属性加入"Assigned attributes"列表中。

（3）在"Rendering"选项卡中，在"Background color"中设置背景颜色，默认为白色；在"Line color"中设置边框线颜色，默认为黑色；在"Line width"中设置边框线宽，默认为 0；在其下方的下拉框中设置字体及其大小。在"Size"选项卡中设置固定大小（Fixed size）为"20 Millimeter"。

（4）单击"OK"按钮。

4. 直方图

（1）打开"jilin_dist_with_prec.shp"数据，进入其图层属性的"Diagrams"选项卡，将其上方下拉菜单中的图表类型设置为"Histogram"。

（2）在"Attributes"选项卡中，将"prec_May"、"prec_Jun"和"prec_Jul"属性加入"Assigned attributes"列表中。

（3）在"Rendering"选项卡中，在"Bar width"中设置每个条形的宽度，默认为 5；在"Line color"中设置边框线颜色，默认为黑色；在其下方的下拉框中设置字体及其大小。在"Size"选项卡中设置相对尺寸（Scaled size），并设置数值的最大值"Maximum value"，此处设为"300"；在"Bar length"中设置直方图的长度为"30"。

（4）单击"OK"按钮。

7.4　图层样式与地图主题

7.4.1　图层样式

图层样式包括符号、标注、图表等多种图层属性。

1. 图层样式的存储与读取

图层样式可以以 XML 的形式存储在硬盘中（后缀名为"sld"或"qml"）。单击图层属性窗口左下角的"Style"下拉菜单，选择"Save Style..."命令即可存储图层样式。在"Style"下拉菜单中，选择"Load Style..."命令即可读取"sld"或"qml"文件。后缀名为"sld"的文件是符合 OGC 标准的图层符号化样式文件类型，可以用于 GeoServer 服务的发布，而 qml 是 QGIS 独有的图层属性存储格式，不仅可以包括图层样式，还可以包括标注、图表、地图提示等多种属性配置信息。

另外，在"Style"下拉菜单中，选择"Save as Default"命令即可将"qml"文件存储在与数据相同的目录下，并以相同的文件名（后缀名为"qml"）作为默认的图层样式。每当该数据被加入到 QGIS 中时，该"qml"文件图层样式就将自动被读取。单击"Style"下拉菜单中的"Restore Default"也可以恢复该"qml"文件。

2. 多样式图层

同一个图层可以同时包含多个图层样式，如图 7-47 所示。默认图层样式名称为"default"。单击"Style"下拉菜单中的"Add..."命令即可创建一个新的图层样式，此时，在该下拉菜单中就多了该图层样式选项，用户可以随时切换。单击"Style"下拉菜单中的"Rename Current…"命令即可重命名当前的图层样式；单击"Remove Current"命令即可删除当前的图层样式。但是默认图层样式"default"不能被删除。

图 7-47　图层样式管理

【小提示】在图层右键菜单的"Style"菜单中，也可以切换和管理这些图层样式。

在图层样式面板中，选择"Style Manager"选项卡，列表中包含该图层所有的图层样式，通过顶部的工具也可以对其进行增加、删除和默认设置。

3. 图层样式的复制

对于栅格图层来说，在图层右键菜单中选择"Copy Style"命令即可复制图层样式，在另一个图层的右键菜单中选择"Paste Style"命令即可粘贴图层样式。

对于矢量图层来说，图层样式包括图层配置（Layer Configuration）、符号化（Symbology）、3D 符号化（3D Symbology）、标注（Labels）、字段（Fields）、表格（Forms）、动作（Actions）、地图提示（Map Tips）、图表（Diagrams）、属性表设置（Attribute Table Settings）、渲染（Rendering）、自定义属性（Custom Properties）和几何对象配置（Geometry Options）等设置。在矢量图层右键菜单的"Copy Style"和"Paste Style"菜单中包括上述这些菜单（见图 7-48 和图 7-49），用户可以复制/粘贴上述任何一个配置，也可以复制/粘贴整个图层样式的配置。

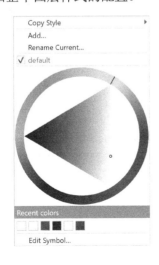

图 7-48　矢量图层右键菜单的"Style"菜单

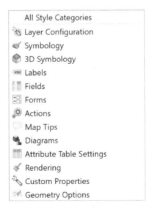

图 7-49　矢量图层右键菜单的"Style"—
"Copy Style"菜单

【小提示】当矢量图层的符号化为单一符号（Single symbol）时，通过其右键菜单的"Style"菜单，可以快速更改该图层要素的颜色，如图7-48所示。

7.4.2 地图主题

地图主题（Map Theme）与工程相关，可以控制和切换多个图层样式。在创建工程时，只存在一个默认的地图主题。地图主题可以存储当前地图图层的可见状态、多图层样式的样式选项，以及图层（组）在图层列表中的节点展开状态等。如果一个图层的图层样式仅有一个默认样式，那么在不同的地图主题切换中无法改变该图层样式，因此地图主题常需要和图层样式配合使用。

1. 增加地图主题

增加地图主题的操作如下。

（1）对每个需要在不同主题间切换样式的图层创建或选择一个图层样式。

（2）设置每个图层的可见状态，以及符号、注记、图表等选项。

（3）单击图层列表中的"👁"按钮，先在弹出的下拉菜单中选择"Add Theme…"菜单，再在弹出的对话框中输入主题名称，如图7-50所示。

图 7-50　新建地图主题

在新建另外一个地图主题时，需要将在不同主题间切换样式的图层创建或选择另外一个图层样式，此时该地图主题与图层样式发生了关联，切换地图主题时也切换了图层样式。

2. 切换地图主题

单击图层列表中的"👁"按钮，在弹出的下拉菜单中选择主题的名称即可切换地图主题。

3. 更改地图主题

设置新的图层可见性和图层样式（符号、标注、图表等）后，单击图层列表中的"👁"按钮，在弹出的下拉菜单的"Replace Theme"子菜单中选择需要替换的主题即可更改地图主题。

4. 删除地图主题

切换到需要删除的地图主题后，单击图层列表中的"👁"按钮，在弹出的下拉菜单中选择"Remove Current Theme"菜单即可删除地图主题。

7.4.3　样式管理器

样式管理器可以用于管理预设的各种符号和配色方案。单击菜单栏中的"Settings"—"Style Manager..."，弹出样式管理器（Style Manager），如图 7-51 所示。样式管理器共包括四个选项卡，分别对应标记符号（Marker）、线符号（Line）、填充符号（Fill）和配色方案（Color ramp）四种样式类别。

图 7-51　样式管理器

1. 样式管理

1）增加符号/配色方案

增加符号的方法：选中某个符号类别的选项卡，单击下方的"⊕"按钮；在弹出的对话框中配置符号后单击"OK"按钮。在弹出的"Save New Symbol"对话框（见图 7-52）中，在"Name"选项中输入名称，在"Tag(s)"选项中输入标签（标签间用逗号分隔），单击"Save"按钮即可增加符号。

图 7-52　新建符号

增加配色方案的方法：在配色方案（Color ramp）选项卡下，单击下方的"⊕"按钮，出现含有下列选项的下拉菜单。

- Gradient：增加连续的渐变配色方案（见图 7-53）。
- Color presets：增加色彩预设集配色方案（见图 7-54）。
- Random：通过色调、饱和度、明度范围和色彩数量随机创建色彩预设集配色方案（见图 7-55）。
- Catalog: cpt-city：从"cpt-city"集合中添加配色方案。
- Catalog: ColorBrewer：从"ColorBrewer"集合中添加配色方案。

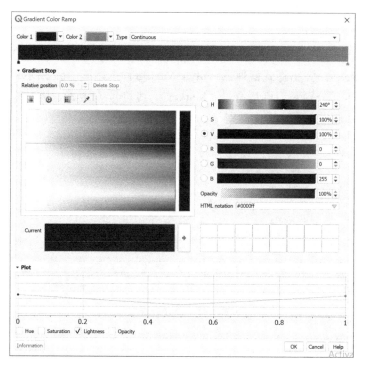

图 7-53　新建连续的渐变配色方案

图 7-54　色彩预设集配色方案

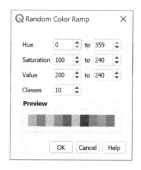

图 7-55　随机配色方案

【小提示】"cpt-city"和"ColorBrewer"是互联网上专门用于地图渲染的配色方案集合。读者可以从以下网址获得详细信息：

- http://colorbrewer2.org/#type=sequential&scheme=BuGn&n=3。
- http://soliton.vm.bytemark.co.uk/pub/cpt-city/。

2）删除符号/配色方案

选中需要删除的符号/配色方案，单击下方的"➖"按钮，在弹出的对话框中单击"yes"按钮即可。

3）编辑样式

选中需要编辑的符号/配色方案，单击下方的"✏"按钮，在弹出的对话框中编辑符号后保存即可。

4）导入符号/配色方案

单击窗口左下方的"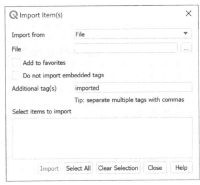Import / Export"按钮，选择"　Import Item(s)..."菜单，弹出如图 7-56 所示对话框，各选项的说明如下。

- Import from：选择导入类型，包括文件（File）和 URL。
- File/URL：输入具体的文件和 URL 位置。
- Add to favorites：加入收藏。
- Do not import embedded tags：不导入符号/配色方案的标签。
- Additional tag(s)：为符号/配色方案增加标签。
- Select items to import：选择需要导入的存在于文件/URL 中的符号/配色方案，单击下方的"Select All"按钮可选中全部符号/配色方案，单击"Clear Selection"按钮可清除选中符号/配色方案。

完成上述配置后，单击"Import"按钮即可导入符号/配色方案。

5）导出符号/配色方案

操作方法如下：单击窗口左下方的"　Import / Export"按钮，选择"　Export Item(s)..."菜单。在弹出的对话框中选择需要导出的符号/配色方案（见图 7-57），单击下方的"Select All"按钮可以选中全部符号/配色方案，单击"Clear Selection"按钮可以清除选中符号/配色方案，单击"Select by Group"按钮可以按照标签、智能群组选择。单击"Export"按钮，在弹出的对话框中选择导出文件位置。

图 7-56　导入符号/配色方案　　　　　图 7-57　导出符号/配色方案

6）导出符号为 PNG/SVG 文件

单击窗口左下方的"　Import / Export"按钮，选择"　Export Selected Symbol(s) as PNG..."和"　Export Selected Symbol(s) as SVG"菜单，可以分别将选中的符号导出为 PNG 格式和 SVG 格式。

2. 样式群组

在每种样式类别的选项卡下，左侧列表均包括收藏（Favorites）、全部（All）、标签（Tags）和智能群组（Smart Groups）四个群组。在全部群组中，可以显示当前类别下所有的符号/配色方案。

标签（Tags）群组包含当前符号所有的标签。单击具体的标签可以查看其下所有的符号。选中符号后，单击"Add Tags"按钮可以为其增加标签。在符号/配色方案的右键菜单中，选择"Add to Tag"和"Clear Tags"可以分别为其增加标签或清除标签。

在收藏（Favorites）群组下可以查看已经被收藏的群组。在符号/配色方案的右键菜单中，选择"Add to Favorites"和"Remove from Favorites"可以分别将群组添加到收藏或从收藏中移除群组。

在智能群组（Smart Groups）中可以查看所有的智能群组。单击窗口左侧的"Add Smart Group…"即可创建智能群组，如图 7-58 所示。

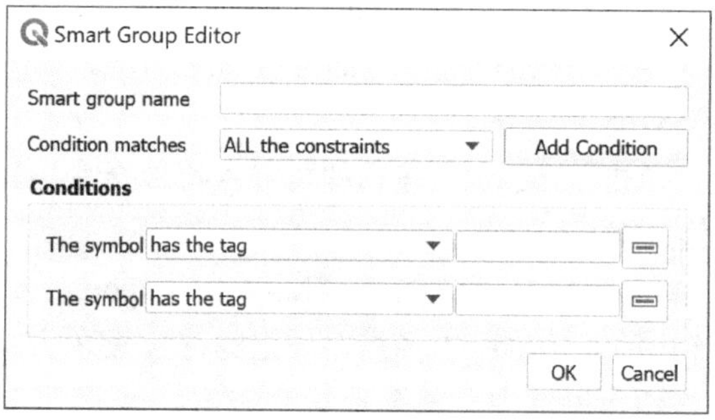

图 7-58　创建智能群组

在"Smart group name"中输入智能群组名称；在"Condition matches"中选择筛选条件之间的关系，可以选择"ALL the constraints"与关系或"any ONE of the constraints"或关系。单击"Add Condition"按钮即可增加条件。

在"Conditions"中，每行都是一个条件，单击右侧的"▭"按钮即可删除条件。条件共分为以下四种：

- The symbol has the tag：包含某标签。
- The symbol has a part of name matching：名称中包含某文本。
- The symbol dose NOT have the tag：不包含某标签。
- The symbol has NO part of the name matching：名称中不包含某文本。

单击"OK"按钮即可创建智能群组。

3. 查找符号/配色方案

在窗口右下方的"Filter symbols…"文本框或"Filter color ramps…"文本框中输入关键词，即可查找符号/配色方案。

第8章

地图制图

本章介绍如何利用 QGIS 制作并输出地图。QGIS 自带一套完整的地图制图体系，包括布局（Layout）和报告（Report）两种制图方式。布局是 QGIS 最传统的制图方案，适用于少量页面的地图制图；报告更适用于复杂大量的出图，如制作地图集、演示文稿等。在 QGIS 3 中，布局管理器（Layout Manager）用于管理布局和报告。在 QGIS 2 中，相应的工具称为合成管理器（Composer Manager）。

本章首先介绍布局的使用；随后介绍如何在布局中管理页面和各种物件，并输出地图；最后介绍报告制图方案，并介绍如何生成一个完整的地图集。

8.1 布局与布局设置

布局（Layout）包括一个或多个页面（Page），一个页面可以包括多个地图物件。在默认情况下，创建布局时会自动创建一个页面。页面本身、地图及其整饰要素（如比例尺、图例、指向标），以及相关的各类文字、表格等都属于物件（Item）。布局、页面与物件的关系如图 8-1 所示。

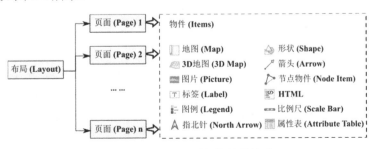

图 8-1 布局、页面与物件的关系

本小节介绍布局管理器的使用、布局（报告）的创建方法，以及布局和页面的基本设置。

8.1.1 布局管理器

本小节介绍如何使用布局管理器，以及创建、打开布局（报告）的基本方法。

1. 布局管理器

选择"File"—"⬚ Layout Manager"菜单命令即可打开布局管理器，如图 8-2 所示。布局管理器可以同时管理多个布局或报告，不同的布局可以从不同的侧面展示数据结果。例如，同一套数据在 PPT、论文和打印图件中需要不同的布局结构，利用布局管理器可以在不同应用方向、不同数据展示范围建立不同布局。

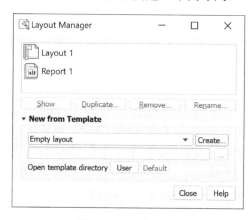

图 8-2　布局管理器

【小提示】在 ArcGIS 中，一个工程只能保存一个布局。

布局管理器的上方显示了布局和报告列表。其中，图标⬚表示布局，图标⬚表示报告。选中某项布局（报告）后，单击"Show"按钮打开相应的编辑器；单击"Duplicates…"、"Remove…"和"Rename…"按钮可以分别复制、删除和重命名布局（报告）。"New from Template"分组框可以通过模板创建布局（报告）：选中列表中相应的布局（报告）模板后，单击"Create…"按钮即可。其中，选中"Empty layout"和"Empty Report"模板可以创建空的布局和报告。另外，在"Open template directory"下，单击"User"（用户）和"Default"（默认）按钮即可打开相应的模板目录。

2. 创建布局（报告）

除了在布局管理器中通过模板创建布局（报告），还可以选择"File"—"⬚ New Print Layout…"菜单命令创建一个布局（快捷键：Ctrl+P），单击"⬚ New Report…"创建一个报告，在弹出的对话框中输入布局（报告）名称（见图 8-3），即可弹出相应的编辑器窗口。如果不输入任何名称，将自动按序号命名为"Layout 1"、"Layout2"等名称。

图 8-3　新建布局（报告）

【小提示】建议根据用途命名，如"Paper"、"Map"、"PPT"等。良好的命名习惯可以帮助用户一目了然地了解布局的用途。

3. 打开布局（报告）

除了在布局管理器中选择相应的布局（报告）后单击"Show"按钮，还可以在"File"—"Layouts"的子菜单中单击布局（报告）名称打开相应的布局（报告）。

4. 创建布局模板

在布局编辑器中，选择"Layout"—"🖫 Save as Template…"菜单命令即可将当前布局保存为模板。布局模板的后缀名为"*.qpt"，采用 XML 的形式存储布局信息。

5. 从模板中添加物件

在布局编辑器中，选择"Layout"—"📁 Add Items from Template…"菜单命令即可从模板中添加物件。

8.1.2　布局编辑器与布局设置

1. 布局编辑器

创建或打开布局后，即可弹出布局编辑器窗口。布局编辑器与 QGIS 主窗体类似，包括页面区域、菜单栏、工具栏、面板、状态栏等。其中，页面区域（Page Area）显示布局中所有的页面，如图 8-4 所示。

图 8-4　布局编辑器窗口

菜单栏包括布局（Layout）、编辑（Edit）、视图（View）、物件（Items）、增加物件（Add Item）、地图集（Atlas）和设置（Settings）菜单；工具栏包含常用的功能；面板包含特定功能的集合。常见的页面包括：

- Items（物件）：显示布局中所有的物件及其控制选项。
- Undo History（历史管理器）：管理布局编辑器中的各项操作，用于撤销和重复操作。
- Layout（布局）：布局设置。
- Item Properties（物件属性）：设置选中物件的各种属性。
- Guides（参考线）：设置页面参考线及其位置。

状态栏包括选中物件数量、鼠标位置、当前页面、页面放大比例等。如图 8-4 所示，"1 item selected"表示已经选中一个物件；"x:240 mm y: 0mm"表示鼠标在页面中最后的位置；"page: 1"表示当前页面为第 1 页面；"72.2%"表示页面缩放比例，可以手动修改，或者通过右侧的拖拉条拖动修改。

2. 布局设置

在"Layout"面板中可以对布局进行设置，包括通用设置（General Settings）、参考线和网格（Guides and Grid）、导出设置（Export Settings）、根据内容裁剪布局大小（Resize Layout to Content）和变量（Variables）等。

在通用设置中，通过"Reference map"选项可以设置参考地图。例如，导出设置中的导出分辨率等设置需要以"Reference map"选项所选的地图为基准。

参考线（Guide）是指页面中横向或竖向的虚拟辅助线，网格（Grid）是指等间距线条排列形成的网格（在页面中只显示网格点），如图 8-5 所示。参考线和网格都可以捕捉物件的节点，以整齐地排列它们。在参考线和网格设置中可以设置网格间距（Grid spacing）和偏移量（Grid offset），以及捕捉参考线和网格的容差（Snap tolerance）。

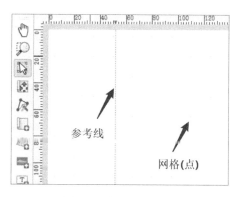

图 8-5　参考线与网格

在导出设置中，"Export resolution"选项用于设置导出的分辨率；选中"Print as raster"选项后，导出的地图中的所有物件均被栅格化（即使导出为 SVG 等矢量格式）；选中"Always export as vectors"选项后，如果导出的格式允许，则将物件保存为矢量数据（该选项与"Print as raster"冲突,二者只能任选其一);选中"Save world file"选项即可保存布局参考地图的 World 文件。

通过根据内容裁剪布局大小分组框,可以按照内容对布局的大小进行调整:在"Margin units"中选择边距单位;在"Top/Bottom/Left/Right margin"中设置各个边的边距,单击"Resize layout"按钮即可裁剪布局。

在变量设置中,可以查看、创建和删除全局变量(Global)、工程变量(Project)和布局变量(Layout)。

8.1.3　页面与页面设置

本小节介绍页面创建、页面删除、页面设置和参考线设置。

1. 创建页面

在布局编辑器的菜单栏中选择"Layout"—"Add Pages..."命令,在弹出的对话框中输入创建页面的数量、插入位置及页面大小,单击"OK"按钮即可创建页面,如图 8-6 所示。在"Insert Pages"对话框中,"Insert ** page(s)"(**表示输入的数值)选项用于设置插入页面的数量,在其下方选择并输入插入位置,包括在指定页面前插入(Before Page)、在指定页面后插入(After Page)和在最后插入(At End)。在"Page Size"组合框中可以设置页面大小,具体的设置方法参见后文。

2. 删除页面

在页面上右击,在弹出的快捷菜单中选择"Remove Page"命令即可删除页面。但是,当布局中只有一个页面时,该页面无法被删除。

3. 页面设置

在任何一个页面的空白处右击,在弹出的快捷菜单中选择"Page Properties..."命令(或者选择"Layout"—"Page Properties..."菜单命令),"Item Properties"面板即显示页面属性,如图 8-7 所示。

图 8-6　创建页面

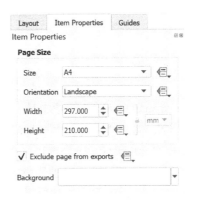

图 8-7　页面属性

在"Page Size"组合框中可以修改页面的尺寸、方向等,"Size"选项用于设置预设页面预设的尺寸;在"Orientation"选项中设置方向,包括横向(Landscape)和纵向(Portrait);通过"Width"和"Height"选项可以自定义页面大小;在"Exclude page from exports"中可以设置导出地图时忽略页面;在"Background"中可以设置页面背景。

另外,在菜单栏中选择"Layout"—"Page Setup..."菜单命令(快捷键:Ctrl+Shift+P),在弹出的对话框中也可以设置页面大小。从图 8-7 可知,创建一个布局时会自动创建一个 A4 大小的横向页面(高度为 210 毫米,宽度为 297 毫米)。

【小提示】此处的页面大小设置常和"Layout"面板下面的根据内容裁剪布局大小(Resize Layout to Content)功能配合使用。根据内容裁剪布局大小后,页面的尺寸常常不是整数,这样发表论文或打印地图就会非常麻烦,此时只需要在页面属性中修改需要的尺寸即可。

4. 参考线设置

参考线设置界面的最上方显示编辑参考线的当前页面"Guides for page 1"(见图 8-8),当前页面是指页面区域的中心显示的页面。如果用户想编辑其他页面属性,将需要修改的页面移动到页面区域的中心位置即可。

图 8-8 参考线设置

"Horizontal Guides"选项中显示横向的参考线,并且可以在列表中手动更改参考线的精确位置,单击"⊞"和"⊟"按钮可以增加或删除这些参考线。类似的,纵向参考线可以在"Vertical Guides"选项中进行设置。横向参考线是以页面左侧为基准的距离,纵向参考线是距离页面上方的距离。

另外,在页面标尺上按住鼠标左键,将其拖入页面中也可以创建参考线。在参考线在标尺上的位置处按住鼠标左键,并将其拉出页面,即可删除参考线。

8.2 物件及其设置

地图物件包括地图（Map）、3D 地图（3D Map）、图例（Legend）、比例尺（Scale Bar）、图片（Picture）、标签（Label）、HTML、属性表（Attribute Table）、几何图形（Shape）、箭头（Arrow）、节点物件（Node Item）等。这些物件均可以通过工具栏或菜单栏的"Add Item"命令添加到页面中。本小节介绍上述物件的插入方式，以及相应的属性设置。

8.2.1 地图物件

1. 地图

本小节以"jilin_dem.qgz"工程为例，介绍地图的使用方法。打开该工程的地图编辑器后，选择"Add Item"—"▣ Add Map"菜单命令（或者在工具栏中单击"▣"按钮），在页面上拖曳鼠标选择插入区域后即可创建一个地图物件。另外，单击地图上的某个点，在弹出的对话框（见图 8-9）中输入插入页面（Page）、X 坐标（X）、Y 坐标（Y）、宽度（Width）、高度（Height）及参考点（Reference Point）后，单击"OK"按钮即可精确地摆放物件。

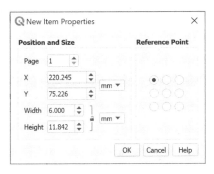

图 8-9 新建地图物件

此时，地图物件中显示了 QGIS 主窗口地图视图的渲染效果（QGIS 也会根据地图画布长宽比例的变化进行调整，以显示更加完整的地图范围）。用户可以通过移动内容手动对地图显示的范围进行微调：选中地图物件后，单击左侧的"▣"按钮，利用鼠标滚轮即可放大、缩小显示范围，利用拖曳的方式平移地图，以便获得最佳效果（按住 Ctrl 键微调）。调整完毕以后，单击左侧的"▣"按钮切换到选择/移动物件模式。

布局编辑器常见的状态切换及其快捷键如表 8-1 所示（在"Edit"菜单下也可以找到这些切换菜单）。

表 8-1 布局编辑器常见的状态切换及其快捷键

模式切换菜单	切 换 菜 单	快 捷 键
移动布局模式	⍓ Pan Layout	P
缩放模式	⌕ Zoom	Z

续表

模式切换菜单	切 换 菜 单	快 捷 键
选择/移动物件模式	⬚ Select/Move Item	V
移动内容模式	⬚ Move Content	C

2. 物件通用属性

选择需要设置属性的地图物件，在"Item Properties"面板中即可对地图进行设置，包括主要属性（Main Properties）、图层（Layers）、范围（Extents）、地图集控制（Controlled by Atlas）、网格（Grids）、缩略范围（Overviews）、位置和尺寸（Position and Size）、旋转（Rotation）、边框（Frame）、背景（Background）、物件 ID（Item ID）、渲染（Rendering）和变量（Variables）。其中，位置和尺寸、旋转、物件 ID、渲染和变量属于物件通用设置，在所有的物件属性中都可以找到这些选项，下面介绍其使用方法。

1）位置和尺寸（Position and Size）

位置和尺寸属性与通过单击页面的方式创建地图时弹出的对话框类似，包括物件所在页面（Page）、X 坐标（X）、Y 坐标（Y）、宽度（Width）、高度（Height）及参考点（Reference Point）等选项（见图 8-10）。

【小提示】如果需要同比例放大、缩小高度和宽度（保持宽高比），单击选项右侧的"🔓"按钮，切换到比例锁定状态"🔒"即可。此时修改宽度和高度中的任何一个值，另一个值都会随之缩放。另外，用同样的方法也可以等比例修改 X、Y 坐标。

2）旋转（Rotation）

该属性用于修改物件的旋转角度。旋转中心为物件的中心，方向为顺时针旋转（见图 8-11）。

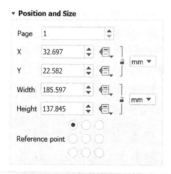

图 8-10　位置和尺寸属性

图 8-11　旋转属性

3）物件 ID（Item ID）

该属性用于设置物件的标识字符（名称）。该字符会在"Items"面板中显示，以便于区分不同的物件（见图 8-12）。

4）渲染（Rendering）

渲染组合框包括混合模式（Blending mode）、透明度（Opacity）和导出时忽略物件（Exclude item from exports）三个选项。当勾选导出时忽略物件选项时，导出地图时该物件将不被导出。

5）变量（Variables）

在变量属性中，可以查看、创建和删除全局变量（Global）、工程变量（Project）、布局变量（Layer）和布局物件变量（Layout Item）等（见图 8-13）。

图 8-12　物件 ID（名称）

图 8-13　变量属性

3. 地图物件设置

下面介绍地图物件设置。

1）主要属性（Main Properties）

在主要属性中可以更新地图物件预览，设置比例尺、旋转角度、坐标系等（见图 8-14），各选项包括：

- Update Preview：更新地图物件预览；当 QGIS 主界面地图画布图层发生改变时，并不会第一时间更新地图物件的内容，单击该按钮会更新预览。
- Scale：设置地图的比例尺。
- Map rotation：设置地图旋转角度（顺时针）。
- CRS：更改地图坐标系。

图 8-14　地图物件的主要属性

2）图层（Layers）

图层包括地图主题选择（Follow map theme）、图层锁定（Lock layers）和图层样式锁定（Lock styles for layers）三个选项，如图 8-15 所示。锁定图层后，在 QGIS 主界面中改变图层可见性时不会影响地图物件的图层可见性。锁定图层样式后，在 QGIS 主界面中修改图层样式时不会影响地图物件的图层样式。

3）范围（Extents）

在范围中可以对地图的显示范围进行设置，如图 8-16 所示，"X min"、"Y min"、

"X max"和"Y max"分别代表地图范围的 X 坐标最小值、Y 坐标最小值、X 坐标最大值和 Y 坐标最大值。单击"Set to map canvas extent"按钮，可以将地图物件的显示范围设置为主界面的地图画布的显示范围；单击"View extent in map canvas"按钮，将主界面的地图画布的显示范围设置为地图物件的显示范围。

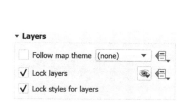

图 8-15　地图物件的图层属性

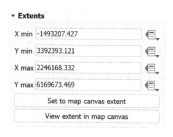

图 8-16　地图物件的范围属性

4）地图集控制（Controlled by Atlas）

地图集的各项功能在后文会详细介绍。

5）网格（Grids）

通过网格设置可以在地图上生成有规律的格网，如经纬网、坐标网等。在网格组合框中，如图 8-17 所示，列表中显示所有的网格对象，并且这些网格的显示是具有叠加顺序的：在列表上方的网格显示在上层，在列表下方的网格显示在下层。单击"➕"按钮即可增加网格。选中网格后，单击"➖"按钮即可删除网格；单击"▲"按钮将网格上移一层；单击"▼"按钮将网格下移一层。在列表中双击网格即可进行重命名操作；通过"Draw grid"选项可以切换网格的可见性。

图 8-17　地图物件的网格管理

新创建的网格不会在地图物件中显示任何网格线，单击"Modify grid…"按钮即可对网格的各项属性进行设置。网格设置包括外观（Appearance）、边框（Frame）和坐标显示（Draw Coordinates）等主要组合框（见图 8-18）。

外观组合框的各选项如下。

- Grid type（网格类型）：包括实线（Solid）、十字交叉点（Cross）、交叉点标记（Markers）、仅显示边框和标注（Frame and annotations only），选择仅显示边框和标注将不会显示网格。在实线（Solid）类型下，"Line style"选项用于设置实线的样式；在十字交叉点（Cross）类型下，"Line style"用于设置十字交叉线的样式；在交叉点标记（Markers）类型下，"Marker style"用于设置交叉点标记的样式。

- CRS（坐标系）：网格线的坐标系。例如，在投影坐标系中显示经纬网时，选择 WGS84 等类似的地理坐标系。

- Interval units（网格间隔单位）：地图单位（Map unit）、毫米（Millimeter）和厘米（Centimeter）。其中，地图单位采用实际距离，毫米和厘米采用图上距离。

- Interval（间隔）：选择 X 坐标和 Y 坐标的网格间隔。

- Offset（网格偏移）：网格线相对在坐标系 X 和 Y 方向上的偏移量。

- Blend mode（混合模式）：网格显示的混合模式。

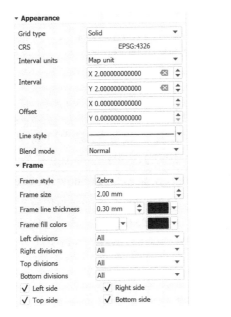

图 8-18　地图物件的网格属性

边框组合框的各选项如下。

- Frame style（边框样式）：无边框（No frame）、斑马边框（Zebra）、内标记（Interior ticks）、外标记（Exterior ticks）、内外标记（Interior and exterior ticks）、简单边框（Line Border）等（见图 8-19）。

- Frame size（边框尺寸）：用于设置斑马边框的宽度，以及内、外标记的长度。在简单边框（Line Border）下不可用。

- Frame line thickness（边框线宽）：边框线的宽度和颜色。

- Frame fill colors（边框填充颜色）：边框填充颜色。只在斑马边框（Zebra）下可用，默认为白色。

- Left/Right/Top/Bottom divisions（左/右/上/下边框的分割点条件）：全部（All）、仅 Y 坐标/纬度（Latitude/Y only）和仅 X 坐标/经度（Longitude/X only）。选择全部时边框显示全部标记（斑马边框被分割颜色块），选择仅 Y 坐标/纬度或仅 X 坐标/经度时分别显示相应的标记。

- Left/Right/Top/Bottom side（左/右/上/下边框是否显示）：取消勾选该复选框后，在相应位置不显示边框。

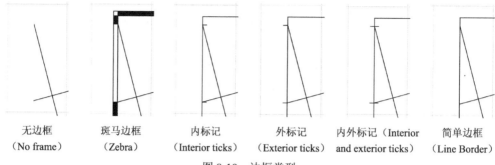

| 无边框
（No frame） | 斑马边框
（Zebra） | 内标记
（Interior ticks） | 外标记
（Exterior ticks） | 内外标记（Interior
and exterior ticks） | 简单边框
（Line Border） |

图 8-19　边框类型

坐标显示组合框的各选项如下。

- Format（格式）：坐标显示格式，选项和示例如表 8-2 所示。
- Left/Right/Top/Bottom（左/右/上/下坐标显示选项）：设置左/右/上/下标签的显示坐标内容（第一个选项）、显示位置（第二个选项）、显示方向（第三个选项）。其中，显示坐标内容可以选择为全部（Show all）、仅显示纬度（Show latitude only）、仅显示经度（Show longitude only）和不显示（Disabled）等；显示位置可以设置为边框内显示（Inside frame）和边框外显示（Outside frame）；显示方向可以设置为水平显示（Horizontal）、从下到上竖直显示（Vertical ascending）和从上到下竖直显示（Vertical descending）。
- Font（字体）：显示坐标的字体。
- Font color（字体颜色）：显示坐标的字体颜色。
- Distance to map frame（距离地图边框的距离）：显示坐标距离地图边框的距离。
- Coordinate precision（精度）：坐标小数点后的保留位数。

表 8-2　坐标显示格式

选　　项	说　　明	示　　例
Decimal	十进制	113.00
Decimal with suffix	十进制（含后缀）	113.00E
Degree minute	度分	113° 0.00′
Degree minute with suffix	度分（含后缀）	113° 0.00′ E
Degree minute aligned	度分（含后缀且对齐）	113ᵘ 00.00′ E
Degree minute second	度分秒	113° 0′ 0′′
Degree minute second with suffix	度分秒（含后缀）	113° 0′ 0′′ E
Degree minute second aligned	度分秒（含后缀且对齐）	113° 00′ 00′′ E
Custom	利用表达式进行高级设置	-

6）缩略范围（Overviews）

缩略范围组合框用于将一个地图物件（主地图）的显示范围标记在另一个地图物件

（缩略图）中。

一个缩略图可以显示多个地图物件的缩略范围，每个缩略范围都可以单独进行设置。缩略范围组合框中存在一个缩略范围列表，单击"🔳"、"🔳"、"▲"和"▼"按钮分别增加、删除、上移和下移缩略范围。选中一个缩略范围后，在其下方的选项中可以对其属性进行设置，包括：

- Draw"\<overview_name\>"overview：缩略范围的可见性，"\<overview_name\>"表示缩略范围名称。
- Map frame：选择显示缩略范围的地图物件。
- Frame style：缩略范围显示样式。
- Blending mode：混合模式设置。
- Invert overview：反转显示，勾选该复选框后显示地图物件以外的地图范围。
- Center on overview：在缩略图中居中缩略范围。

7）边框（Frame）

勾选边框组合框后即可显示地图的边框，并可以设置颜色（Color）、宽度（Thickness）和边角样式（Join style），如图 8-20 所示。边角样式包括斜角（🔳Bevel）、直角（🔳Miter）和圆角（🔳Round）三种。

8）背景（Background）

勾选背景组合框后即可为地图增加背景，并可以在其下方的"Color"选项中设置背景颜色，如图 8-21 所示。

图 8-20　地图物件的边框设置　　　　图 8-21　地图物件的背景设置

4. 3D 地图

在创建地图物件之前，需要在 QGIS 主窗口中添加 3D 地图视图。下面在"2.4.1 地图视图控制"基础上进行 3D 地图物件的操作，具体方法如下。

（1）在 3D 地图视图中调整好相机位置并设置参数。

（2）在布局编辑器的菜单栏中选择"Add Item"—"🔳 Add 3D Map"命令（或者在工具栏中单击"🔳"按钮），选择插入区域后即可创建一个 3D 地图物件，此时该物件中无内容，显示"Scene not set（未设置场景）"字样。

（3）在 3D 地图物件的属性中（见图 8-22），单击"Copy Settings from a 3D View..."按钮，并选择需要的 3D 地图视图，即可在 3D 地图物件中显示视图中的内容，还可以对相机的位置、角度和焦距进行设置，包括 X 坐标（Center X）、Y 坐标（Center Y）、Z 坐标（Center Z）、相机焦距（Distance）、俯仰角（Pitch）和偏航角（Heading）等。

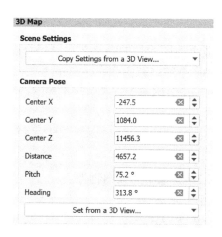

图 8-22　3D 地图物件属性设置

另外，3D 地图还存在边框（Frame）和背景（Background）组合框，可以参考地图的相应内容进行设置。

8.2.2　地图的三要素：图例、比例尺和方向标

一个完整的地图包括图例、比例尺和方向标三个基本要素。图例和比例尺均有对应的物件可以将其添加到布局中；方向标则需要通过图片将其添加进来。本小节以"jilin_dem.qgz"文件为例，对地图的三要素的添加和使用进行介绍。

1. 图例及其属性

在菜单栏中选择"Add Item"—" Add Legend"命令（或者在工具栏中单击" "按钮），选择插入区域后即可创建一个图例物件，如图 8-23 所示。此时，图例物件中自动填充显示"Layout"属性中设置的参考地图的图例。

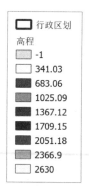

图 8-23　"jilin_dem.qgz"项目的图例效果

图例设置选项包括主要属性（Main Properties）、图例项（Legend Items）、字体（Fonts）、列（Columns）、符号（Symbol）、WMS 图例图形（WMS LegendGraphic）、间距（Spacing）、边框（Frame）和背景（Background）等，如图 8-24 所示。

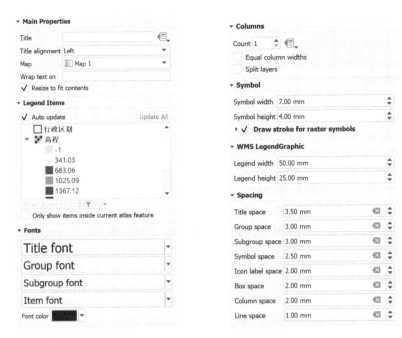

图 8-24　图例设置选项

1）主要属性（Main Properties）

主要属性包括以下选项。

- 图例标题设置（Title）。
- 标题对齐方向（Title alignment）：左对齐（Left）、居中对齐（Center）和右对齐（Right）。
- 参考地图（Map）：图例对应的地图通过参考地图选项进行关联。
- 回车字符（Wrap text on）：设置了回车字符后，在图例文字中出现了该字符后就自动换行。
- 自动调整适合图例内容的尺寸（Resize to fit contents）。

2）图例项（Legend Items）

在图例项组合框中，图例列表显示图例中所有的图例元素。图例元素包括组（Group）、子组（Subgroup）和项（Item）。组可以包含若干个子组，子组可以包含若干项。项是最小的图例单位，用于标明具体的符号和颜色配色。在默认情况下，每个图层都是一个子组，图层中的每个符号设置都是一个项。在非自动更新图例项时，在图层子组上右击，可以将其在组（Group）和子组（Subgroup）之间切换，单击"Reset to Defaults"可以将其重置为默认设置。在任何一个组（子组）上右击，在弹出的快捷菜单中选择"Hidden"命令，可将文字隐藏。

单击图例列表上方的"Update All"按钮，可以通过参考地图的图层列表自动填充图例项，或者勾选"Auto update"复选框自动更新图例项。通常，在绝大多数情况下，需要取消勾选"Auto update"复选框，取消勾选该复选框后，图例各项的文字可以手动修改，并且可以通过以下按钮对各个图例项的顺序等进行设置。

- ▲：向上移动图例项。
- ▼：向下移动图例项。
- ⊞：增加组。
- ⊕：添加图层图例。
- ⊟：删除图层图例。
- ✎：编辑图例项文字。
- Σ：统计并添加该图例项对应的要素数量。
- ▽：通过地图内容过滤图例。
- ε_□：通过表达式筛选图例。

选中"Only show items inside current atlas feature"复选框后仅显示地图集中当前地图存在的要素图例。

3）字体（Fonts）

该组合框包括标题字体（Title font）、组字体（Group font）、子组字体（Subgroup）、图例项字体（Item font）及字体颜色（Font color）。

4）列（Columns）

通过"Count"选项可以设置图例的列数；选中"Equal column widths"复选框可以将所有列的宽度统一。在默认情况下，同一个图层的所有图例项都显示在同一列，选中"Split layers"复选框可以将一个图层的图例项显示在多个列中。

5）符号（Symbol）

通过"Symbol width"和"Symbol height"选项可以设置每个图例项的符号大小。选中"Draw stroke for raster symbols"复选框后，栅格图层符号都被添加边框。

6）WMS 图例图形（WMS LegendGraphic）

当地图以 WMS 服务的形式发布时，图例的图形显示大小可以在"Legend width"和"Legend height"选项中进行设置。

7）间距（Spacing）

该组合框可以设置图例中各个组成部分之间的间距，包括标题与内容的间距（Title space）、组间距（Group space）、子组间距（Subgroup space）、符号间距（Symbol space）、符号与文字间距（Icon label space）、图例边距（Box space）、列间距（Column Space）和行间距（Line Space）等。

2. 比例尺及其属性

在菜单栏中选择"Add Item"—"⊟ Add Scale Bar"命令（或者在工具栏中单击"⊟"按钮），选择插入区域后即可创建一个比例尺物件。

在"Item Properties"面板中可以根据实际需求调整比例尺的各种属性，包括主要属性（Main Properties）、单位（Units）、分段（Segments）、显示（Display）、字体和颜色（Fonts and Colors）、边框（Frame）和背景（Background）等，如图 8-25 所示。

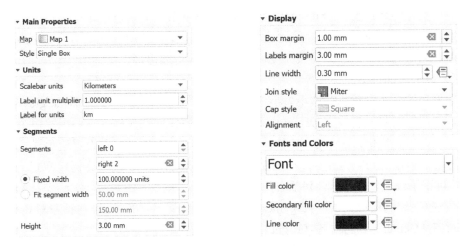

图 8-25　比例尺的设置选项

1）主要属性（Main Properties）

在"Map"中设置比例尺的参考地图，默认情况下为布局属性设置的参考地图；在"Style"中设置比例尺的样式，主要包括单盒比例尺（Single Box）、双盒比例尺（Double Box）、中刻度线段比例尺（Line Ticks Middle）、下刻度线段比例尺（Line Ticks Down）、上刻度线段比例尺（Line Ticks Up）和数字比例尺（Numeric），如图 8-26 所示。

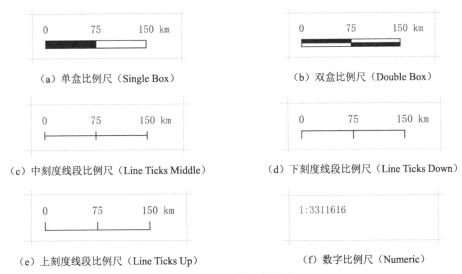

（a）单盒比例尺（Single Box）　　　　　　（b）双盒比例尺（Double Box）

（c）中刻度线段比例尺（Line Ticks Middle）　　（d）下刻度线段比例尺（Line Ticks Down）

（e）上刻度线段比例尺（Line Ticks Up）　　　（f）数字比例尺（Numeric）

图 8-26　比例尺的样式

2）单位（Units）

在"Scalebar units"中设置单位；通过"Label unit multiplier"设置数值的缩放比例；通过"Label for units"设置单位文字。

3）分段（Segments）

在"Segment"中可以设置原点左右两侧的分段数，"left"表示原点左侧的段数，"right"表示原点右侧的段数。选中"Fixed width"单选按钮后，可以固定比例尺单个分段代表的实际距离；选中"Fit segment width"单选按钮后，可以固定比例尺单个分段的图上距离长度。在"Height"中可以设置比例尺的高度，在使用双盒比例尺（Double Box）样式时，通常增加一倍的比例尺高度可以使其显得更加协调。

4）显示（Display）

比例尺的显示参数包括边距大小（Box margin）、标签边距（Labels margin，标签和比例尺之间的距离）和线宽（Line width）等。在数字比例尺样式下，标签边距和线宽不可用。在单盒比例尺和双盒比例尺样式下，"Join style"可用于设置边角样式，包括斜角（Bevel）、直角（Miter）和圆角（Round）三种。在线段比例尺样式下，"Cap style"可用于设置段点样式，包括方形（Square）、扁平（Flat）和圆形（Round）三种。在数字比例尺样式下，"Alignment"可用于设置文字对齐方式，包括左对齐（Left）、居中对齐（Center）和右对齐（Right）三种。

5）字体和颜色（Fonts and Colors）

在该组合框中可以设置比例尺文字的字体和大小，以及填充颜色（Fill color）、第二填充颜色（Secondary fill color）和线颜色（Line color）等。

3. 图片及其属性

在菜单栏中选择"Add Item"—" Add Picture"命令（或者在工具栏中单击" "按钮），选择插入区域后即可创建一个图片物件。

图片物件的属性包括主要属性（Main Properties）、搜索目录（Search Directories）、SVG 参数（SVG Parameters）、图像旋转（Image Rotation）、边框（Frame）和背景（Background）等，如图 8-27 所示。

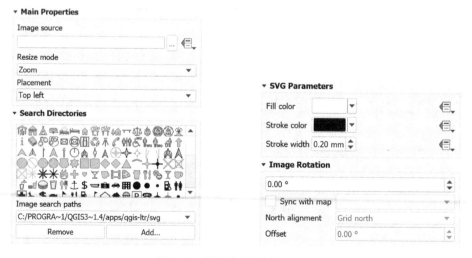

图 8-27　图片物件的属性设置

1）主要属性（Main Properties）

在"Image source"中可以设置图片的位置；在"Resize mode"中设置图片自适应模式；在"Placement"中设置基准位置。图片自适应模式包括缩放（Zoom）、拉伸（Stretch）、裁剪（Clip）、缩放并自动按比例设置物件尺寸（Zoom and resize frame）和将物件尺寸设置为图片尺寸（Resize frame to image size）。基准位置包括左上（Top left）、正上（Top center）、右上（Top right）、靠左（Middle left）、中央（Middle）、靠右（Middle right）、左下（Bottom left）、正下（Bottom center）和右下（Bottom right）。

2）搜索目录（Search Directories）

在搜索目录中可以使用 QGIS 自带的 SVG 图形库。在列表中单击 SVG 图形即可选中应用。

【小提示】在默认情况下，SVG 图形库存储在安装目录的"\.apps\qgis-ltr\svg"目录下。例如，在 Windows 操作系统未修改安装目录的情况下，QGIS 3.4 64 位的 SVG 图形库在"C:\Program Files\QGIS 3.4\apps\qgis-ltr\svg"中。

3）SVG 参数（SVG Parameters）

对于 SVG 图形而言，在"Fill color"中可以设置填充颜色；在"Stroke color"中可以设置线条颜色；在"Stroke width"中可以设置线条宽度。

4）图像旋转（Image Rotation）

在该组合框中可以输入角度旋转图形（以正上方为基准，顺时针旋转）。选中"Sync with map"复选框可以将其与地图的旋转角度同步，这在为地图设置指北针（方向标）时非常实用。在"North alignment"中可以设置方向，包括网格北（Grid north）和真北（True north）；在"Offset"中可以设置图片在真北方向的偏移量。

【小提示】真北指地球北极的方向。网格北也称为坐标北，是指在投影坐标系下 Y 轴的指向，但是由于投影坐标系变形，坐标北并不一定指向真北方向。

4．方向标

下面以"jilin_dem.qgz"工程为例，介绍添加指北针（方向标）的具体操作。

（1）在布局编辑器中，通过工具栏中的" 🅰 "按钮插入指北针，或者通过工具栏中的" 🖻 "按钮插入图片，并在"Search Directories"中找到合适的指北针 SVG 图形，如图形 ⚞。

（2）在"Image Rotation"中选中"Sync with map"复选框，将地图选择为参考地图"Map 1"，并将"North alignment"设置为"True north"。

【小提示】通过" 🅰 "按钮添加的指北针物件实际上也是图片物件，只是其提供了更快捷地创建指北针的方式。

5．线性假彩色栅格渲染的图例

本小节使用的"jilin_dem.qgz"文件中的 DEM 采用的是单波段假彩色线性渲染，使用颜色连续分布的配色方案，但是在图例中只显示各段点的配色和数值。下文将介绍通过形状物件和标签物件配合的方式为单波段线性假彩色渲染提供连续配色方案图例的方法，如图 8-28 所示。

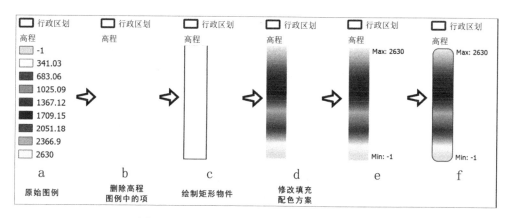

图 8-28　线性假彩色栅格渲染的图例制作流程

具体操作步骤如下。

（1）在布局编辑器中插入图例，在"Legend Items"中取消勾选"Auto update"复选框，并将高程子组下的各个图例项删除。

（2）在菜单栏选择"Add Item"—"Add Shape"—"Add Rectangle"命令，并在画布上绘制矩形物件。

（3）点选矩形，进入"Item Properties"面板（为了美观，可以适当调整"Corner radius"选项增加圆角）。

（4）在属性设置中单击"Style"，将"Simple Fill"填充符号的"Symbol layer type"修改为"Gradient Fill"类型；在其下方选中"Color ramp"复选框，并单击右侧的配色方案，在弹出的对话框中切换到本例中的 DEM 使用的配色方案。在"Rotation"中输入180°，可以将其旋转倒置。（此时，在"Gradient Fill"的上方可以添加一个"Simple Fill"，并将其填充颜色设置为透明，即可为该符号增加一个边框）。

（5）将矩形物件放置在图例下方合适的位置，作为图例符号。

（6）为图例符号增加标签物件，添加最大值和最小值的文本即可。最小值文本可以通过表达式从栅格波段计算出来，如"Min: -1"可以替换为：

```
Min: [% raster_statistic( <raster_layer>, 1, 'min')%]
```

将"<raster_layer>"字符串替换为栅格图层。同理，"Max: 2630"可以替换为：

```
Max: [% raster_statistic( <raster_layer>, 1, 'max')%]
```

8.2.3　文字物件：标签与 HTML

1. 标签及其属性

在菜单栏中选择"Add Item"—"Add Label"命令（或者在工具栏中单击"按钮），选择插入区域后即可创建一个标签物件。

标签属性包括主要属性（Main Properties）、外观（Appearance）、边框（Frame）和背景（Background）等，如图 8-29 所示。

236

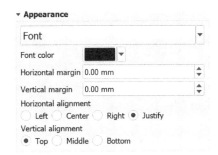

图 8-29　标签物件的属性设置

1）主要属性（Main Properties）

在文本框中输入标签文本，选中"Render as HTML"复选框即可将其作为 HTML语言文本。另外，单击"Insert as Expression…"按钮即可插入表达式，被插入的表达式被"[% %]"代码包围。例如，显示某图层的要素数量可以通过以下代码实现：

要素数量为：[% aggregate(<vector_layer>, 'sum', 1)%]

将"<vector_layer>"字符串替换为需要统计的矢量图层，例如，将其替换为"jilin_dist"图层时，页面中的标签文本显示为：

要素数量为：9

2）外观（Appearance）

单击"Font"按钮的下拉按钮，并选择字体和文字大小；在"Font color"中选择字体颜色；在"Horizontal margin"和"Vertical margin"中可以分别设置水平边距和垂直边距；在"Horizontal alignment"和"Vertical alignment"中可以分别设置水平方向和垂直方向的对齐方式。水平对齐方式包括靠左（Left）、居中（Center）、靠右（Right）和两端对齐（Justify）。垂直对齐方式包括靠上（Top）、居中（Middle）和靠下（Bottom）。

2. HTML 及其属性

在菜单栏中选择"Add Item"—"▣ Add HTML"命令（或者在工具栏中单击"▣"按钮），选择插入区域后即可创建一个 HTML 物件。

HTML 属性包括 HTML 源（HTML Source）、框架（Frames）、使用智能页面分割（Use Smart Page Breaks）、用户层叠样式表（User Stylesheet）、边框（Frame）和背景（Background）等，如图 8-30 所示。

1）HTML 源（HTML Source）

HTML 文本可以通过 URL 地址获取，也可以通过文本框输入。与标签物件类似，HTML 物件也可以通过单击"Insert an Expression"按钮插入表达式。但是，必须选中"Evaluate QGIS expressions in HTML source"复选框才可以在 HTML 物件中解析 QGIS表达式，并显示结果。更改 HTML 源中的文本不会直接改变 HTML 物件中的显示，需要单击"Refresh HTML"按钮更新结果。

 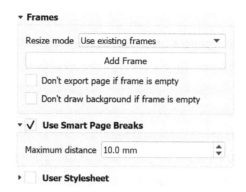

图 8-30　HTML 物件的属性设置

2）框架（Frames）

通过框架设置可以将 HTML 物件进行扩展。在"Resize mode"选项中可以设置自动尺寸模式，包括：

- Use existing frames（使用已经存在的框架显示）：在该选项下不能显示完整的 HTML 页面，但是可以通过单击"Add Frame"按钮增加 HTML 物件来继续显示页面。
- Extend to next page（扩展框架到下一页）：扩展多个页面来显示完整的 HTML 页面。在之后的页面中，扩展的 HTML 物件高度填满整个页面高度，但是最后一页的 HTML 物件高度仅设置为能容纳剩余 HTML 页面的高度。
- Repeat on every page（在每页重复框架）：在每页均重复原始的 HTML 物件，并且其尺寸和位置都和原始的 HTML 物件相同，显示的 HTML 页面内容也相同。
- Repeat until finished（重复框架直到显示完整的数据）：扩展多个页面，以显示完整的 HTML 页面。在之后的页面中，扩展的 HTML 物件高度均填满整个页面高度。

选中"Don't export page if frame is empty"复选框，当 HTML 源为空时，导出页面时不导出该 HTML 物件。选中"Don't draw background if frame is empty"复选框，当 HTML 源为空时，不绘制其背景颜色。

3）使用智能页面分割（Use Smart Page Breaks）

选中"Use Smart Page Breaks"复选框可以打开智能分页功能，并且可以在"Maximum distance"中设置最大的字符长度。

4）用户层叠样式表（User Stylesheet）

选中"User Stylesheet"复选框后，即可在出现的文本框中设置用户自定义的层叠样式表。

8.2.4　图形物件：形状、箭头和节点物件

1. 形状物件及其属性

形状物件包括矩形（■Rectangle）、椭圆形（●Ellipse）和三角形（△Triangle），分

别对应"Add Item"—" Add Shape"菜单下的三个子菜单（或者在工具栏中单击" "按钮打开下拉菜单）。以矩形为例，选择菜单栏中的"Add Item"—" Add Shape"—" Add Rectangle"命令，选择插入区域后即可创建一个矩形物件。

形状物件仅包含主要属性（Main Properties）组合框（见图8-31），可以选择形状类型：矩形（Rectangle）、椭圆形（Ellipse）和三角形（Triangle）。通过"Corner radius"选项可以设置圆角半径（仅在矩形下有效）；通过"Style"选项可以设置形状渲染的符号样式。

图 8-31　形状物件的属性设置选项

2. 箭头物件及其属性

在菜单栏中选择"Add Item"—" Add Arrow"命令（或者在工具栏中单击" "按钮），在页面上绘制形状后即可创建一个箭头物件。

箭头物件包括主要属性（Main Properties）和线标记（Line Markers）组合框，如图8-32所示。

图 8-32　箭头物件的属性设置选项

1）主要属性（Main Properties）

单击主要属性中的按钮可以设置箭头的线符号。

2）线标记（Line Markers）

在"Start marker"和"End marker"选项中可以分别设置起点和终点标记类型，包括无标记（None）、箭头标记（Arrow）和SVG标记（SVG）三个选项。在SVG标记选项下，在"SVG path"选项中可以选择SVG文件的目录位置。

另外，还可以设置箭头边框颜色（Arrow stroke color）、箭头填充颜色（Arrow fill

color）、箭头边框宽度（Arrow stroke width）和箭头大小（Arrow head width）。

3. 节点物件及其属性

节点物件包括线（ Polyline）和多边形（ Polygon）两种，分别对应"Add Item"—
" Add Node Item"子菜单中的两个选项（或者在工具栏中单击" "按钮打开下拉
菜单）。以线为例，选择"Add Item"—" Add Node Item"—" Add Polyline"命
令，在页面上绘制形状后即可创建一个线节点物件。

对于线节点物件来说，其属性与箭头物件的属性相同。对于面节点物件来说，其属
性仅存在主要属性组合框的填充样式设置选项。

8.2.5 属性表物件

选择"Add Item"—" Add Attribute Table"命令（或者在工具栏中单击" "
按钮），选择插入区域后即可创建一个属性表物件。

属性表属性包括主要属性（Main Properties）、要素筛选（Feature Filtering）、外观
（Appearance）、显示网格（Show Grid）、字体和文字样式（Fonts and Text Styling）、框架
（Frames）等组合框，如图 8-33 所示。

图 8-33　属性表物件的属性设置选项

1）主要属性（Main Properties）

在"Source"中设置属性表的图层来源类型，默认为"Layer features"；在"Layer"
中选择来源图层；单击"Refresh Table Data"按钮即可刷新属性表数据；单击

"Attributes…"按钮可以选择插入的字段及排序设置，在弹出的"Select Attributes"对话框中（见图 8-34），"Columns"组合框用于选择插入的字段，也可以通过表达式增加新列；"Sorting"组合框用于设置各行的排列顺序。

图 8-34　属性表物件的属性选择窗口

2）要素筛选（Feature Filtering）

- Maximum rows：属性表显示的最大行数。
- Remove duplicate rows from table：去除属性表中重复的行。
- Show only features visible within a map：仅显示"Linked map"选项中的地图显示的要素。
- Show only features intersecting atlas feature：仅显示地图集地图中的要素。
- Filter with：通过表达式筛选。

3）外观（Appearance）

- Show empty rows：显示空行，即未达到"Maximum rows"选项设置的最大行数时，用空行填充剩余空间。
- Cell margins：表单元格边距。
- Display header：显示表头选项，包括跨页表格仅在第一页显示表头（On first frame）、跨页表格中的每页都显示表头（On all frames）和无表头（No header）。
- Empty tables：无内容表格处理方式，包括仅显示表头（Draw headers only）、隐藏整个表格（Hide entire table）和显示"No result"提示语（Shows set message）。提示语可以在"Message to display"选项中设置。
- Background color：背景颜色，单击"Advanced Customization…"按钮可以进行高级背景设置。
- Wrap text on：自定义换行符。

- Oversized text：超过范围的文字处理方式，包括裁剪文字并添加省略号（Truncate text）和换行显示（Wrap text）两种方式。

4）显示网格（Show Grid）

网格的设置选项包括线宽（Line width）和颜色（Color）设置；选中"Draw horizontal lines"复选框显示横向网格；选中"Draw vertical lines"复选框显示纵向网格。

5）字体和文字样式（Fonts and Text Styling）

在"Table Heading"和"Table Contents"组合框中可以分别对表头（标题行）和内容行的字体、尺寸及颜色等进行设置。表头的文字对齐方式（Alignment）可以设置为靠左（Left）、居中（Center）、靠右（Right）和跟随字段对齐（Follow column alignment）。选择跟随字段对齐设置时，在"Main Properties"组合框中单击"Attributes…"按钮，在弹出的对话框中设置表头文字的对齐方式。

6）框架（Frames）

框架设置可以将表格设置为跨页表格，表格尺寸模式包括使用已经存在的框架显示（Use existing frames）、扩展框架到下一页（Extend to next page）和重复框架直到显示完整的数据（Repeat until finished）。具体的含义和设置方法参见 HTML 物件中的说明。

8.2.6　物件关系

1. 物件组合

将多个物件组合后，组合后的整体可以作为一个单独的对象进行选择、复制、移动、缩放等操作。

1）组合

将需要被组合的物件选中后，在菜单栏中选择"Items"—"Group"命令（快捷键：Ctrl+G）即可将其组合。组合后的对象可以在"Items"面板中显示为一条记录，用于单独的操作可见性、锁定、命名等，如图 8-35 所示。

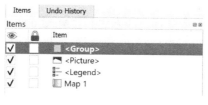

图 8-35　物件组合

2）取消组合

单击需要被取消组合的对象，在菜单栏中选择"Items"—"UnGroup"命令（快捷键：Ctrl+ Shift+G）即可取消组合。

2. 物件叠加顺序

多个物件的范围可能交叉，会存在遮挡等问题。通过表 8-3 所示的菜单可以控制一个或多个物件的层级顺序。

表 8-3　物件叠加顺序操作

菜　　单	快　捷　键
Raise（上移一层）	Ctrl+]
Lower（下移一层）	Ctrl+[
Bring to Front（置顶）	Ctrl+ Shift+]
Send to Back（置底）	Ctrl+ Shift+[

3. 锁定物件

当物件被锁定后，该物件在页面中无法通过鼠标进行选择，更无法调整其尺寸和位置等。如果需要修改被锁定的物件，可以先在"Items"面板中选中对应物件，再在"Item Properties"面板中修改属性。

1）锁定

选中需要被锁定的物件后，选择"Items"—" Lock Selected Items"（快捷键：Ctrl+L）菜单命令即可锁定物件。

2）解除锁定

选中需要被解除锁定的物件后，选择"Items"—" Unlock All"（快捷键：Ctrl+Shift+L）菜单命令即可锁定物件。

【小提示】在"Items"面板中的选中/取消选中" "列中也可以设置物件锁定状态。

4. 对齐与分布物件

选择"Items"—"Align Items"菜单命令，可以将多个物件沿某条对齐线准确地对齐；选择"Items"—"Distribute Items"菜单命令，可以使多个物件按照一定的方式分布。

1）对齐

选中需要对齐的多个物件后，选择相应的对齐选项即可使其对齐。对齐选项如表 8-4 所示。

表 8-4　对齐选项及其说明

对 齐 选 项	说　　明
Align Left	左对齐
Align Center	水平中心对齐
Align Right	右对齐
Align Bottom	底部对齐
Align Center Vertical	垂直中心对齐
Align Top	顶部对齐

2）分布

选中需要分布的多个物件后，选择相应的分布选项即可。分布选项如表 8-5 所示。

表 8-5　分布选项及其说明

分 布 选 项	说　　明
Distribute Left Edges	左分散排列
Distribute Centers	水平分散排列中心
Distribute Right Edges	右分散排列
Distribute Top Edges	顶部分散排列
Distribute Vertical Centers	垂直分散排列中心
Distribute Bottom Edges	底部分散排列

5. 对齐物件尺寸

选中多个物件后，选择"Items"—"Resize"菜单命令，即可对这些物件的宽度、高度等进行统一设置（见表 8-6）。

表 8-6　对齐物件尺寸选项及其说明

对齐物件尺寸选项	说　　明
Resize to Narrowest	宽度统一设置为多个物件的最小宽度
Resize to Widest	宽度统一设置为多个物件的最大宽度
Resize to Shortest	高度统一设置为多个物件的最小高度
Resize to Tallest	高度统一设置为多个物件的最大高度
Resize to Square	将各物件设置为正方形，取宽度和高度的最大值作为边长

8.3　布局输出

1. 布局导出

布局可以被导出为图片格式、SVG 格式和 PDF 格式，通过在"Layout"菜单中分别选择"Export as Images…"、"Export as SVG"和"Export as PDF"命令导出。

导出 SVG 和 PDF 时，其中的许多地图物件和要素可以按照矢量方式存储，有利于更精细的屏幕显示和打印，并且可能占据较少的内存。

1）图片格式导出选项（见图 8-36）

- Export resolution：输出分辨率。
- Page width：输出页面宽度。
- Page height：输出页面高度。
- Enable antialiasing：应用抗锯齿处理。
- Generate world file：生成 world file。
- Crop to Content：裁剪内容，通过顶部（Top）、底部（Bottom）、左侧（Left）、右侧（Right）裁剪边距设置裁剪页面。

2）SVG 格式导出选项（见图 8-37）

- Export map layers as SVG groups (may affect label placement)：将地图图层导出为 SVG 组。
- Always export as vectors：将可以导出为矢量的物件或要素总是导出为矢量。勾选该复选框后，导出的 SVG 数据可能与直接打印的页面存在偏差。
- Export RDF metadata：导出 RDF 元数据，通过 XML 文件的形式保存符合 W3C 标准的资料模型。
- Text export：文本导出设置，包括将文本导出为路径（Always Export Text as Paths (Recommended)）和将文本导出为文本对象（Always Export Text as Text Objects）。通过保存路径的方式可以固定文字的形状，即使在缺少该字体的计算机上也可以正常显示文字，因此其适用性更广。如果选择将文本导出为文本对象，则其他用户打开文件时可能出现字体等问题。
- Crop to Content：裁剪内容。

图 8-36　图片格式导出选项　　　　　图 8-37　SVG 格式导出选项

3）PDF 格式导出选项（见图 8-38）

- Always export as vectors：将可以导出为矢量的物件或要素总是导出为矢量。
- Export RDF metadata：导出 RDF 元数据。
- Text export：文本导出设置。

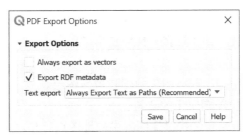

图 8-38　PDF 格式导出选项

2. 布局打印

选择"Layout"—"🖨️Print..."命令即可打印布局。

8.4 地图集与报告

8.4.1 地图集

地图集（Atlas）是指遍历矢量图层（覆盖图层）中的面要素，并逐一输出面要素的范围内的地图。本小节以"jilin_dem.qgz"文件为例，介绍地图集的生成方法，批量输出吉林省每个地级行政区划的 DEM 地图。

1. 创建地图集

（1）打开"jilin_dem.qgz"文件，新建布局并打开布局编辑器。

（2）在页面中增加一个地图物件"Map 1"。

（3）选择"Atlas"—"🔍Atlas Setting"菜单命令（或者在工具栏中单击"🔍"按钮），弹出"Atlas"面板，如图 8-39 所示。

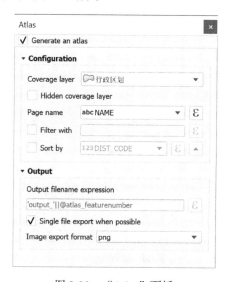

图 8-39 "Atlas"面板

（4）在"Coverage layer"中选择覆盖图层，此处选择"行政区划"；在"Page name"中选择页面名称的表达式，此处选择"NAME"字段。

其他选项说明如下。

- Hidden coverage layer：在地图集中隐藏覆盖图层。
- Filter with：筛选覆盖图层中的要素。
- Sort by：通过字段或表达式对地图集中的地图进行排序。
- Output filename expression：输出文件名表达式。

- Single file export when possible：尽可能导出为单个文件。
- Image export format：导出图像的格式。

（5）在地图物件"Map 1"的属性中，勾选"Controlled by Atlas"复选框。地图的显示范围可以通过以下三个选项进行设置，此处单击"Margin around feature"单选按钮，如图 8-40 所示。

- Margin around feature：通过指定覆盖图层的要素边距比例确定地图显示范围。
- Predefined scale（best fit）：使用最合适的预设比例尺（预设比例尺可以在"Settings"—"Options"菜单的"Map tools"选项卡中进行设置）。
- Fixed scale：固定比例尺。

图 8-40　"Controlled by Atlas"组合框

此时，QGIS 已经按照覆盖图层的要素生成了地图集。

2. 为地图集的地图设置图名、比例尺和方向标

1）图名

在页面中直接插入标签物件，并在文本框中使用以下表达式即可。

```
[% @atlas_pagename%]
```

其中，"@atlas_pagename"表示地图集的页面名称，前面已经将其设置为行政区划的名称。

2）图例、比例尺和方向标

图例、比例尺和方向标按照正常的方法插入即可，不需要额外进行设置。但是，如果用户希望在地图集的当前地图中只显示地图范围内的要素图例，选中图例设置中的"Only show items inside current atlas feature"选项即可。类似的，属性表物件中也存在"Show only features intersecting atlas feature"选项，用于只显示当前地图范围内要素的属性表。

3. 预览地图集

选择"Atlas"—"Preview Atlas"菜单命令（或者在工具栏中单击""按钮，快捷键：Ctrl+Alt+/），即可使用地图集工具栏预览地图集，如图 8-41 所示。

图 8-41　地图集工具栏

在地图集工具栏中，通过下拉菜单可以选择指定地图的地图页面，切换地图的按钮如表 8-7 所示。

表 8-7　地图集工具栏中切换地图的按钮

菜　　单	说　　明	快　捷　键
First Feature	首个要素对应的地图	Ctrl+<
Previous Feature	上一个要素对应的地图	Ctrl+,
Next Feature	下一个要素对应的地图	Ctrl+.
Last Feature	最后一个要素对应的地图	Ctrl+>

在地图集预览模式下，页面的左上角会显示页面名称的标签。

4. 导出地图集

地图集可以被导出为图片格式、SVG 格式和 PDF 格式，通过在"Atlas"菜单中分别选择"Export Atlas as Images…"、"Export Atlas as SVG"和"Export Atlas as PDF"命令（在工具栏中单击"🖨"按钮也可以找到这些选项）导出。

下面介绍如何将地图集导出为图片格式，并且文件名包含行政区划名称。

（1）在"Atlas"面板的"Output"组合框中，取消勾选"Single file export when possible"复选框，并修改"Output filename expression"为以下表达式：

```
'DEM_'||@atlas_pagename
```

此时，输出文件名前缀为 DEM，且其后连接了页面名称（行政区划名称）。

（2）选择"Atlas"—"Export Atlas as Images…"菜单命令，选择输出导出位置和选项导出即可导出，导出结果如图 8-42 所示。

DEM_白城市.png
DEM_白山市.png
DEM_吉林市.png
DEM_辽源市.png
DEM_四平市.png
DEM_松原市.png
DEM_通化市.png
DEM_延边州.png
DEM_长春市.png

图 8-42　地图集导出结果

【小提示】如果将地图集导出为单独的 PDF 文件，只需要在"Atlas"面板中勾选"Single file export when possible"复选框，并导出为 PDF 格式即可。

5. 打印地图集

选择"Atlas"—"Print Atlas…"菜单命令即可打印地图集。

8.4.2　报告

报告（Report）是 QGIS 3 新推出的功能之一，可以将其看作地图集的升级版。报告可以生成更复杂的地图集，包括为地图集增加首页、尾页及地图集嵌套等。本小节使用"jilin_dem.qgz"文件生成地图集，介绍报告的基本使用方法。

1. 报告与报告设置

选择"Project"—"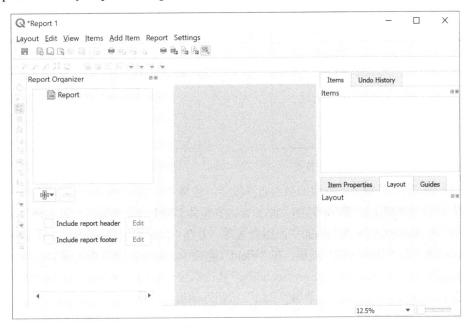 New report..."菜单命令创建报告，输入报告名称，弹出报告编辑器，如图 8-43 所示。报告编辑器与布局编辑器的结构非常相似，但是默认多了一个名为"Report Organizer"的面板，用于管理报告结构。该面板可以通过菜单栏中的"Report"—"📖 Report Settings"命令打开或关闭。

图 8-43　报告编辑器

报告通过树形结构安排内容，根节点称为报告（Report），可以包括一个页首（Header）和一个页尾（Footer）。在"Report Organizer"面板中单击根节点 Report 时，选择"Include report header"或"Include report footer"复选框即可创建页首或页尾，单击复选框右侧的"Edit"按钮即可编辑相应页面。

报告包括两种主要的段落部分（Section）：静态布局段落（Static Layout Section）和字段组合段落（Field Group Section）。

- 静态布局段落：相当于一个单独的布局页面。创建静态布局段落的方法如下：在"Report Organizer"面板的树形结构中选择插入位置后，单击"➕"按钮，并在弹出的菜单中选择"Static Layout Section"即可。

- 字段组合段落：相当于一个地图集，除了拥有其主体部分（Body），还可以拥有自身的页首（Header）和页尾（Footer）。创建字段组合段落的方法如下：在"Report Organizer"面板的树形结构中选择插入位置后，单击"➕"按钮，并在弹出的菜单中选择"Field Group Section"即可。

静态布局段落和字段组合段落之间可以随意嵌套，大大增加了报告的灵活性。

2. 创建报告

下面介绍完整的报告的生成与导出方法，具体操作如下。

（1）生成和修改 Report 根节点的页首和页尾。

在 Report 根节点中，选择"Include report header"和"Include report footer"复选框创建页首和页尾，并分别增加标签物件，如图 8-44 和图 8-45 所示。

吉林省数字高程模
型地图集

2020年1月1日

感谢阅读！
如有意见和建议请联系
example@qgis.org

图 8-44　地图集报告的首页　　　　图 8-45　地图集报告的尾页

（2）在 Report 根节点上添加静态布局段落，选择"Include section"复选框，并单击"Edit"按钮编辑段落。在该段落中，添加吉林省整体 DEM 渲染地图，如图 8-46 所示。

（3）在 Report 根节点上添加字段组合段落，并在"Layer"选项中选择地图集的参考图层，此处选择"行政区划"图层；在"Field"选项中，选择字段组合段落的参考字段名称，此处选择"NAME"（选择"Sort ascending"复选框按该字段升序排列），并选择"Include body"复选框添加段落主体，单击"Edit"按钮开始编辑，如图 8-47 所示。

【小提示】字段组合段落可以包括自身的页首和页尾，与 Report 根目录类似，选择"Include report header"或"Include report footer"复选框即可增加相应页面。

图 8-46　添加静态布局段落

图 8-47　添加字段组合段落

字段组合段落主体页面的左上方显示"Body: Group: 行政区划 - NAME"，表明该页面是图层为"行政区划"、字段为"NAME"的字段组合段落的主体（Body）。

在页面中，首先增加一个地图物件"Map 1"，然后在其设置面板中勾选"Controlled by Report"复选框，并单击"Margin around feature"单选按钮。随后，为该地图增加图例、比例尺、指北针等物件。此时，该字段组合段落就是一个完整的地图集了。

3. 导出报告

报告的导出方式与地图集的导出方式类似，在报告编辑器的"Report"菜单中分别选择"⬛Export Atlas as Images…"、"⬛Export Atlas as SVG"和"⬛Export Atlas as PDF"命令即可导出报告，不再赘述。

矢量数据空间分析

QGIS 具有强大的空间分析和处理能力，这不仅得益于其具有完整的空间分析框架，更得益于开源软件的开放性，QGIS 将 GDAL、GRASS GIS 和 SAGA GIS 及其空间分析能力收入囊中。在 QGIS 中，使用工具箱面板基本可以完成绝大多数的处理与分析工作，除此之外，通过插件、模型构建器和 PyQGIS 等方式可以进一步扩展 QGIS 能力。本章首先介绍 QGIS 空间分析框架，随后介绍常见的矢量数据的处理与分析方法。

矢量数据模型能够清晰、完整地表达地理要素的地理位置及其拓扑关系，数据结构相对严密、冗余度小，在 GIS 空间处理与分析中占据重要位置。本章介绍矢量创建、图表表达、矢量与栅格互转等常见的矢量处理工具，以及缓冲区分析、叠加分析和网络分析等矢量空间分析方法。

9.1 QGIS 空间分析框架

QGIS 的空间分析功能主要借助原生算法（Native Algorithm）和第三方算法（Third-party Algorithm），为用户提供高效、易用的空间分析功能。原生算法是指 QGIS 本身封装的工具，但是由于 QGIS 设计的初衷是读取和浏览多种地理空间数据，所以原生算法提供的空间处理和分析功能非常有限，许多情况下需要借助第三方算法开展工作。第三方算法指由其他的桌面 GIS 工具和软件提供的空间分析工具，这些不同算法的来源在 QGIS 中称为不同的提供者（Providers）。

笔者在之前的章节中已经使用过"Clip"、"Assign projection"、"Merge"等原生算法工具，也借助 GDAL 和 GRASS 工具进行过简单的数据处理。本节对工具箱和工具箱中的工具的特点进行总结和扩展，并进一步介绍如何批量执行工具、如何递归矢量要素等进阶功能。

9.1.1　工具箱与工具

工具箱（Processing Toolbox）是 QGIS 空间处理与分析的基本入口，可以用于运行（或批量运行）某个特定的工具（Tool），如图 9-1 所示。工具箱上方有一个工具栏，各项功能如下：

- ⚙ Models：创建或打开自定义模型。
- 🐍 Scripts：创建或打开 Python 脚本。
- 🕐 History：打开历史管理器面板。历史管理器中存储所有之前执行的工具及其参数，可以通过该面板查看已经执行的工具的参数，或者重新执行工具。
- 📄 Results Viewer：打开结果浏览器面板。
- 📝 Edit Features In-Place：筛选编辑要素状态下可以使用的工具。
- 🔧 Options：打开空间处理设置选项。

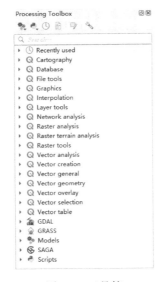

图 9-1　工具箱

【小提示】在工具栏下方的搜索栏中输入关键词，可以在工具箱中搜索需要的工具。

工具箱面板采用树形结构分组列出了 QGIS 全部可用的工具，包括原生算法、第三方算法、自定义模型和脚本等，各个节点的主要功能及其说明如表 9-1 所示。

表 9-1　工具箱面板中包含的节点及其功能

分 组 名 称	工 具 类 型	说　　明
🕐 Recently used	最近使用	最近使用的工具
Ｑ Cartography	地图制图	仅包括拓扑着色（Topological Coloring）工具

分组名称	工具类型	说 明
Ⓠ Database	数据库	读写 PostGIS、SpatiaLite、GeoPackage 等数据库中的图层等
Ⓠ File tools	文件工具	仅包括文件下载（Download file）工具
Ⓠ Graphics	图表	通过数据制作条形图、直方图、散点图等工具
Ⓠ Interpolation	插值	核密度、IDW、TIN 插值工具
Ⓠ Layer tools	图层工具	仅包括导出图层的四至范围（Extract layer extent）工具
Ⓠ Network analysis	网络分析	服务区域（Service area）分析和最短路径分析（shortest path）等工具
Ⓠ Raster analysis	栅格分析	栅格计算、重分类、区域统计等栅格分析工具
Ⓠ Raster terrain analysis	栅格地形分析	坡度、坡向、山体阴影等地形分析工具
Ⓠ Raster tools	栅格工具	转换地图到栅格、创建常量栅格、对栅格设置样式等工具
Ⓠ Vector analysis	矢量分析	字段统计、最近邻分析等矢量分析工具
Ⓠ Vector creation	矢量创建	随机点要素、网格线等矢量图层创建工具
Ⓠ Vector general	矢量通用	定义投影、转换投影等矢量图层通用工具
Ⓠ Vector geometry	矢量几何对象	聚合、边界、缓冲区等针对矢量要素几何对象的分析工具
Ⓠ Vector overlay	矢量叠加	裁剪、合并等叠加分析工具
Ⓠ Vector selection	矢量选择	矢量选择与提取工具
Ⓠ Vector table	矢量属性表	添加字段、删除字段、属性计算等工具
GDAL	GDAL 提供者	GDAL 工具
GRASS	GRASS 提供者	GRASS GIS 工具
SAGA	SAGA 提供者	SAGA GIS 工具
Models	模型	自定义模型
Scripts	脚本	自定义脚本

1. 工具

工具是地理空间数据处理与分析算法的最小单元，每个工具都可以单独运行，操作方法如下：双击任何一个工具（或者在右键菜单中选择"Execute…"命令），即可打开相应的工具对话框，"Union"工具的对话框如图 9-2 所示。

工具对话框通常包含以下几部分。

- 参数（Parameters）选项卡：提供工具的参数和数据的输入选项。
- 日志（Log）选项卡：提供工具执行的输出记录。
- 工具说明：对话框右侧的文本框提供了工具的简要说明。

另外，工具对话框下方包括批量运行（Run as Batch Process…）、运行（Run）、关闭（Close）和帮助（Help）四个按钮。通常，一个工具的运行需要按照以下步骤执行。

（1）在"Parameters"选项卡中填入数据和参数。

（2）单击"Run"按钮执行工具，此时该工具对话框并不会关闭，而是跳入"Log"选项卡，回馈工具执行的记录信息。

（3）工具执行结束后，检查"Log"选项卡是否报错，并查看结果数据是否正常。

如果需要调整数据和参数，可以直接切换到"Parameters"选项卡修改并再次运行工具。由于各个工具的功能不同，在"Parameters"选项卡中输入的数据和参数也不同，但是 QGIS 为其划分了栅格图层（raster layer）、矢量图层（vector layer）、表格（table）、选项（option）、数值（numerical value）、数值范围（range）、字符串（text string）、字段（field）、CRS、坐标范围（extent）、元素列表（list of elements）和小表格（small table）等类型。

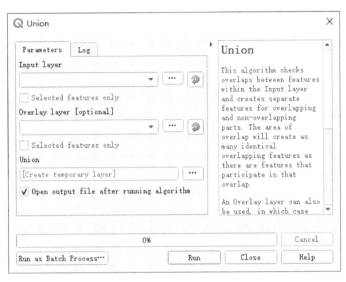

图 9-2 "Union"工具

在使用 QGIS 工具时，请读者特别注意多个数据之间的坐标系（CRS）是否统一。在许多工具中（特别是在使用 GDAL 等第三方工具进行操作时），由于各个数据的 CRS 不同，会导致输出结果有问题。例如，CRS 不同的矢量图层在进行叠加分析时容易产生空图层。

输出的结果文件可以分为矢量数据、栅格数据、数据表和 HTML 文件等类型。数据的结果具有以下几个特点。

（1）在绝大多数工具中，默认的输出文件位置为 QGIS 的临时目录，其会随着 QGIS 的退出自动清除。例如，输出的矢量数据默认作为临时草稿图层进行保存。

（2）输出文件类型通过用户输入或选择的后缀名确定。如果某工具不支持用户输入的后缀名类型，那么 QGIS 会将其作为默认类型保存（在原有的后缀名之后继续增加默认类型的后缀名）。其中，数据表的默认类型为 dBase 类型，后缀名为"dbf"；栅格数据的默认类型为 GeoTiff 类型，后缀名为"tif"；矢量数据的默认类型为 Geopackage，后缀名为"gpkg"。

（3）如果输出的结果为数值、文本或图形，QGIS 会将其封装为 HTML 文件。在算法执行结束后，用户可以在结果查看器中找到这个被输出的 HTML 结果文件。

（4）许多第三方算法工具生成的结果数据（如 LAS、LiDAR 等）可能不会被 QGIS 直接识别、加载，需要用户自行处理。

（5）绝大多数工具通常包含一个类似于"Open output file after running algorithm"的

单选框，用于指定某个结果数据是否在运行结束后被自动打开。注意，所有的结果文件都不能选择为不输出，而是一定会被创建出来。如果用户对某个结果文件不感兴趣，则将其默认输出到临时目录，并选择不加载到 QGIS 中即可。

【小提示】QGIS 工具支持后台运行。对于数据量或计算量较大的工具而言，其处理运行可能需要消耗大量的时间。单击"Close"按钮可以将工具对话框关闭，此时可以在 QGIS 进行其他操作，工具执行的状态条显示在 QGIS 状态栏中，单击该状态条会显示所有正在运行的工具，可以随时终止正在运行的工具。

2. 历史管理器（History）

历史管理器长期保存 QGIS 所有工具的执行历史，可以选择"Processing"—"History…"菜单命令（快捷键：Ctrl+Alt+H）打开历史管理器，如图 9-3 所示。

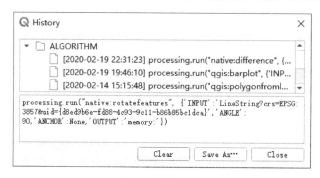

图 9-3　历史管理器

上方树形视图的"ALGORITHM"节点中列出了所有工具的执行历史，包括该工具执行前的参数、执行时间和日期等。选中某个执行历史后，在下方的窗口中显示其 Python 调用语句。单击"Clear"按钮可以清除历史；单击"Save As..."按钮可以将工具执行历史导出为文本文档；单击"Close"按钮可以关闭窗口。

利用 QGIS 进行数据处理与分析都非常容易进行跟踪和控制，并且可以方便地重新执行这些工具。历史管理器有以下两个主要作用。

1）检查及再次执行工具

双击某个工具的执行历史，会弹出该工具对话框，并且各个参数和数据会按照历史记录填充。这可以帮助用户检查参数是否填写正确，并且可以直接再次运行该工具，或者经过修改后再次运行该工具。

2）生成 Python 调用语句

在 PyQGIS 开发过程中，如果需要某个工具的 Python 调用代码模板，可以先将其执行一次，然后就可以直接复制并使用历史管理器中的 Python 代码。所有的 QGIS 工具都是通过 Python 语言封装的。

3. 工具执行日志

历史管理器虽然可以查看各工具被调用的情况，但是无法展现执行过程中的日志信息。除了在工具执行时日志被写入工具对话框中的"Log"选项卡，也可以通过日志消息面板查看工具执行的日志信息，具体操作为：在菜单栏中选择"View"—"Panels"—"Log Messages Panel"命令（也可以单击 QGIS 主界面右下角的"💬"或"🗨"按钮），打开日志消息面板，单击"Processing"选项卡，如图 9-4 所示。注意，信息会随着 QGIS 的关闭而被清空。

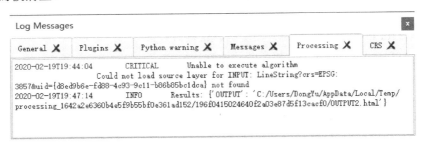

图 9-4　查看工具执行日志

第三方算法通常采用命令行工具调用执行，并且命令及其回显信息会写入日志中，用户可以通过日志消息面板检查命令是否正确，以及回显信息中是否包含警告或错误。

4. 设置选项

在菜单栏中选择"Settings"—"Options"命令，在弹出的对话框中选择"Processing"选项卡进行设置选项设置，如图 9-5 所示。

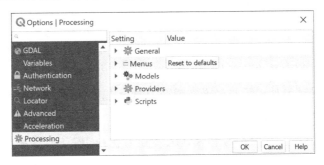

图 9-5　"Processing"选项卡

设置选项包括通用设置（General）、菜单（Menus）、模型（Models）、提供者（Providers）和脚本（Scripts）等。通用设置的选项及其说明如下。

- Invalid features filtering：无效要素过滤处理方式，包括不进行过滤［Do not filter (better performance)］、忽略无效几何要素的要素（Ignore features with invalid geometries）和当无效几何要素出现时终止算法（Stop algorithm execution when a geometry is invalid）三个选项，默认为"当无效几何要素出现时终止算法"。
- Keep dialog open after running an algorithm：当算法执行时不关闭工具对话框，默认勾选该选项。
- Output folder：临时文件输出目录。
- Post-execution script：工具执行完毕后运行脚本。

- Pre-execution script：工具执行前运行脚本，通常用于环境变量的配置。
- Show algorithms with known issues：显示算法的已知问题。
- Show layer CRS definition in selection boxes：在图层选择框中显示图层的坐标系，默认勾选该选项。
- Show tooltip when there are disabled providers：当禁用提供者时显示提示，默认勾选该选项。
- Style for line layers：线要素图层的默认样式。
- Style for point layers：点要素图层的默认样式。
- Style for polygon layers：面要素图层的默认样式。
- Style for raster layers：栅格图层的默认样式。
- Use filename as layer name：使用文件名作为图层名称。
- Warn before executing if parameter CRS's do not match：当工具中的数据坐标系不一致时弹出警告，默认勾选该选项。

在菜单设置中，可以将工具放置在 QGIS 的菜单栏或工具栏之中，并为其设置图标。在模型和脚本设置中，可以分别设置模型与脚本文件的默认存储位置。在提供者设置中，可以启用和关闭 GDAL、GRASS 和 SAGA 提供的工具。

9.1.2 第三方算法工具

QGIS 包括 GDAL、GRASS 和 SAGA 三大提供者，它们提供了大量的算法工具。GDAL 包含栅格数据读取和处理的基本工具；GRASS 提供针对拓扑矢量模型和栅格模型的大量分析工具；SAGA 则是以科研为导向的空间分析工具箱，提供地形分析、流域提取和可见性分析等大量的处理与分析工具。

【小提示】通过插件扩展提供者，例如，用于 LiDAR 数据处理的 LAStools 提供者和用于地形分析的 TauDEM 工具等。

本小节介绍 GDAL、GRASS 和 SAGA 提供者在 QGIS 工具箱中的分类。

1. GDAL

GDAL 是包括 QGIS 在内的多种 GIS 软件的底层库，它提供的工具不多但非常实用，例如，Wrap、Slope 等工具可靠且易用。GDAL 在 QGIS 工具箱中包括如表 9-2 所示的分组。其中，矢量数据的处理工具通过封装 OGR 命令实现。

表 9-2 "GDAL" 节点下的工具分组

工 具 分 组	工具分组（中文）	功 能
Raster analysis	栅格分析	地形分析、插值工具等
Raster conversion	栅格转换	栅格转矢量、格式转换、波段调整、颜色变换等
Raster extraction	栅格提取	裁剪工具、等高线工具等
Raster miscellaneous	各种栅格工具	栅格计算、虚拟栅格、金字塔、栅格合并、切片、栅格信息等工具

续表

工 具 分 组	工具分组（中文）	功　能
Raster projection	栅格投影	Wrap 工具、投影定义与提取工具等
Vector conversion	矢量转换	格式转换、矢量转栅格工具等
Vector geoprocessing	矢量空间处理	裁剪、融合、缓冲区等工具
Vector miscellaneous	各种矢量工具	执行 SQL、导出到 PostgreSQL、矢量信息查看工具

2. GRASS

GRASS 空间分析采用命令行工具实现。GRASS 中的命令具有非常清晰的架构，每个命令都是一个模块，用于执行特别的、单一的、简单的 GIS 功能，通过命令的前缀可以判断命令的基本信息。GRASS 在 QGIS 工具箱中的分类如表 9-3 所示。

表 9-3　"GRASS" 节点下的工具分组

工 具 分 组	工具分组（中文）	功　能
Imagery (i.*)	影像工具	Landsat 影像、Albedo、生物量等处理工具
Miscellaneous (m.*)	各种工具	仅包括 "m.cogo" 工具，用于直角坐标系和极坐标系的转换
Raster (r.*)	栅格工具	合成、掩膜、回归等多种栅格工具
Vector (v.*)	矢量工具	缓冲区、融合等多种矢量工具
Visualization (NVIZ)	NVIZ 工具	NVIZ 三维可视化工具

3. SAGA

SAGA 提供的工具更专业化，其以科研为导向，提供多种常用的算法工具。SAGA 在 QGIS 工具箱中的分类如表 9-4 所示。

表 9-4　"SAGA" 节点下的工具分组

工 具 分 组	工具分组（中文）	功　能
Climate tools	气候工具	潜在蒸发散量（PET）等估算
Georeferencing	匹配工具	矢量地理匹配工具
Geostatistics	地理统计工具	地理加权回归（GWR）、线性回归等
Image analysis	影像分析	傅里叶变换、边界提取、变化检测、影像分类等
Projection and Transformations	投影与变换	投影、投影变换、生成坐标格网等工具
Raster analysis	栅格分析	累积成本、聚集度指数、土壤纹理分类等
Raster calculus	栅格计算	栅格计算、随机地形等工具
Raster creation tools	栅格创建	克里金、B 样条估计等工具
Raster filter	栅格过滤	DTM 筛选、高斯筛选等工具
Raster tools	栅格工具	聚合、重分类、重采样、掩膜等工具
Raster visualization	栅格可视化	地形可视化、直方图曲面等
Simulation	模拟	火灾风险模拟、水淹模拟等
Table tools	表格工具	聚合分析、字段统计等
Terrain Analysis - Channels	地形分析（通道）	通道网路、最大谷深度、流域分析等
Terrain Analysis -Hydrology	地形分析（水文）	填方、坡长等工具

续表

工 具 分 组	工具分组（中文）	功　　能
Terrain Analysis - Lighting	地形分析（通视）	天空视域因子、地形校正、地形开阔度等
Terrain Analysis -Morphometry	地形分析（形态）	实际地表面积、坡度、坡向、地表纹理等工具
Terrain Analysis - Profiles	地形分析（轮廓）	交叉剖面、线条轮廓等工具
Vector <-> raster	栅格与矢量转换	通过矢量统计栅格、栅格像元转点要素、等高线等工具
Vector general	矢量一般工具	矢量裁剪、合并、生成形状等工具
Vector line tools	线要素工具	线平滑、融合、简化、点转线、面转线等工具
Vector point tools	点要素工具	凸包、点吸附、泰森多边形等工具
Vector polygon tools	面要素工具	面合并、裁剪、求中心点等工具

9.1.3　矢量迭代

矢量迭代功能可以将输入工具的矢量图层中的每个要素当作单独的矢量图层参与工具执行。在矢量图层的右侧单击"⟳"按钮即可启动矢量迭代功能。

本小节介绍如何通过矢量迭代功能裁剪吉林省各个地级行政区划的 DEM 数据，并将其分别存储为单独的栅格数据文件，具体操作如下。

（1）打开吉林省地级行政区划数据（jilin_dist.shp）和 DEM 数据（jilin_srtm.tif）。

（2）打开工具箱中的"GDAL"—"Raster extraction"—"Clip raster by mask layer"工具（见图 9-6）。

图 9-6　"Clip raster by mask layer"工具

（3）在"Input layer"中选择被裁剪的栅格图层"jilin_srtm"；在"Mask layer"中选择矢量图层"jilin_dist"，并单击右侧的"⟳"按钮开启迭代模式。

（4）在"Clipped (mask)"中输入输出文件的位置，并单击"Run"按钮执行工具。这时输入的文件名只是一个模板，最后输出的栅格文件要在其后方加上迭代序号。例如，输入的文件名为"dem.tif"，则最终输出的文件名为"dem_1.tif"和"dem_2.tif"等，如图 9-7 所示。

图 9-7　矢量迭代输出结果

9.1.4　工具批量执行

批量执行工具可以自动使多个数据以相同的方式执行工具。包括自定义模型在内的所有算法都可以通过批量执行方式执行工具，避免了一次次手动设置参数的枯燥操作。本小节以将 2014～2018 年河套地区年平均 NDVI 数据进行投影变换为例，介绍工具批量执行的操作方法。

（1）打开"GDAL"—"Raster projections"—"Warp (reproject)"工具批量执行模式，单击"Run as Batch Process…"按钮，或者在工具的右键菜单中选择"Execute as Batch Process…"命令，弹出如图 9-8 所示对话框。

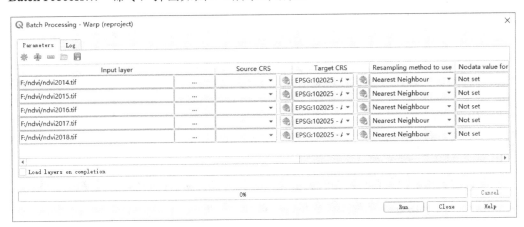

图 9-8　工具批量执行

（2）在"Parameters"选项卡中，可将列表中的每行视作单独执行一次工具。单击"…"按钮，选择"Select from File System"命令，选中 2014～2018 年河套地区年平均 NDVI 数据（共五个文件）并确认，即可将列表自动变为五行，并分别将选择的数据文件填入"Input layer"单元格。

【小提示】在工具栏中单击"➕"或"➖"按钮可以增加或删除一行数据；单击"📁"和"💾"按钮可以保存和打开批量执行的数据和参数输入状态（以 JSON 格式存储）；单击"⚙"按钮可以进入高级参数模式，相当于单独执行该工具时使用"Advanced parameters"组合框中的选项。

（3）为了将其投影到相同的目标坐标系，在"Target CRS"列下的第一个单元格中选中目标坐标系"EPSG: 102025"，双击"Target CRS"表头即可自动填充"Target CRS"列下的单元格。

（4）在"Reprojected"列下填充输出文件位置：单击"…"按钮，在目标目录下输入输出文件的前缀"prj_"并确认，此时弹出自动填充设置对话框，如图 9-9 所示。

自动填充设置（Autofill mode）包括不自动填充（Do not autofill）、填充数字（Fill with numbers）、填充参数值（Fill with parameter values）三类。选择填充数字时，输出文件名在前缀后加上执行顺序数字。选择填充参数值时，输出文件名在前缀后加入参数值。

为了清晰地反映输出文件对应的原始数据，此处将自动填充设置为填充参数值（Fill with parameter values），并在"Parameter to use"中选择使用的参数"Input layer"，单击"OK"按钮。

（5）此时，"Reprojected"列下的输出文件名会根据前缀、输入文件名组合形成新的文件名（见图 9-10），单击"Run"按钮即可批量执行工具。

图 9-9　自动填充设置对话框　　　　　　　　　图 9-10　自动填充输出文件

9.2　矢量创建

在具体工作中，常需要特殊的矢量要素参与空间分析。在 QGIS 工具箱中，"Vector creation"分组中包含多种矢量创建方法，如表 9-5 所示。

表 9-5　矢量创建的相关工具

工　具	工　具　说　明
Array of offset (parallel) lines	将图层中的每个要素沿着一定的距离创建新的要素，新创建的每个要素中的线段和原始对象中的线段平行且距离相等，如图 9-11 所示
Array of translated features	将图层中的每个要素沿着一定的方向和距离复制若干个
Create grid	创建规则网格
Create points layer from table	通过数据表中的坐标字段创建点要素图层

续表

工 具	工 具 说 明
Generate points (pixel centroids) along line	沿线创建点要素，并且点要素的中心位置处在指定栅格数据的像元中心位置，如图 9-12 所示
Generate points (pixel centroids) inside polygons	在多边形内创建点要素，并且点要素的中心位置处在指定栅格数据的像元中心位置，如图 9-13 所示
Import geotagged photos	提取照片中的地理信息，生成点要素图层
Points to path	通过点要素及顺序字段创建路径
Random points along line	沿线创建随机点
Random points in extent	在四至范围内生成随机点
Random points in layer bounds	在图层边界内生成随机点
Random points inside polygons	在面要素内部生成随机点
Raster pixels to points	栅格像元转点要素图层
Raster pixels to polygons	栅格像元转面要素图层
Regular points	创建规则点阵

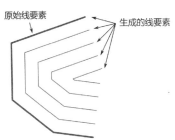

图 9-11 "Array of offset (parallel) lines" 工具输出效果

图 9-12 "Generate points (pixel centroids) along line" 工具输出效果

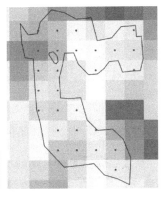

图 9-13 "Generate points (pixel centroids) inside polygons" 工具输出效果

9.2.1 创建随机点要素

随机点的创建常用于采样规划、监督分类和精度验证等工作，例如，在使用最小距离分类、最大似然分类等方法对某个地区的土地利用进行监督分类时，开始的操作往往是选取训练样本，训练样本可以使用随机方法选取。在对某个数据进行验证、绘制混淆矩阵时，必然需要足够数量的验证点的选取，这些验证点即可通过随机方法选取。

在 QGIS 中，创建随机点共包括沿线、在面要素内部、在图层边界内和在四至范围内生成随机点四种工具，这些工具的不同之处主要在于生成范围的界定不同。

1. 在面要素内部生成随机点

在吉林省地级行政区划内生成随机点，并且每个行政区划内部均生成 10 个随机点，具体操作方法如下。

（1）打开"jilin_dist.shp"数据。

（2）打开工具箱中的"Vector creation"—"Random points inside polygons"工具。

（3）在"Input layer"中选择面要素的来源图层"jilin_dist"；在"Sampling strategy"中选择采样策略，包括点数量（Points count）和点密度（Points density）两种。在点数量策略下，在"Expression"中输入每个面要素生成的随机点数量；在点密度策略下，在"Expression"中输入点密度（单位面积上点的数量）。本例在"Sampling strategy"中选择 Points count，在"Expression"中输入 10，如图 9-14 所示。

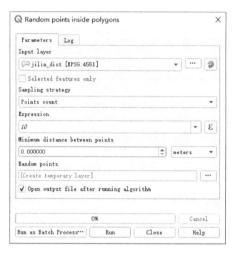

图 9-14   "Random points inside polygons"工具

【小提示】在"Minimum distance between points"中输入随机点最小间距，输入 0 表示无间距限制。

（4）在"Random points"中选择输出文件位置，单击"Run"按钮。

【小提示】在图层边界内生成随机点（Random points in layer bounds）工具与在面要素内部生成随机点（Random points inside polygons）工具类似，均需要面要素图层限制随机点的范围，不同之处在于前者无法控制每个面要素中包含的点数量和点密度。

2. 沿线创建随机点

在吉林省道路图层中选取 100 个随机点，具体操作如下。

（1）打开"jilin_roads.shp"文件。

（2）打开工具箱中的"Vector creation"—"Random points along line"工具，如图 9-15 所示。

（3）在"Input layer"中选择随机点参考的线要素图层"jilin_roads"；在"Number of points"中输入随机点数量。

（4）在"Random points"中选择输出文件位置，单击"Run"按钮。

图 9-15　"Random points along line"工具

9.2.2　创建规则网格与点阵

规则网格常用于成分分析，规则点阵可以用于采样点规划。

1. 规则网格的创建

本节以创建在墨卡托投影下覆盖在吉林省 50KM 格网为例，介绍规则网格的操作方式。

（1）打开"jilin_dist.shp"数据。

（2）打开工具箱中的"Vector creation"—"Create grid"工具，如图 9-16 所示。

图 9-16　"Create grid"工具

（3）"Create grid"工具的各项参数如下。

- Grid type：网格类型，包括点（Point）、线（Line）、矩形［Rectangle（polygon）］、菱形［Diamond（polygon）］和六边形［Hexagon（polygon）］，如图 9-17 所示。

- Grid extent：网格生成四至范围。
- Horizontal spacing：水平间距。
- Vertical spacing：垂直间距。
- Horizontal overlay：水平方向叠加宽度。
- Vertical overlay：垂直方向叠加宽度。
- Grid CRS：网格生成的目标坐标系。
- Grid：网格文件的生成位置。

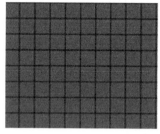 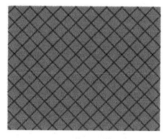 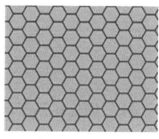

（a）矩形网格　　　　　　　（b）菱形网格　　　　　　　（c）六边形网格

图 9-17　创建网格工具的网格类型

本例在"Grid type"中选择"Rectangle (polygon)"；在"Grid extent"中选择"jilin_dist"的四至范围；在"Horizontal spacing"和"Vertical spacing"中均输入"50000"；在"Grid CRS"中选择目标坐标系"EPSG: 3857"。

（4）在"Grid"中选择输出文件位置，单击"Run"按钮生成网格。

（5）为了仅保留与吉林省行政区划重叠的网格面要素，首先要选择这些要素：选择"Vector selection"—"Select by location"工具（见图 9-18），在"Select features from"中选择网格图层；在"By comparing to the features from"中选择"jilin_dist"图层；在"Where the features"中只选择"intersect"；其他保持默认，单击"Run"按钮即可选中与行政区划重叠的网格部分。

图 9-18　"Select by location"工具

（6）使网格图层处于编辑状态，单击工具栏中的"▧"按钮反选需要删除的要素，单击"🗑"按钮删除要素后关闭编辑状态。

此时，吉林省地级行政区划的矢量规则网格创建完成。

2. 规则点阵的创建

在"Create grid"工具中将"Grid type"选择为"Point"即可创建规则点阵，还可以通过"Vector creation"—"Regular points"工具创建点阵，具体操作方法如下。

（1）打开"Regular points"工具（见图9-19）。

图 9-19 "Regular points"工具

（2）在"Input extent"中输入或选择生成范围；在"Point spacing/count"中输入点间距或数量（通过下方的"Use point spacing"复选框切换）；在"Initial inset from corner (LH side)"中输入相对于左上角的坐标偏移量（X 轴和 Y 轴同时偏移）；在"Apply random offset to point spacing"中可以为点位置随机增加偏移量；在"Output layer CRS"中选择目标参考系。

（3）在"Regular points"中选择输出文件位置，单击"Run"按钮即可执行工具。

9.2.3 通过点要素创建路径

在野外工作中，会对某个具体的地理要素进行采样，并且这些采样具有一定的顺序，此时通过点要素及其顺序就可以创建野外采样的行动路径，具体操作如下。

（1）打开示例数据"pnt_2_path_samples.shp"。

（2）打开工具箱中的"Vector creation"—"Points to path"工具，如图9-20所示。

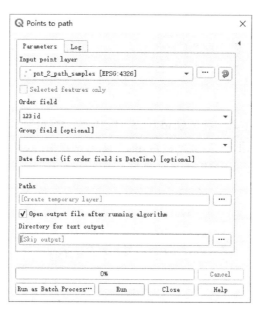

图 9-20 "Points to path"工具

（3）该工具的各项参数说明如下。

- Input point layer：输入点要素图层。
- Order field：顺序字段。
- Group field：分组字段（如果选择分组字段，那么一个分组会形成一个线要素，否则全部点要素组合成一个线要素）。
- Date format：日期格式。当顺序字段为日期时间类型时，该选项用于界定该类型的格式。
- Paths：输出文件位置。
- Directory for text output：输出点要素和生成线要素的描述文本。

本例在"Input point layer"中选择"pnt_2_path_samples.shp"；在"Order field"中选择"id"。

（4）单击"Run"按钮执行工具。

9.2.4 创建照片位置点要素

数码相机、手机和无人机等设备利用 EXIF 等技术嵌入了拍摄时 GPS 定位信息，通过"Vector creation"—"Import geotagged photos"工具可以快速提取定位信息，并以点要素的形式新建矢量图层，具体操作如下。

（1）打开"Import geotagged photos"工具，如图 9-21 所示。

（2）在"Input folder"中选择目录，此处选择实例数据中的"uav_photos"目录（见图 9-22）；其他选项保持默认即可。各项功能如下。

- Scan recursively：搜索子目录。
- Photos：输出文件位置。

- Invalid photos table：无效照片表导出位置。

Q Import geotagged photos	×

Parameters　Log

Input folder

F:/uav_photos　　　　　　　　　…

☐ Scan recursively

Photos

[Create temporary layer]　　　　…

☑ Open output file after running algorithm

Invalid photos table

[Skip output]　　　　　　　　　…

☐ Open output file after running algorithm

0%	Cancel

Run as Batch Process…　Run　Close　Help

DJI_0001.JPG

DJI_0002.JPG

DJI_0003.JPG

图 9-21　"Import geotagged photos"工具　　图 9-22　"uav_photos"目录下的测试数据照片

（3）单击"Run"按钮执行工具。查看生成数据的属性表，每个照片文件名（filename）、目录（directory）、经度（longitude）、纬度（latitude）、高度（altitude）、方向（direction）和拍摄时间戳（timestamp）都已经被导入图层中，如图 9-23 所示。

	photo	filename	directory	altitude	direction	longitude	latitude	timestamp
1	F:\uav_photos\DJI_0001.JPG	DJI_0001	F:\uav_photos	-17.032	NULL	119.24232916...	39.8610695	2020-02-16T14:20:49.000
2	F:\uav_photos\DJI_0003.JPG	DJI_0003	F:\uav_photos	132.807	NULL	119.24928522...	39.856586944...	2020-02-16T18:02:44.000
3	F:\uav_photos\DJI_0002.JPG	DJI_0002	F:\uav_photos	-18.732	NULL	119.24232375	39.861065694...	2020-02-16T14:23:12.000

图 9-23　创建照片位置点要素的属性表

9.3　缓冲区分析

缓冲区（Buffer）是指某些地理要素在空间上的影响范围，是非常常用的空间分析方法。本节介绍简单缓冲区、多层缓冲区、单侧缓冲区、锥形缓冲区和楔形缓冲区等创建方法。

9.3.1　简单缓冲区

1. 简单缓冲区

本小节以吉林省主要城市数据（包含 2018 年的人口数据，单位：万人）"jilin_city_with_pop.shp"为例，介绍简单缓冲区的生成方法，具体操作如下。

（1）打开上述数据。

（2）打开"Vector geometry"—"Buffer"工具（见图 9-24）。

图 9-24   "Buffer"工具

（3）在"Input layer"中选择"jilin_city_with_pop"图层；在"Distance"中输入下面的表达式，通过人口字段按比例创建缓冲区。

```
"pop2018"*100
```

（4）在"Buffered"中输入输出文件位置，单击"Run"按钮执行工具，结果如图 9-25 所示。

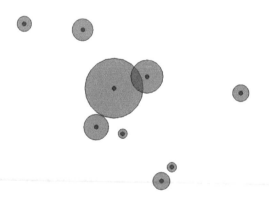

图 9-25   创建简单缓冲区的结果

各项参数说明如下。

- Input layer：需要被缓冲区分析的矢量图层，点、线、面要素类型均可。
- Distance：缓冲距离。
- Segments：缓冲区分段数量。创建圆形端点（▭）或圆角节点（▮）时四分之一圆包含的线段数。

- End cap style：端点样式，包括方形（Square）、扁平（Flat）和圆形（Round）。
- Join style：节点样式，包括斜角（Bevel）、尖角（Miter）和圆角（Round）。
- Miter limit：最大斜接长度。两个相邻线段之间的夹角过小时，使用尖角的节点样式会导致缓冲区过长，最大斜接长度用于裁剪这一长度，如图 9-26 所示。
- Dissolve result：融合结果，将相互叠加的要素整合为一个要素。

图 9-26　最大斜接长度

2. 点要素方形缓冲区和菱形缓冲区

当对点要素进行缓冲区分析时，将"Buffer"工具中的"End cap style"设置为"Square"，即可生成正方形缓冲区，正方形的边长为"Distance"中的数值的两倍，如图 9-27 所示。

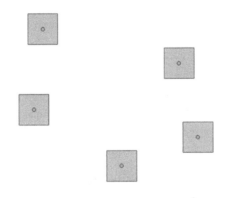

图 9-27　点要素方形缓冲区

当对点要素进行缓冲区分析时，将"Buffer"工具中的"End cap style"设置为"Round"，并将"Segments"设置为"1"（限制缓冲区最多生成 4 个节点），即可生成菱形缓冲区，菱形的边长为"Distance"中的数值的 $\sqrt{2}$ 倍，如图 9-28 所示。

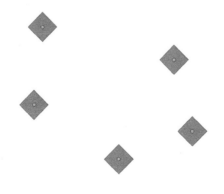

图 9-28　点要素菱形缓冲区

9.3.2 多层缓冲区

多层缓冲区是指对图层中的要素生成多个不同距离的缓冲区，具体操作如下。

（1）打开示例数据"houses.shp"。

（2）打开"Vector geometry"—"Multi-ring buffer (constant distance)"工具（见图9-29）。

图 9-29 "Multi-ring buffer (constant distance)"工具

（3）在"Input layer"中输入"houses"；在"Number of rings"中输入环数"3"；在"Distance between rings"中输入环与环之间的间距"3"。

（4）在"Multi-ring buffer"中选择输出文件路径，单击"OK"按钮执行工具，结果如图9-30所示。

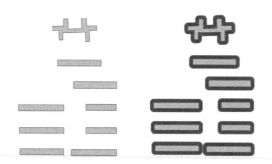

（a）原始数据　　　（b）多层缓冲区

图 9-30 创建多层缓冲区的结果

9.3.3 特殊缓冲区

1. 单侧缓冲区

单侧缓冲区工具"Vector geometry"—"Single sided buffer"（见图9-31）可以在线

要素的某一侧设置缓冲区，各项参数说明如下。

- Input layer：用于生成缓冲区的线要素图层。
- Distance：缓冲距离。
- Side：选择缓冲区的方向，包括沿着线要素方向的左侧（Left）和右侧（Right）。
- Segments：缓冲区分段数量，同简单缓冲区的设置选项。
- Join style：节点样式，同简单缓冲区的设置选项。
- Miter limit：最大斜接长度，同简单缓冲区的设置选项。
- Buffer：输出文件位置。

创建单侧缓冲区的结果如图 9-32 所示。

图 9-31　"Single sided buffer" 工具　　　　图 9-32　创建单侧缓冲区的结果

2. 锥形缓冲区

锥形缓冲区工具 "Vector geometry" — "Tapered buffers"（见图 9-33）可以沿着线要素的方向逐渐增大缓冲区宽度。各项参数说明如下。

- Input layer：用于生成缓冲区的线要素图层。
- Start width：起点缓冲区宽度。
- End width：终点缓冲区宽度。
- Segments：缓冲区分段数量，同简单缓冲区的设置选项。
- Buffered：输出文件位置。

创建锥形缓冲区的结果如图 9-34 所示。

3. 楔形缓冲区

楔形缓冲区工具 "Vector geometry" — "Create wedge buffers"（见图 9-35）对点要素的某个方向角度范围内生成楔形缓冲区。各项参数说明如下。

QGIS 软件及其应用教程

- Input layer：用于生成缓冲区的点要素图层。
- Azimuth：方位角，以真北为基准，顺时针方向。
- Wedge width：楔形宽度（以方位角为基准，顺时针方向的角度）。
- Outer radius：外环半径。
- Inner radius：内环半径。
- Buffers：输出文件位置。

创建楔形缓冲区的结果如图 9-36 所示。

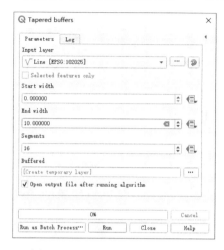

图 9-33　"Tapered buffers"工具

图 9-34　创建锥形缓冲区的结果

图 9-35　"Create wedge buffers"工具

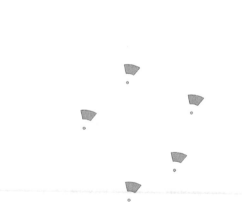

图 9-36　创建楔形缓冲区的结果

4. 根据 M 值缓冲线要素图层

根据 M 值缓冲线要素图层工具"Vector geometry"—"Variable width buffer (by m-value)"（见图 9-37）可以根据线要素各个节点的 M 值的不同生成宽度不断变化的缓冲区。

图 9-37　"Variable width buffer (by m-value)"工具

读者可以通过示例数据中的"line_with_mvalue.shp"进行尝试，各项参数说明如下。

- Input layer：用于生成缓冲区的点要素图层。
- Segments：缓冲区分段数量，同简单缓冲区的设置选项。
- Buffered：输出文件位置。

根据 M 值缓冲线要素图层的结果如图 9-38 所示。

图 9-38　根据 M 值缓冲线要素图层的结果

9.4　叠加分析

叠加分析也称为叠置分析，是将两个矢量图层的几何对象叠加在一起，从而按照固定的算法生成新的图层，包括裁剪、擦除、相交、交集取反、联合、线要素切割和线要素交点等操作。裁剪操作已经在"4.1.2 矢量裁剪"介绍过，请参见相应内容。

9.4.1　擦除

擦除（Difference）工具可以从目标图层中移除与叠加图层重叠的部分，且结果图层中的属性信息与目标图层相同。目标图层和叠加图层的要素类型均无限制。但是，点要素不可以擦除线要素和面要素；线要素不能擦除面要素（强制运行时不会报错，只是结果图层和目标图层相同，无擦除效果）。

具体操作方法如下。

（1）打开工具箱中的"Vector overly"—"Difference"工具，如图 9-39 所示。

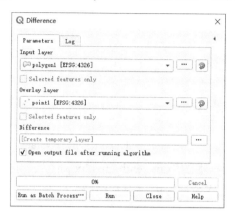

图 9-39 "Difference"工具

（2）在"Input layer"中选择目标图层，在"Overlay layer"中选择叠加图层。

（3）在"Difference"中选择输出文件位置，单击"Run"按钮执行工具。

9.4.2 相交

相交工具可以提取目标图层与叠加图层的相交部分,且结果图层的属性整合了目标图层和叠加图层的属性。当目标图层为点要素类型时，叠加图层可以为点要素、线要素和面要素；当目标图层为线要素时，叠加图层可以为线要素和面要素；当目标图层为面要素时，叠加图层只能为面要素，否则结果图层为空。具体操作如下。

（1）打开工具箱中的"Vector overly"—"Intersection"工具，如图 9-40 所示。

图 9-40 "Intersection"工具

（2）在"Input layer"中选择目标图层；在"Overlay layer"中选择叠加图层；在"Input

fields to keep"中选择结果图层保留目标图层中的哪些字段；在"Overlay fields to keep"中选择结果图层保留叠加图层中的哪些字段。如果在"Input fields to keep"或"Overlay fields to keep"中不选择任何字段，则结果图层保留目标图层或叠加图层中的所有字段。

（3）在"Intersection"中选择输出文件位置，单击"Run"按钮执行工具。

9.4.3　交集取反

交集取反（Symmetrical difference）工具可以取得目标图层与叠加图层之间不重叠的部分，并将其作为结果图层要素输出。结果图层的要素类型与目标图层相同，且结果图层的属性整合目标图层和叠加图层的属性。只有当目标图层与叠加图层的要素类型相同时，才具有交集取反效果。

当目标图层为线要素且叠加图层为点要素、目标图层为面要素且叠加图层为点要素、目标图层为面要素且叠加图层为线要素时，结果图层与目标图层相同，且被添加的叠加图层属性全部为空。

当目标图层为点要素且叠加图层为线要素、目标图层为点要素且叠加图层为面要素、目标图层为线要素且叠加图层为面要素时，结果图层相当于目标图层被叠加图层裁剪后的效果，且被添加的叠加图层属性全部为空。

具体操作方法如下。

（1）打开工具箱中的"Vector overly"—"Symmetrical difference"工具，如图 9-41 所示。

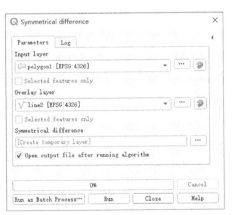

图 9-41　"Symmetrical difference"工具

（2）在"Input layer"中选择目标图层，在"Overlay layer"中选择叠加图层。

（3）在"Symmetrical difference"中选择输出文件位置，单击"Run"按钮执行工具。

9.4.4　联合

联合（Union）工具可以取得目标图层要素与叠加图层要素的并集，并将其作为结果图层要素输出。结果图层的要素类型与目标图层相同，且结果图层的属性整合了目标图层和叠加图层的属性。只有当目标图层与叠加图层的要素类型相同时，才具有联合效果。

当目标图层为线要素且叠加图层为点要素、目标图层为面要素且叠加图层为点要素、目标图层为面要素且叠加图层为线要素时，结果图层与目标图层相同，且被添加的叠加图层属性全部为空。

当目标图层为点要素且叠加图层为线要素、目标图层为点要素且叠加图层为面要素、目标图层为线要素且叠加图层为面要素时，结果图层与目标图层的几何对象相同，且除了包含完整的目标图层属性，目标图层和叠加图层重叠的部分属性也赋予结果图层。

具体操作方法如下。

（1）打开工具箱中的"Vector overly"—"Union"工具，如图 9-42 所示。

图 9-42　"Union"工具

（2）在"Input layer"中选择目标图层，在"Overlay layer"中选择叠加图层。

（3）在"Union"中选择输出文件位置，单击"Run"按钮执行工具。

9.4.5　线要素切割

线要素切割工具可以通过线要素图层切割线要素和面要素。具体操作方法如下。

（1）打开工具箱中的"Vector overly"—"Split with lines"工具，如图 9-43 所示。

图 9-43　"Split with lines"工具

（2）在"Input layer"中选择被切割的目标图层，在"Split layer"中选择用于切割的线要素图层。

（3）在"Split"中选择输出文件位置，单击"Run"按钮即可。

9.4.6　线要素交点

线要素交点工具可以通过提取两个线要素图层的相交位置生成点要素结果图层，并且结果图层中的要素保持两个线要素图层的属性。具体操作方法如下。

（1）打开工具箱中的"Vector overly"—"Line intersections"工具，如图 9-44 所示。

图 9-44　"Line intersections"工具

（2）在"Input layer"和"Intersect layer"中选择参与计算的两个线要素图层；在"Input fields to keep"和"Intersect fields to keep"中分别选择结果图层提取两个线要素图层中的哪些字段，如果在"Input fields to keep"和"Intersect fields to keep"中不选择任何字段，则结果图层保留两个线要素图层的所有字段。

（3）在"Intersections"中选择输出文件位置，单击"Run"按钮执行工具。

9.5　网络分析

地理网络在实际生活中非常常见，如道路、水管、电线等。网络分析是基于图论和最优化分析等技术，利用地理网络寻找资源的最优化配置的过程。QGIS 工具箱提供了最短路径分析（Shortest path）和服务区域分析（Service area）工具。在网络分析中，用于表征地理网络的线要素图层为网络图层（Network layer），每个线要素称为路径（Path）。

【小提示】本节仅使用简单要素模型数据对网络分析进行简单介绍。网络分析体系与模型非常庞大，复杂的应用可以使用 GRASS 的 v.net 工具。由于 GRASS 本身的矢量数据采用拓扑结构存储，因此其稳定性、实用性强于 QGIS 原生算法工具。

9.5.1 最短路径分析

最短路径分析是指找出点与点之间在某个网络上的最短路径。QGIS 工具箱有"Shortest path (layer to point)"、"Shortest path (point to layer)"和"Shortest path (point to point)"三个同类工具用于最短路径分析。

本小节以吉林省道路数据（jilin_roads.shp）为例，介绍最短路径分析的方法，并介绍其高级设置选项的含义。

1. 最短路径分析方法

（1）打开"jilin_roads.shp"文件。

（2）打开"Network analysis"—"Shortest path (point to point)"工具（见图 9-45）。

（3）在"Vector layer representing network"中选择"jilin_roads"；在"Path type to calculate"中选择路径类型，包括最短（Shortest）和最快（Fastest）两种，此处选择"Shortest"。分别单击"Start point"和"End point"右侧的"…"按钮，并在地图上点选起点和终点（也可以直接输入坐标）。

（4）在"Shortest path"中输入输出文件位置，单击"Run"按钮执行工具，即可生成最短路径的要素图层。

图 9-45　"Shortest path (point to point)"工具

【小提示】此处介绍了单点到单点的最短路径分析方法。"Shortest path (layer to point)"工具可以在选定需要到达的终点后，通过矢量图层中的多个点要素选择最近（最快）的起点，并生成到达终点的最短路径。相应地，"Shortest path (point to layer)"工具可以从多个点要素中找到具有最短路径的终点，并生成最短路径。

2. 高级设置

最短路径分析的高级设置选项可以设置路径方向、路径速度和拓扑容差（见图 9-46）。

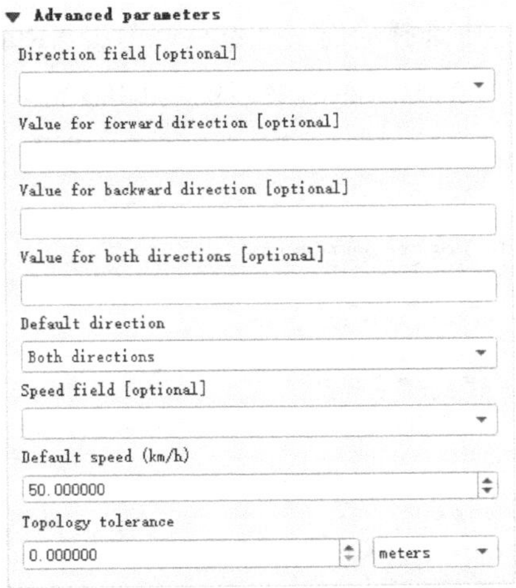

图 9-46　最短路径分析的高级设置选项

1）路径方向

在 "Direction field" 中可以设置线要素的方向字段，并且可以设置仅可沿线要素方向向前（Value for forward direction）、仅可沿线要素方向向后（Value for backward direction）、双向（Value for both directions）。在 "Default direction" 中可以选择默认方向，用于没有设置方向字段或不匹配方向字段时路径的方向，包括向前（Forward direction）、向后（Backward direction）和双向（Both directions）。

2）路径速度

使用最短路径分析工具找到最快路径（在 "Path type to calculate" 中选择 "Fastest"）时，会用到路径速度设置。在 "Default speed" 中可以设置默认速度，用于路径在没有设置速度字段或速度字段为空时的速度。速度字段可以在 "Speed field" 中设置。

3）拓扑容差

拓扑容差可以在 "Topology tolerance" 中设置，默认值为 0。

9.5.2　服务区域分析

服务区域是指一个或多个设施点在某个网络中的可服务区域范围及其服务网络。例如，在分析游乐场、超市等公共设施能覆盖的人群范围等工作中，可以使用 QGIS 的服务区域分析工具。单设施点服务区域分析的操作方法如下。

（1）打开示例数据 "jilin_roads.shp" 文件。

（2）打开工具箱中的 "Network analysis" — "Service area (from point)" 工具（见图 9-47）。

（3）在 "Vector layer representing network" 中选择网络图层 "jilin_roads.shp"，在 "Start point" 中输入长春市某设施点的位置 "125.3235,43.8805 [EPSG:4326]"；在 "Path type to calculate" 中输入路径分析类型，包括最短（Shortest）和最快（Fastest）两类，此处选择 "Shortest"；在 "Travel cost" 中输入出行成本 "60000"，代表 60 千米。

（4）在"Service area"中选择输出文件位置，单击"Run"按钮即可。工具会生成以该设施点为中心，沿着道路 60 千米能够到达的范围。

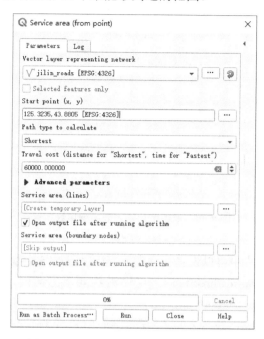

图 9-47 　"Service area (from point)"工具

在"Advanced parameters"组合框中可以设置路径方向、路径速度等参数。

【小提示】多设施点服务区域分析需要将多个设施点保存在点要素矢量图层中，并使用"Network analysis"—"Service area (from layer)"工具进行分析。

9.6 矢量与栅格的转换

矢量数据模型和栅格数据模型是地理空间数据的两种重要表达方式。本节介绍如何利用 GDAL 工具对矢量数据和栅格数据进行转换。

9.6.1 栅格数据转矢量数据

栅格数据覆盖某个连续范围的区域，通常其可以直接转为面要素矢量数据。通过栅格数据提取点要素和线要素信息通常使用矢量化的方法进行。本小节以长春市双阳区附近的土地利用数据为例，介绍如何将栅格数据转换为矢量数据，具体操作方法如下。

（1）打开示例数据"ESACCI_LC_2015_shuangyang.tif"。

（2）打开工具箱中的"GDAL"—"Raster conversion"—"Polygonize (raster to vector)"工具（见图 9-48）。

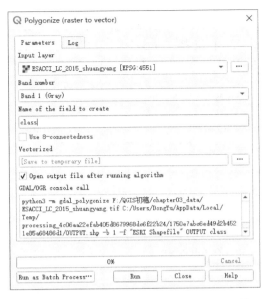

图 9-48　"Polygonize (raster to vector)"工具

（3）在"Input layer"中选择需要转换为矢量数据的文件"ESACCI_LC_2015_shuangyang"；在"Band number"中选择波段"Band 1"；在"Name of the field to create"中选择保存像元值的矢量图层字段；选中"Use 8-connectedness"复选框可以开启 8 连通模式（默认为 4 连通模式）。

（4）在"Vectorized"中输入输出文件位置，单击"Run"按钮执行工具。

在生成的矢量要素图层中，相同的像元值已经自动被合并为单一的要素，这是该工具与"Vector creation"—"Raster pixels to polygons"工具的差别所在。

9.6.2　矢量数据转栅格数据

一个矢量数据只能转换为单波段的栅格数据。本小节将上一节由栅格数据转换的土地利用分类矢量数据转为栅格数据。

（1）准备上述矢量数据图层，也可以在示例数据中找到并打开"ESACCI_LC_2015_shuangyang"文件。

（2）打开工具箱中的"GDAL"—"Vector conversion"—"Rasterize (vector to raster)"工具（见图 9-49）。

（3）在"Input layer"中选择需要转为栅格数据的文件"ESACCI_LC_2015_shuangyang"；在"Field to use for a burn-in value"中选择生成像元值的属性字段"class"（不选择任何字段时，可以在"A fixed value to burn"中输入固定的像元值）。

在"Output raster size units"中选择输出栅格数据的单位，包括像元数（Pixels）和坐标系单位（Georeferenced units）两种。选择像元数时，在"Width/Horizontal resolution"和"Height/Vertical resolution"中分别输入横向和纵向像元数（宽度和高度）；选择坐标系单位时，在"Width/Horizontal resolution"和"Height/Vertical resolution"中分别输入

横向和纵向的分辨率。由于原始栅格数据的宽度和高度分别是 165 和 122，因此在"Output raster size units"中选择"Pixels"，在"Width/Horizontal resolution"和"Height/Vertical resolution"中分别输入 165 和 122。

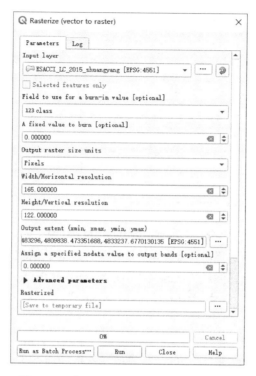

图 9-49 "Rasterize (vector to raster)"工具

在"Output extent"中输入输出数据的四至范围，本例将其设置为与"ESACCI_LC_2015_shuangyang"图层相同的四至范围。另外，还可以在"Assign a specified nodata value to output bands"中设置 Nodata 值，本例保持默认设置即可。

（4）在"Rasterized"中输入输出文件位置，单击"Run"按钮运行工具。

新生成的栅格数据与上一小节的原始栅格数据基本相同。

栅格数据空间分析

栅格数据是重要的数据模型之一，由于数据结构简单、直观，有利于计算机的存储与处理，运算效率较高，因此栅格数据的分析方法在整个空间分析领域具有重要的地位。栅格数据可以被理解为一个二维或多维矩阵，因此可以利用线性代数方法进行分析，而且许多通用的影像处理方法比较成熟，可以直接应用在栅格数据空间分析中。QGIS 工具箱中包括栅格工具、栅格分析、栅格地形分析等许多用于栅格处理与分析的工具，但是仍然有许多栅格分析需要借助 GDAL、GRASS 等提供的方法和工具。幸运的是，QGIS 工具箱提供的接口可以非常方便地使用这些第三方工具。本章将分门别类地对 QGIS 栅格数据空间分析方法进行详细介绍。

10.1　栅格数据基本操作

下面介绍栅格数据的基本操作，它们是许多空间分析的基础。

10.1.1　栅格对齐

在许多空间分析中，需要参与运算的遥感影像的坐标系、空间范围、分辨率等全部一致，这些操作可以通过裁切的方式进行。但是，在坐标系、空间范围、分辨率一致的情况下，栅格数据之间的像元却不能对齐，可能导致行、列数存在差异，这就需要对齐栅格数据。具体方法如下。

（1）选择 "Raster" — "Align Rasters..." 菜单命令，打开 "Align Rasters" 对话框，如图 10-1 所示。

（2）添加要对齐的栅格数据。单击 "✚" 按钮，打开 "Configure Layer Resampling"

对话框（见图 10-2），并设置输入图层、输出文件名和重采样方法。

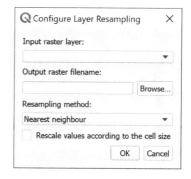

图 10-1 "Align Rasters"工具　　图 10-2 "Configure Layer Resampling"对话框

（3）对齐设置。对齐方式可以采用参考图层，或者自行设置；也可以选择裁剪到范围，在对齐栅格的同时将栅格数据统一在同一个范围，笔者建议这样做，因为这样可以保证范围统一，特别是后期需要编程遍历栅格数据时。

【小提示】对齐栅格也可以借助创建常量栅格和栅格计算器工具。

10.1.2　栅格采样

本小节介绍栅格采样的方法，即读取点要素所在位置的栅格像元值，并将其存储在新建的字段中，具体操作如下。

（1）打开示例数据中的"test_pnt.shp"点要素数据及"test_dem.tif"栅格文件。

（2）打开工具箱中的"Raster analysis"—"Sample raster values"工具（见图 10-3）。

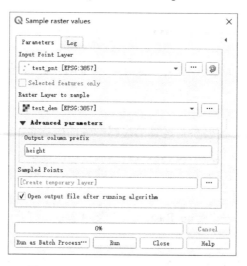

图 10-3 "Sample raster values"工具

（3）在"Input Point Layer"中选择采样点图层
"test_pnt"；在"Raster Layer to sample"中选择被采样
栅格图层"test_dem"；在"Output column prefix"中输
入采样字段前缀"height"。

（4）在"Sampled Points"中输入输出文件位置，单
击"Run"按钮执行工具，采样结果的属性表如图 10-4
所示。

在采样后的点要素矢量图层中，新生成的字段个数
与被采样栅格图层的波段数相同，并利用"前缀+波段
号"的形式命名。如果被采样的栅格图层存在多个波段，
则字段名称为"height_1"和"height_2"等。

	id	height_1
1	382	2060
2	375	1687
3	376	1401
4	377	2344
5	378	1852
6	355	1434
7	356	2690
8	357	692

图 10-4　采样结果的属性表

10.1.3　栅格计算

1. 栅格计算器

栅格计算器可以将一个或多个栅格数据叠加，并进行数值运算、逻辑判断和函数运
算等。在菜单栏中选择"Raster"—"Raster Calculator"命令，即可打开栅格计算器（见
图 10-5）。在工具箱"Raster"—"Raster calculator"中也可以打开栅格计算器（见图 10-6），
两者在布局上虽然存在差异，但是除了工具箱中的栅格计算器增加了预定义表达式
（Predefined expressions）选项，其余功能完全相同。

图 10-5　栅格计算器（通过菜单栏打开）　　图 10-6　栅格计算器（通过工具箱打开）

栅格计算器（通过菜单栏打开）窗口包括以下几部分。

- Raster Bands（栅格波段）：包括图层列表中的所有栅格图层及其波段，中间用"@"符号隔开，例如，"test_dom@2"表示"test_dom"图层的第二个波段。
- Operators（操作符）：使用的操作符。
- Raster Calculator Expression（栅格计算器表达式）：由栅格波段和操作符组成的表达式。
- Result Layer（结果图层）：输出结果图层的参数选项，包括输出栅格图层位置（Output layer）、栅格类型（Output format）、四至范围、行数（Rows）、列数（Columns）、栅格图层坐标系（Output CRS）等。单击"Selected Layer Extent"按钮，可以将输出数据的四至范围设置为左侧选中图层的四至范围。

2. 栅格计算器操作符

栅格计算器操作符包括数值运算符、三角函数和逻辑运算符等（见表10-1）。

表 10-1   栅格计算器操作符

符　号	说　明	符　号	说　明	符　号	说　明	符　号	说　明
+	加号	−	减号	*	乘号	/	除号
sqrt	平方根	^	幂函数	cos	余弦函数	acos	反余弦函数
sin	正弦函数	asin	反正弦函数	tan	正切函数	atan	反正切函数
log10	常用对数	ln	自然对数	(	左括号	)	右括号
<	小于	>	大于	=	等于	!=	不等于
<=	不大于	>=	不小于	AND	逻辑与	OR	逻辑或

单击栅格计算器中的任何一个操作符按钮，即可在栅格计算器表达式中填充相应的操作符。

3. 数值计算

下面以计算 NDVI 为例介绍数值计算的方法。

（1）打开多光谱测试数据"lt8_sample.tif"。

（2）选择"Raster"—"Raster Calculator"菜单命令，打开栅格计算器。

（3）在测试数据中，红色为第四个波段"lt8_sample@4"，近红外为第五个波段"lt8_sample@5"。根据 NDVI 计算公式，将以下表达式输入"Raster Calculator Expression"文本框中（见图10-7）。

```
("lt8_sample@5" - "lt8_sample@4") / ("lt8_sample@5" + "lt8_sample@4")
```

如果表达式正确，在文本框下方会提示"Expression valid"字样；如果表达式存在语法错误，则会显示"Expression invalid"字样。

（4）在"Output layer"中选择输出文件位置，选中任何一个图层，并单击"Selected Layer Extent"按钮保持原始的数据四至范围，单击"OK"按钮执行程序。

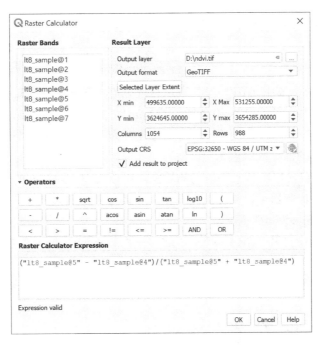

图 10-7　使用栅格计算器进行数值计算

4. 逻辑运算

QGIS 栅格计算器可以进行逻辑运算，例如，在"test_dem.tif"高程数据（见图 10-8）中提取 1000 米~2000 米的像元并赋值为 1，其他区域赋值为 0，则可以使用下面的表达式：

```
("test_dem@1" > 1000) AND ("test_dem@1" < 2000)
```

其中，"test_dem@1"是测试高程数据的图层波段；用 AND 逻辑与运算取左右两个关系式的并集，执行结果如图 10-9 所示。

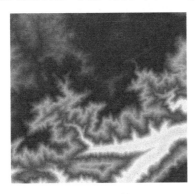

图 10-8　高程数据

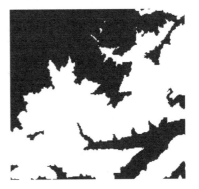

图 10-9　逻辑运算的结果

5. 条件语句

通过条件语句可以处理栅格数据中符合条件的部分像元。例如，以测试数据中的

"lt8_ndvi.tif"文件为例，将 NDVI 所有小于 0 的像元值全部赋值为-1 时，可以使用以下表达式：

```
("lt8_ndvi@1" < 0) * -1 + ("lt8_ndvi@1" >=0) * "lt8_ndvi@1"
```

其中，"("lt8_ndvi@1" < 0) * -1"表示将像元值小于 0 的部分赋值为-1，将其余像元值赋值为 0；"("lt8_ndvi@1" >=0) * "lt8_ndvi@1""的含义是将像元值不小于 0 的部分保留原始的像元值，将像元值小于 0 的部分设置为 0，将上述两个表达式相加即可将 NDVI 所有小于 0 的像元值赋值为-1。

QGIS 栅格计算器中没有条件语句的功能，所以实现上述功能的表达式非常复杂。借助 GRASS 栅格计算器可以简化这一操作，具体操作方法如下。

（1）打开"lt8_ndvi.tif"数据。

（2）在工具箱中打开"GRASS"—"r.*"—"r.mapcalc.simple"工具（见图 10-10）。

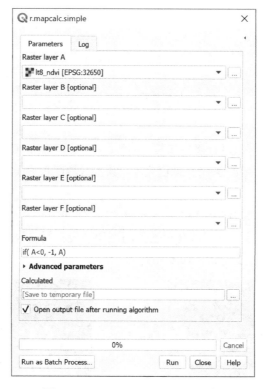

图 10-10　"r.mapcalc.simple"工具

（3）在"Raster layer A"选项中选择参与栅格计算的图层 A"lt8_ndvi"。如果需要更多的图层参与计算，可以在"Raster layer B"、"Raster layer C"等选项中设置图层 B、图层 C 等。

（4）在"Formula"选项中输入表达式。本例将所有像元值小于 0 的部分赋值为-1，表达式如下：

```
if( A<0, -1, A)
```

其中，"A"表示图层 A，如果存在更多的图层，如图层 B、图层 C 等，依次用字母"B"、"C"等表示。"if"表示条件函数，第一个参数为判断条件；第二个参数为判断条件为真时的像元值；第三个参数是判断条件为假时的像元值。

（5）在"Calculated"中输入输出文件位置，单击"Run"按钮执行工具。

6. 空值处理

在栅格数据中，空值（Nodata）处理是经常遇到的麻烦事，QGIS 栅格计算器不易解决这一问题，通常可以采用 GRASS 栅格计算器进行处理。

例如，将图层 A 中所有小于 1000 的像元值设置为空值，可以采用下列表达式：

```
if(A<=1000, null(), A)
```

其中，"null()"函数的返回结果即空值。如果将所有的空值像元赋值为-10，可以采用下列表达式：

```
if(isnull(A), -10, A)
```

其中，"isnull()"函数即可提取空值，当输入的像元值为空时返回真，将像元值赋值为 if 条件函数的第二个参数-10；反之则返回假，将像元值赋值为 if 条件函数的第三个参数 A，即保持原有的像元值不变。

还可以通过"r.null"工具处理空值，可在工具箱中打开"GRASS"—"r.*"—"r.null"工具，如图 10-11 所示。

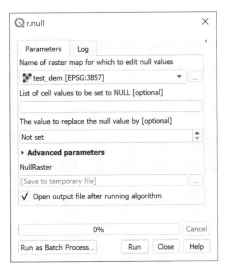

图 10-11 "r.null"工具

在"Name of raster map for which to edit null values"中选择栅格数据图层；在"List of cell values to be set to NULL"中选择需要设置为空的像元值列表（各像元值用逗号隔开）；在"The value to replace the null value by"中设置新的代表空值的像元值。"r.null"工具的使用方法简单，但只能对特定的像元值赋空，无法对某个范围内的像元值进行操作。

7. 几种栅格计算器的比较

QGIS、GDAL、SAGA 和 GRASS 均提供栅格计算器工具，除了 QGIS 栅格计算器和 GRASS 栅格计算器，GDAL 栅格计算器可以在工具箱"GDAL"—"Raster miscellaneous"—"Raster calculator"中打开（见图 10-12）；SAGA 栅格计算器可以在工具箱"SAGA"—"Raster calculus"—"Raster calculator"中打开（见图 10-13）。这几种栅格计算器的比较如表 10-2 所示。

图 10-12　GDAL 栅格计算器

图 10-13　SAGA 栅格计算器

表 10-2　几种栅格计算器的比较

栅格计算器来源	最多参与计算的栅格图层	算数运算与逻辑判断	常用函数	空值处理能力	条件语句
QGIS	无限	√	少量		
GDAL	6	√	无	√	
SAGA	无限	√	少量	√	√
GRASS	6	√	全面	√	√

GDAL 栅格计算器仅提供最基本的算数运算与逻辑判断功能，功能最少；GRASS 提供的函数包括大量的数学计算函数，功能最强大。

GDAL 栅格计算器的基本使用方法如下。

（1）在"Input layer A"中选择栅格图层 A，并在"Number of raster band for A"中选择图层 A 参与计算的波段。如果需要多个栅格图层参与计算，在"Input layer B"和"Number of raster band for B"中选择图层 B 及其波段，以此类推，最多可以添加到图层 F。

（2）在"Calculation in gdalnumeric syntax"中输入计算公式，栅格数据用 A、B 等

字母表示。在"Set output nodata value"中设置代表空值的像元值。

例如，将图层 A 中像元值不大于 0 的部分设为空，可以使用以下公式：

```
A * (A > 0)
```

并且将"Set output nodata value"设置为 0 即可。

（3）在"Calculated"中选择输出文件位置，单击"Run"按钮执行工具。

SAGA 栅格计算器的使用方法如下。

（1）在"Main input layer"中选择栅格图层 a，如果需要多个栅格图层参与计算，在"Additional layers"中选择多个图层，图层按顺序被命名为图层 b、图层 c 等。

（2）在"Formula"中输入计算公式；在"Resampling Method"和"Output Data Type"中分别选择重采样方法和输出数据类型。

例如，将图层 a 中不大于 0 的像元值设置为空的计算公式如下：

```
ifelse(a<0, 0/0, a)
```

其中，"ifelse"表示条件函数，用法与 GRASS 栅格计算器中的"if"函数类似；"0/0"表示空值（无效值）。

（3）在"Calculated"中选择输出文件位置，单击"Run"按钮执行工具。

10.1.4　栅格切片

切片数据是指将地理空间数据划分成块，每块称为一个切片（Tile），包括矢量切片和栅格切片两种类型。栅格数据通常很大，直接读取和传输需要耗费大量时间，因此栅格切片的应用范围更加广泛，常见的互联网地图服务均通过栅格切片的方式提供服务。栅格切片与栅格金字塔类似，可以将栅格数据分为若干个尺度层级，以便于快速响应数据请求。

栅格切片分为紧凑型切片和松散型切片两种。松散型切片的每个切片都通过一个单独的文件存储在文件系统中；紧凑型切片则将若干个切片集合在同一个文件中，包括MBTiles、TPK 等文件格式。在 QGIS 中，通过"Raster tools"节点下的"Generate XYZ tiles (Directory)"工具和"Generate XYZ tiles (MBTiles)"工具可以分别为当前地图画布数据生成松散型切片和紧凑型切片。

本小节以"test_dom.tif"数据为例，创建 MBTiles 格式的紧凑型切片，具体操作如下。

（1）打开"test_dom.tif"数据图层。

（2）在工具箱中打开"Raster tools"—"Generate XYZ tiles (MBTiles)"工具，如图 10-14 所示。

（3）在"Extent"选项中选择与"test_dom.tif"数据图层相同的四至范围；"Minimum zoom"和"Maximum zoom"选项分别表示生成数据最小和最大的尺度范围（范围为 0～25），此处分别选择"13"和"14"。其他选项说明如下。

- DPI：栅格切片数据的分辨率，范围为 48～200，值越大分辨率越高。

- Background color：背景颜色设置（仅 PNG 格式支持）。
- Tile format：切片格式，包括"PNG"和"JPG"两个选项。
- Quality (JPG only)：图片压缩质量，范围为 0～100，值越大图片质量越好（仅 JPG 格式支持）。
- Metatile size：图元文件大小，范围为 1～20。值越大渲染速度越快且标注质量越好，但是更消耗内存。

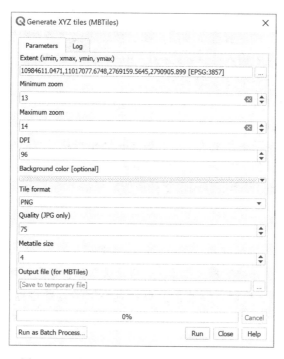

图 10-14　"Generate XYZ tiles (MBTiles)"工具

（4）在"Output file (for MBTiles)"中输入输出 MBTiles 文件的位置，单击"Run"按钮执行工具即可。

【小提示】矢量切片与栅格切片类似，通常使用 GeoJSON、TopoJSON、MVT（MapBox Vector Tile）等格式存储矢量切片，可以通过 Mapbox、GeoServer 等服务器软件生成。

10.2　栅格数据的创建与生成

本节介绍如何创建常量栅格与随机栅格数据，以及利用点要素、TIN 等图层通过插值方法生成栅格表面。

10.2.1　常量栅格与随机栅格

栅格数据常来源于卫星、无人机等设备采集到的影像资料，以及通过反演、模型模拟等分析结果产品，如遥感影像、数字高程模型（DEM）、土地利用分类等。但是在很多空间分析中，需要创建常量栅格或随机栅格作为辅助的输出参数或数据。例如，常量栅格常应用在数据掩膜（MASK）、栅格计算等方面，随机栅格可以应用在选取样本、噪声处理、数据脱敏等工作中。

1. 常量栅格

创建常量栅格的方法如下。

（1）在工具箱中双击"Raster tools"工具集下的"Create constant raster layer"工具，打开"Create constant raster layer"对话框，如图 10-15 所示。

图 10-15　"Create constant raster layer"工具

（2）各参数说明如下。

- Desired extent（期望范围）：按照 xmin、xmax、ymin、ymax 的顺序输入或选择常量栅格的四至范围。
- Target CRS（目标坐标参考系）：选择输出常量栅格数据的坐标系。
- Pixel size（像元大小）：输入常量栅格数据的像元大小。
- Constant value（常量）：输入常量栅格的数值常量。
- Constant（保存文件位置）：输入或选择保存的常量栅格文件的位置与文件名。

（3）单击"Run"按钮执行工具。

【小提示】常量栅格创建也可以采用工具箱中的"SAGA"—"Raster tools"—"Constant grid"工具实现。

2. 随机栅格

QGIS 栅格算法没有提供随机栅格的创建工具，可以借助 GRASS 功能实现相应操作，具体方法如下。

（1）启动含有 GRASS 的 QGIS 程序。

（2）在工具箱中打开"GRASS"—"r.*"—"r.surf.random"工具（见图 10-16）。

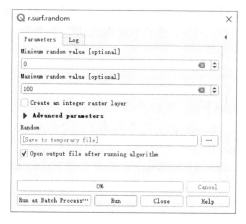

图 10-16　"r.surf.random"工具

各参数的说明如下。

- Minimum random value（最小随机值）：生成随机栅格的最小值，默认为 0。
- Maximum random value（最大随机值）：生成随机栅格的最大值，默认为 100。
- Create an integer raster layer（创建整型栅格数据）：生成栅格的数据类型为整型。
- Advanced parameters（高级参数）：包括设置范围（extent）、像元大小（cellsize）、创建选项（createopt）和元数据选项（metaopt）。

（3）单击"Run"按钮执行工具。

10.2.2　表面生成

本小节介绍如何使用反距离插值（IDW）对点要素进行插值，以及将 TIN 插值为 DEM 表面数据的方法。QGIS 不支持 TIN 数据格式，本小节使用的"test_tinnode.shp"是通过其他软件将 TIN 节点导出的点要素数据，"Height"字段代表节点高度。以下介绍的 IDW 插值和 TIN 插值均采用上述数据，以便对比两者的差异。

【小提示】在 ArcGIS 中导出 TIN 数据的节点，可以通过 ArcGIS 工具箱中的"3D analysis tools"—"Conversion"—"From TIN"—"TIN Node"工具实现。

1. IDW 插值

使用 IDW 插值的具体操作如下。

（1）打开"test_tinnode.shp"数据。

（2）打开工具箱中的"Interpolation"—"IDW interpolation"工具（见图 10-17）。

（3）IDW 插值工具支持同时输入多个点、线、面图层。在"Vector layer"中选择插值矢量图层；在"Interpolation attribute"中选择插值字段，单击"⊞"按钮即可将其加入插值图层列表中。

（4）在"Distance coefficient P"中输入反距离插值的反距离幂值（P 参数），默认为 2；在"Extent"中选择或输入插值栅格数据的范围，此处输入

"10984534.6367,11017024.6367,2769201.6837,2790981.6837 [EPSG:3857]"；在"Output raster size"中输入生成插值栅格数据的行数、列数（Rows、Columes）和分辨率（Pixel size X、Pixel size Y）。

（5）在"Interpolated"中输入输出文件位置，单击"Run"按钮执行工具，结果如图 10-18 所示。

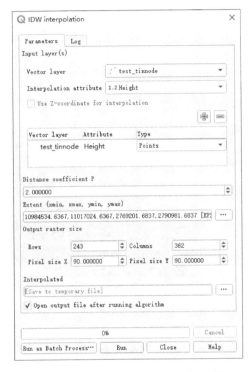

图 10-17　"IDW interpolation"工具

图 10-18　反距离插值结果

2. TIN 插值

（1）打开"test_tinnode.shp"数据。

（2）打开工具箱中的"Interpolation"—"TIN interpolation"工具（见图 10-19）。

（3）该工具的输出参数与 IDW 插值工具类似。在"Vector layer"中选择插值矢量图层"test_tinnode"；在"Interpolation attribute"中选择插值字段"Height"，单击"⊞"按钮即可将其加入插值图层列表中。

（4）在"Extent"中选择或输入插值栅格数据的范围，此处输入"10984534.6367,11017024.6367,2769201.6837,2790981.6837 [EPSG:3857]"；在"Output raster size"中输入生成插值栅格数据的行数、列数（Rows、Columes）和分辨率（Pixel size X、Pixel size Y）。

TIN 插值方法包括线性插值（Linear）和 Clough-Toucher 插值两种。

（5）在"Interpolated"中输入输出文件位置，单击"Run"按钮执行工具，结果如图 10-20 所示。

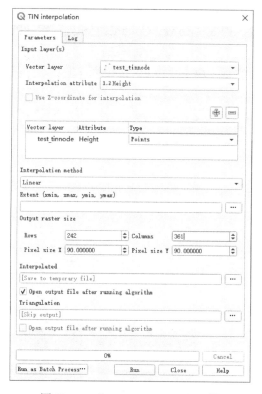

图 10-19 "TIN interpolation"工具

图 10-20 TIN 插值结果

【小提示】虽然 QGIS 不支持 TIN 数据，但是可以通过菜单栏中的"Vector"—"Geometry Tools"—"Delaunay triangulation…"工具生成面要素图层形式的三角网。

10.3 重采样和重分类

10.3.1 重采样

重采样（Resample）是指通过改变栅格像元的大小得到一个新的栅格。新栅格中的每个像元都是之前未采样的数据。因此，重采样的意义在于从已采样的数据中得到未采样数据的过程。重采样分为上采样和下采样两种，上采样是指对信号进行插值，即从低分辨率到高分辨率的过程；下采样是指对信号进行抽取，即从高分辨率到低分辨率的过程。无论是上采样还是下采样，其本质都是一样的，方法也是一致的。

QGIS 不自带重采样方法，但是可以借助 GDAL 的变形（重采样）Warp (Reproject)工具进行重采样。当然，Warp 工具不仅可以用于重采样，也可以执行投影转换、拼接、裁剪等多项功能。

Warp 工具提供了 12 种重采样方法。

● Near（最邻近法）：将与该影像中距离某像元位置最近的像元值作为该像元的新值。

- Bilinear（双线性内插法）：将采样位置周围 4 邻域（2×2）的像元通过距离加权平均方法计算新的像元值。
- Cubic（三次立方法）：与双线性内插法类似，将采样位置周围 16 邻域（4×4）的像元通过距离加权平均方法计算新的像元值，误差可以降低 1/3。
- Cubic Spline（三次样条法）：也称为 Spline 法，利用采样像元生成一个表面，并通过求解方程组的方式计算采样点的数值。
- Lanczos（Lanczos 插值法）：取得采样位置周围 36 邻域（6×6）的像元值，通过高阶函数计算这些像元值的权重，并通过加权方式计算新的采样点数值。
- Average（平均值）：新采样点取采样位置对应所有像元中非空像元的平均值。
- Mode（众数）：新采样点取采样位置对应所有像元中非空像元的众数。
- Max（最大值）：新采样点取采样位置对应所有像元中非空像元的最大值。
- Min（最小值）：新采样点取采样位置对应所有像元中非空像元的最小值。
- Med（中值）：新采样点取采样位置对应所有像元中非空像元的中值。
- q1（第一四分位数法）：新采样点取采样位置对应所有像元中非空像元的第一四分位数值。
- q3（第三四分位数法）：新采样点取采样位置对应所有像元中非空像元的第三四分位数值。

下面介绍重采样的具体操作方法。

（1）打开示例数据"test_dem.tif"。

（2）在菜单栏中选择"Raster"—"Projections"—"Warp (reproject)…"命令（见图 10-21）。

图 10-21　"Warp (reproject)…"工具

（3）在"Target CRS"中设置图层的坐标系"EPSG: 3857"；在"Resampling method to use"中选择重采样方法，此处采用三次样条法（Cubic Spline）；在"Output file resolution in target georeferenced units"中输入重采样后的分辨率，本例输入"10"。

（4）在"Reprojected"中输入输出文件位置，单击"Run"按钮执行工具，重采样结果如图 10-22 所示。

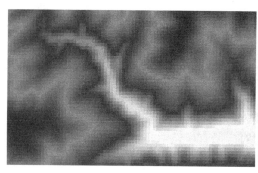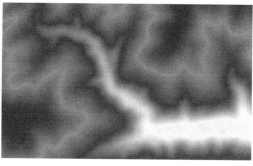

（a）重采样前　　　　　　　　　　　　　　　　（b）重采样后

图 10-22　重采样结果

10.3.2　重分类

重分类是通过一组函数将原有栅格数据的所有像元值进行重新分类计算，从而得到一组新的分类数据的过程。QGIS 提供"Reclassify by table"和"Reclassify by layer"两个重分类工具，前者手动设置重分类表格，后者读取外部数据（如表格、图层等）的重分类表格。

1. 手动设置重分类表格

将长春市双阳区附近的土地利用数据"ESACCI_LC_2015_shuangyang.tif"从 FAO 的 LCCS 分类体系重分类到如表 10-3 所示的新分类体系中。

表 10-3　原分类与重分类体系对应表

原分类（LCCS 分类）		重 分 类	
值	描　述	值	描　述
10	Cropland, rainfed	1	耕地
11	Cropland, rainfed - Herbaceous cover		
20	Cropland, irrigated or post-flooding		
30	Mosaic cropland (>50%) / natural vegetation (<50%)		
40	Mosaic natural vegetation (>50%) / cropland (<50%)	2	森林
60	Tree cover, broadleaved, deciduous, closed to open (>15%)		
80	Tree cover, needleleaved, deciduous, closed to open (>15%)		
100	Mosaic tree and shrub (>50%) / herbaceous cover (<50%)		
110	Mosaic herbaceous cover (>50%) / tree and shrub (<50%)	3	草地
130	Grassland		

续表

原分类（LCCS 分类）		重 分 类	
值	描　述	值	描　述
180	Shrub or herbaceous cover flooded fresh/saline/brakish water	3	草地
190	Urban areas	4	建筑用地
200	Bare areas	5	裸地
210	Water bodies	6	水体

具体操作如下。

（1）打开数据。

（2）在工具栏中打开"Raster analysis"—"Reclassify by table"工具（见图 10-23）。

（3）在"Raster layer"选项中选择需要重分类的栅格数据，本例选择"ESACCI_LC_2015_shuangyang.tif"图层；在"Band number"选项中选择重分类图层"Band 1"。

（4）在"Reclassification table"选项的右侧单击"…"按钮添加重分类表格，如图 10-24 所示；在"Advanced parameters"组合框下面的"Range boundaries"选项中选择范围边界，共包括"min < value <= max"、"min <= value < max"、"min <= value <= max"和"min < value < max"四个选项，本例选择"min <= value <= max"。

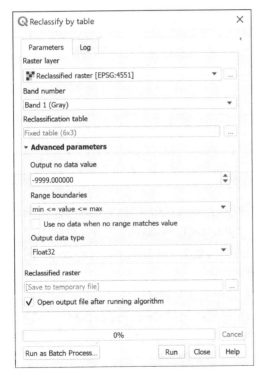

图 10-23　"Reclassify by table"工具　　　　图 10-24　添加重分类表格

（5）在"Reclassified raster"选项中选择输出文件位置，单击"Run"按钮运行工具，结果如图 10-25 所示。

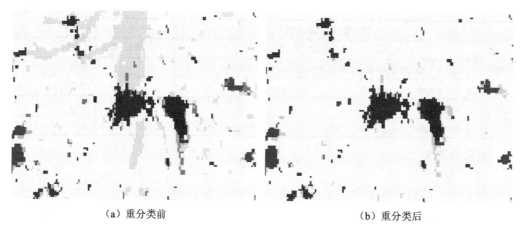

（a）重分类前　　　　　　　　　　　　　　（b）重分类后

图 10-25　重分类的结果

2. 自动读取重分类表格

本例将"jilin_dem.tif"文件中的数据每 500 米分为一个级别，预先将重分类表格保存为"xlsx"文件，如表 10-4 所示，将原分类中介于最小值（min）和最大值（max）之间的像元值设置为新的像元值（newvalue）。

表 10-4　吉林省 DEM 数据的重分类图层数据表

min	max	newvalue
500	1000	500
1000	1500	1000
1500	2000	1500
2000	2500	2000
2500	3000	2500
3000	3500	3000

具体操作如下。

（1）打开示例数据文件"jilin_dem.tif"，并打开重分类表格文件"reclass_table.xlsx"。

（2）在工具栏中打开"Raster analysis"—"Reclassify by layer"工具（见图 10-26）。

（3）在"Raster layer"中选择需要重分类的栅格数据，本例选择"test_dem"图层；在"Band number"中选择重分类图层"Band 1"。

（4）在"Layer containing class breaks"中选择重分类表格图层"reclass_table"；在"Minimum class value field"、"Maximum class value field"和"Output value field"中选择原分类最小值字段"min"、原分类最大值字段"max"和重分类字段"newvalue"；在"Advanced parameters"组合框下面的"Range boundaries"中选择范围边界"min < value <= max"。

（5）在"Reclassified raster"中选择输出文件位置，单击"Run"按钮运行工具，结果如图 10-27 所示。

图 10-26　"Reclassify by layer"工具

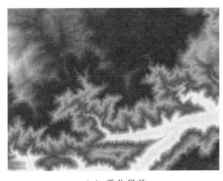

（a）重分类前　　　　　　　　　　　　　　　　（b）重分类后

图 10-27　DEM 数据重分类的结果

10.4　距离与核密度分析

10.4.1　距离分析

欧式距离（Euclidean Distance）求生成的栅格数据中的每个像元与目标要素的直线距离。目标要素通常指某个公共服务设施、工厂等地理要素，如消防站、道路、公园等。本小节以某区域内通信基站位置（模拟）的点要素数据"test_basestation.shp"为例，介绍欧式距离分析方法。

由于 GDAL 工具提供的距离分析工具只能将栅格数据作为输入数据，因此本例分两个步骤：将基站位置数据转为栅格数据和距离分析。具体操作如下。

1. 将基站位置数据转为栅格数据

（1）打开上述数据。

（2）打开"Rasterize (vector to raster)"工具（见图10-28）。

（3）在"Input layer"中输入"test_basestation"；在"A fixed value to burn"中输入基站的栅格值"1"；在"Output raster size units"及后面的两个选项中设置生成栅格数据的分辨率（90米）；在"Output extent"中设置输出栅格的四至范围，选择与"test_dom.tif"相同的范围。

（4）单击"Run"按钮生成栅格图层"Rasterized"。

2. 距离分析

（1）在菜单栏中选择"Raster"—"Analysis"—"Proximity (raster distance)"命令（在工具箱中打开"GDAL"—"Raster analysis"—"Proximity (raster distance)工具"），如图10-29所示。

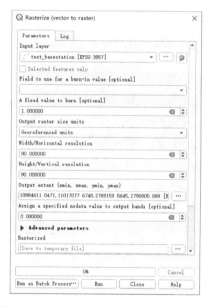

图10-28　"Rasterize (vector to raster)"工具　　图10-29　"Proximity (raster distance)"工具

（2）在"Input layer"中选择刚才生成的"Rasterized"图层；在"Band number"中选择"Band 1"；在"A list of pixel values in the source image to be considered target pixels"中输入基站的像元值"1"；其他选项保持默认即可。各选项含义如下。

- Distance units：距离单位，包括地理坐标（Georeferenced coordinates）和像素坐标（Pixel coordinates）两种。

- The maximum distance to be generated：生成的最大距离，将超过该距离的栅格值设置为Nodata。

- Value to be applied to all pixels that are within the -maxdist of target pixels：将未超过生成的最大距离的像元值均设置为同一常数，而不将其设置为距离值。
- Nodata value to use for the destination proximity raster：输出栅格数据的 Nodata 值。
- Output data type：输出数据类型。

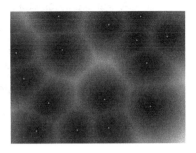

图 10-30　欧式距离分析的结果

（3）在"Proximity map"中输入输出文件位置，单击"Run"按钮执行工具，计算结果如图 10-30 所示。

【小提示】除了欧式距离，通过成本图层为欧式距离进行修正的成本距离（Cost distance）也是常用的距离分析方法。QGIS 原生工具中没有成本距离工具，可以通过工具箱中的"SAGA"—"Raster analysis"—"Accumulated cost (isotropic)"工具实现。

10.4.2　核密度分析

核密度分析是指结果栅格数据中的每个像元求出距离其一定距离内的点要素，且通过距离进行加权，从而得到点要素数据的聚集情况。具体操作如下。

（1）打开测试数据"test_tinnode.shp"。

（2）在工具箱中打开"Interpolation"—"Heatmap (Kernel Density Estimation)"工具（见图 10-31）。

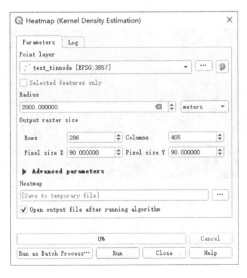

图 10-31　"Heatmap (Kernel Density Estimation)"工具

（3）在"Point layer"中选择计算核密度的点要素图层"test_tinnode"；在"Radius"中设置搜索半径"2000"；在"Output raster size"中设置输出栅格数据的分辨率、行数和列数。

在"Advanced parameters"中可以进行高级设置，各选项说明如下。

- Radius from field：自定义半径字段，每个点要素需要使用不同的半径搜索到。
- Weight from field：自定义权重字段，每个点要素具有不同权重。
- Kernel shape：核函数形态，包括四次（Quartic）、三角（Triangular）、统一（Uniform）、三次权重（Triweight）和 Epanechnikov 曲线等（见图 10-32）。
- Decay ratio：衰减比参数（仅在三角核函数形态时有效）
- Output value scaling：输出数值缩放，包括原始（Raw）和缩放（Scaled）两个选项。

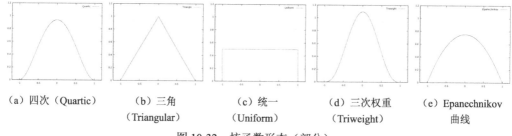

| (a) 四次（Quartic） | (b) 三角（Triangular） | (c) 统一（Uniform） | (d) 三次权重（Triweight） | (e) Epanechnikov 曲线 |

图 10-32　核函数形态（部分）

（4）在"Heatmap"中选择输出文件位置，单击"Run"按钮执行工具，结果如图 10-33 所示。

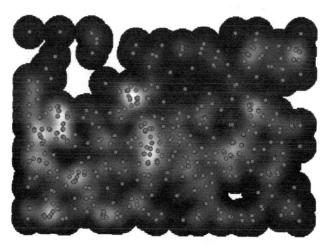

图 10-33　核密度分析的结果

10.5 地形分析（表面分析）

10.5.1 坡度、坡向分析

1. 坡度计算

坡度（Slope）是指地表的倾斜程度，即坡面与水平面之间的夹角。坡度计算方法如下。

（1）打开测试数据文件"test_dem.tif"。

（2）选择"Raster"—"Analysis"—"Slope…"命令（在工具箱中打开"GDAL"—"Raster analysis"—"Slope"工具），如图 10-34 所示。

（3）在"Input layer"中选择 DEM 数据；在"Band number"中选择波段"Band 1"，其他选项保持默认即可。各选项说明如下。

- Ratio of vertical units to horizontal：高程单位与水平坐标单位的比例。

- Slope expressed as percent instead of degrees：用百分比代替角度单位。

- Compute edges：计算边界（取消勾选该复选框后，因卷积运算的缘故，行数和列数均减 2）。

- Use ZevenbergenThorne formula instead of the Horn's one：使用 ZevenbergenThorne 计算法代替 Horn 计算法，前者更适用于平坦的地面。

（4）在"Slope"中选择输出文件位置，单击"Run"按钮执行工具，结果如图 10-35 所示。

图 10-34　"Slope"工具

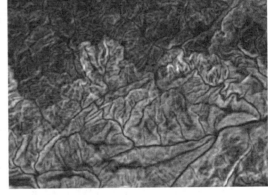

图 10-35　坡度计算的结果

2. 坡向计算

坡向（Aspect）是指地表坡面的朝向，以正北方向为基准，顺时针旋转。如果地表平坦，则坡向默认值为-9999。

坡向计算工具的使用方法如下。

（1）打开测试数据文件"test_dem.tif"。

（2）选择"Raster"—"Analysis"—"Aspect…"命令（打开工具箱中的"GDAL"—"Raster analysis"—"Aspect"工具），如图 10-36 所示。

（3）在"Input layer"中选择 DEM 数据；在"Band number"中选择波段"Band 1"。

其他选项保持默认即可。各选项说明如下。

- Return trigonometric angle instead of azimuth：以正东为方向、逆时针旋转的角度作为坡向。
- Return 0 for flat instead of -9999：使用 0 代替-9999 表示平坦的地区。

"Compute edges"表示计算边界；"Use ZevenbergenThorne formula instead of the Horn's one"表示使用 Zevenbergen Thorne 计算法。

（4）在"Aspect"中选择输出文件位置，单击"Run"按钮执行工具，结果如图 10-37 所示。

图 10-36　"Aspect"工具

图 10-37　坡向计算的结果

10.5.2　地形指数分析

GDAL 提供三种主要的地形指数，包括地形位置指数（TPI）[Topographic Position Index(TPI)]、地形粗糙指数（TRI）[Terrain Ruggedness Index(TRI)] 和粗糙度（Roughness），这三个指数通过不同的计算方法表现地形的粗糙程度：地形位置指数是中心像元与周围八个像元的差的绝对值的平均值；地形粗糙指数是中心像元与周围像元平均值的差；粗糙度是 3×3 邻域内最大值与最小值的差。

这三个地形指数的计算工具在"Raster"—"Analysis"中分别对应"Topographic Position Index (TPI) …"、"Terrain Ruggedness Index (TRI) …"和"Roughness…"。本小节以地形位置指数（TPI）为例，介绍地形指数分析方法。具体操作如下。

（1）打开测试数据文件"test_dem.tif"。

（2）选择"Raster"—"Analysis"—"Topographic Position Index (TPI)…"命令（打开工具箱中的"GDAL"—"Raster analysis"—"Topographic Position Index (TPI)工具"，如图 10-38 所示。

（3）在"Input layer"中选择 DEM 数据；在"Band number"中选择波段"Band 1"；选择"Compute edges"复选框表示计算边界，本例不选择该复选框。

（4）在"Topographic Position Index"中选择输出文件位置，单击"Run"按钮执行工具，结果如图 10-39 所示。

 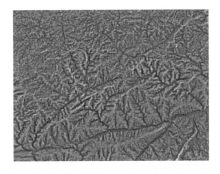

图 10-38　"Topographic Position Index (TPI)"工具　　图 10-39　地形位置指数（TPI）计算的结果

10.5.3　山体阴影

具体操作方法如下。

（1）打开测试数据"test_dem.tif"文件。

（2）选择"Raster"—"Analysis"—"Hillshade…"命令（打开工具箱中的"GDAL"—"Raster analysis"—"Hillshade"工具），如图 10-40 所示。

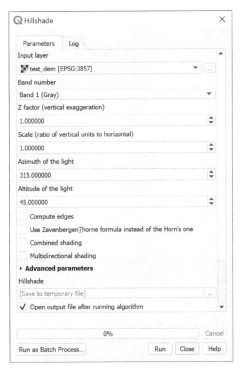

图 10-40　"Hillshade"工具

309

（3）在"Input layer"中选择 DEM 数据；在"Band number"中选择波段"Band 1"。其他选项保持默认即可。各选项说明如下。

- Z factor：缩放系数。
- Scale：高程单位与水平坐标单位的比例。
- Azimuth of the light：太阳方位角，以正北为基准，顺时针旋转。
- Altitude of the light：太阳高度角。
- Combined shading：组合阴影。
- Multidirectional shading：多角度阴影。

选择"Compute edges"复选框表示计算边界；选择"Use ZevenbergenThorne formula instead of the Horn's one"复选框表示使用 Zevenbergen Thorne 计算法。

（4）在"Hillshade"中选择输出文件位置，单击"Run"按钮执行工具，结果如图 10-41 所示。

图 10-41　山体阴影计算的结果

10.5.4　等值线

本小节介绍如何通过 DEM 数据生成等高线。除了等高线，等温线、等深线等多种等值线也可以采用下面的方法进行计算，具体操作方法如下。

（1）打开测试数据文件"test_dem.tif"。

（2）选择"Raster"—"Extraction"—"Contour…"命令（在工具箱中打开"GDAL"—"Raster extraction"—"Contour"工具），如图 10-42 所示。

（3）在"Input layer"中选择 DEM 数据；在"Band number"中选择波段"Band 1"；在"Interval between contour lines"中输入等高线间隔，本例输入"100"；在"Attribute name"中输入等高线高度的字段名称；在"Offset from zero relative to which to interpret intervals"中输入等高线所在高度位置的偏移量。

（4）在"Contours"中选择输出文件位置，单击"Run"按钮执行工具，结果如图 10-43 所示。

图 10-42　"Contour"工具　　　　　　　图 10-43　等值线生成的结果

第11章

扩展 QGIS

QGIS 具有极强的扩展能力。一方面，QGIS 的插件功能吸引了大量的社区开发者，很多领域的地理信息系统与空间分析工具已融合到 QGIS 体系中。这些插件虽然质量参差不齐，但是仍然涌现了许多易用、稳定的插件。另一方面，对于普通用户而言，可以尝试通过模型构建器工具和 PyQGIS 工具创建地理空间处理工作流，将多个 QGIS 工具组合在一起，并复用模型与代码，减少重复性工作。

本章秉着深入浅出的原则，先介绍最简单、易用的 QGIS 插件的基本使用方法，随后介绍图形化的模型构建，最后介绍 PyQGIS 的基本操作，以及如何利用 PyQGIS 执行常见的窗体控制、工具执行等操作。

11.1 插件管理

QGIS 具有完整的插件体系，这使得它可以融合许多第三方的软件和工具，如 Google Earth Engine、OpenLayers 等，因此 QGIS 具有强大的生命力。本节介绍 QGIS 的插件体系及插件管理器的基本使用方法。

11.1.1 插件与插件管理器

1. QGIS 插件

QGIS 插件包括核心插件（Core Plugins）和外部插件（External Plugins）两类。核心插件随着 QGIS 的安装自动安装，且不可以单独卸载；外部插件可以通过插件仓库（Plugin Repository）或插件压缩文件（ZIP）等单独安装和卸载。

QGIS 的核心插件如表 11-1 所示。

表 11-1　QGIS 的核心插件

插 件 名 称	插 件 功 能
Coordinate Capture	在不同的坐标系下捕获某个位置的地理坐标或投影坐标
DB Manager	可以从数据库中读取、写入、编辑和浏览各种图层和表的数据库管理器，并执行满足 OSGeo 标准的 SQL 查询语句
eVIS	可以通过导入相片等方式实现地理事物的可视化
Geometry Checker	图形错误检查工具
Georeferencer GDAL	通过 GDAL 工具为栅格数据进行地理配准
GPS Tools	导入和导出 GPS 设备中的定位数据
GRASS 7	执行 GRASS GIS 工具的必备插件，可以对 GRASS 环境参数（如投影坐标、地理范围等）进行设置
Metasearch Catalogue Client	Metasearch 插件，可以用于地理数据元数据的检索
Offline Editing	离线编辑工具，可以对网络或存储在数据库中的地理数据进行离线编辑与同步
Processing	QGIS 工具箱
Topology Checker	拓扑检查工具，可以对矢量数据查找拓扑错误

2. 插件管理器

插件管理器具备安装、卸载、启用、禁用等各种 QGIS 插件功能。在菜单栏中选择 "Plugins" — "Manage and Install Plugins..." 命令即可打开 QGIS 插件管理器，如图 11-1 所示。

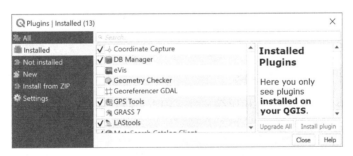

图 11-1　QGIS 插件管理器

插件管理器包括全部插件（All）、已安装插件（Installed）、未安装插件（Not installed）、最新插件（New）、从 ZIP 文件安装插件（Install from ZIP）和设置（Settings）等选项卡。

3. 插件设置

单击插件管理器的 "Settings" 选项卡，即可在其右侧的设置界面（见图 11-2）对插件管理器进行以下选项设置。

- Check for updates on startup：在 QGIS 启动时检查插件更新，并推送最新的插件。
- Show also experimental plugins：显示所有的实验性插件。
- Show also deprecated plugins：显示所有弃用插件。
- Plugin repositories：增加或删除插件仓库。

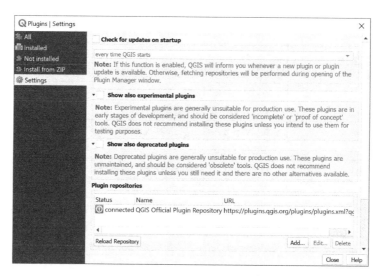

图 11-2 "Settings" 选项卡

"Plugin repositories"组合框的列表中展示了所有的 QGIS 插件仓库。安装 QGIS 后，该列表默认存在一个名为"QGIS Official Plugin Repository"的 QGIS 官方插件仓库。由于访问该仓库需要解析"qgis.org"域名并访问其网站，在该仓库下进行插件下载、更新的速度可能较慢。因此，许多公司、团队或个人通过自建仓库的方式安装和更新插件。"Status"列表示仓库状态，包括已连接（ⓘconnected）、不可用（ⓘunavailable）和禁用（ⓘdisabled）三类；"Name"列表示仓库名称；"URL"列表示仓库网络位置。通过"Add..."、"Edit..."和"Delete"按钮可以对仓库进行增加、编辑和删除操作，单击"Reload Repository"按钮可以重新加载仓库状态。

11.1.2 插件的安装与卸载

插件的安装包括仓库安装和压缩文件（ZIP 文件）安装两种方式。

1. 仓库安装

仓库安装是指从官方插件仓库或自建仓库中搜索插件，并通过网络传输方式快速下载、安装插件的方法。在插件管理器中，在"🧩All"选项卡或"🧩Not installed"选项卡中的仓库插件列表中点选需要安装的插件，单击其右侧详情页下方的"Install plugin"按钮即可安装插件。

通过该方式安装插件的时间主要取决于主机与插件仓库的网络连通性能，常需要在进度对话框等待一段时间（见图 11-3），单击"Abort"按钮可以放弃安装。

图 11-3 进度对话框

2. 压缩文件（ZIP 文件）安装

QGIS 的插件可以通过压缩文件的形式在互联网和存储介质中传递，并且可以通过插件管理器安装 ZIP 文件中的插件。在 QGIS 的插件门户（http://plugins.qgis.org/plugins/）中可以查找、浏览和下载以 ZIP 文件包装的 QGIS 插件。存储插件的 ZIP 压缩文件的安装方法如下：单击插件管理器中的"🌐Install from ZIP"选项卡，在"ZIP file"选项中选择插件文件，单击"Install Plugin"按钮，如图 11-4 所示。

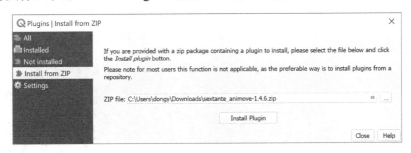

图 11-4　以压缩文件（ZIP 文件）的形式安装 QGIS 插件

3. 插件卸载、重装与更新

在插件管理器的"🌐Installed"选项卡中，先单击需要卸载的插件，再单击"Uninstall Plugin"按钮即可卸载插件；单击"Reinstall Plugin"按钮即可重新安装插件；单击"Upgrade All"按钮可更新所有的插件。

11.1.3　实用外部插件

QGIS 的插件为 QGIS 的功能扩展带来了无限可能，在众多开发者的不懈努力下，QGIS 已经拥有了许多优秀且实用的外部插件。本小节介绍几种好用且可以在官方仓库中下载的常用外部插件，这些插件可以在 QGIS 3.10 LTR 环境下稳定运行。

1. 矢量工具插件

1）MMQGIS 插件

MMQGIS 插件是基于 Python 的矢量数据处理工具集，包括 CSV 工具、Geocode 工具、几何对象工具、缓冲分析、简单动画制作等功能。这些功能可以通过菜单栏中的"MMQGIS"菜单进行调用，可以代替 QGIS 工具箱中的部分工具。MMQGIS 自 2012 年诞生以来，因稳定性、实用性及易用的用户界面受到广泛好评。

2）AnotherDXFImporter 插件

AnotherDXFImporter 插件可以代替 QGIS 原生的 DXF 导入工具。相对于 QGIS 原生的 DXF 导入工具，AnotherDXFImporter 工具的能力更强，可以保持 DXF 图层的多种额外信息，如保持图层分组等。安装 AnotherDXFImporter 插件后，可以通过菜单栏中的"Vector Import/Convert"—"Import or Convert"命令打开各项工具。

3）Buffer by Percentage 插件

Buffer by Percentage 插件是一种可以按照比例创建面要素的内部缓冲区的工具，安装该插件后，在 QGIS 新增的"Buffer by Percentage"工具栏中可以找到"Fixed percentage buffer"和"Variable percentage buffer"工具，这两个工具可以分别创建固定比例的内部缓冲区和动态比例（通过要素属性确定比例）的内部缓冲区。

2. 剖面工具插件

剖面工具（Profile tool）可以对 DEM 栅格图层或具有高程信息的点要素图层进行剖面分析，并且可以将分析结果导出为 SVG、PNG、PDF 等多种数据格式，如图 11-5 所示。剖面工具插件被安装后，可以在 QGIS 的"Plugins"—"Profile Tool"—"Terrain profile"菜单中找到。

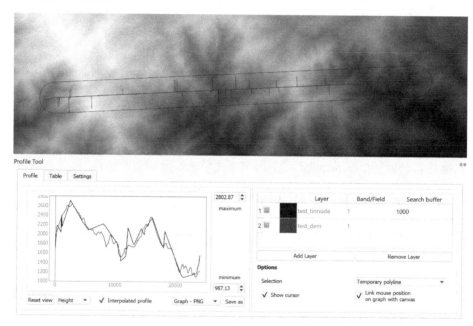

图 11-5　剖面工具插件截图

3. 网络工具插件

1）Qgis2web 插件

Qgis2web 插件可以将 QGIS 工程中的地图导出为 OpenLayers 或 Leaflet 地图，并保持其地图图层和图层样式。插件安装完成后，单击菜单栏中的"Web"—"qgis2web"—"Create web map"命令即可打开导出地图窗口，并且该插件生成的 HTML 文件可以直接在浏览器中打开，不需要其他服务器支持。

2）QuickOSM 插件

QuickOSM 插件通过 Overpass API 下载 OSM（OpenStreetMap）工具，也可以打开本地的 OSM 和 PBF 文件。OSM 是开源免费的世界地图，可供科研和学习制图使用。

3）Qgis2threejs 插件

Qgis2threejs 插件可以将 DEM 数据和矢量数据以 3D 形式显示在 Web 浏览器中（见

图 11-6），并且可以发布到 Web 服务器中，或者将 3D 模型导出为 PNG、glTF（可用于 3D 打印）等格式。插件安装完成后，选择菜单栏中的"Web"—"Qgis2threejs"—"Qgis2threejs Exporter"命令即可打开 3D 地图导出工具。

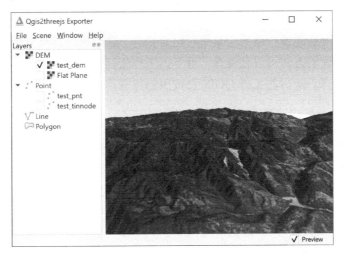

图 11-6　Qgis2threejs 插件截图

4）ArcGIS ImageServer Connector

该插件可以通过用户授权的方式连接、浏览和使用远程 ArcGIS Image Server 服务。

4. 插件构建器插件

该插件是官方建议的通过模板创建 QGIS 插件的工具，可以简化 QGIS 插件开发的流程。插件构建器可以通过 QGIS 菜单栏中的"Plugins"—"Plugin Builder"命令打开，如图 11-7 所示。

图 11-7　插件构建器插件截图

11.2　模型构建

模型构建功能可以通过可视化的方法将多个工具组合在一起，从而通过定义工作流的方式创建地理处理模型。在许多地理处理与分析工作中，各项地理数据的处理操作往往不是独立的，而是通过一系列工具进行组合操作，这些枯燥且重复的工作通常让人厌烦。通过模型构建的方式可以使复杂、重复的工作变简单，创建后的模型只需要暴露模型的输入参数选项，随后的工作 QGIS 会按照创建模型时定义的工作流逐步完成，并输出结果。

模型可以被轻松复用，这样简化了重复且复杂的地理处理工作，节约人力、物力和时间成本。与 QGIS 提供的其他工具类似，自定义创建模型也被放置在 QGIS 工具箱中，且具有与 QGIS 普通工具类似的用户界面。

本节介绍模型构建器界面和创建模型的基本方法，并以欧式距离为例介绍具体的模型创建方法。

11.2.1　模型构建器

模型构建器（Modeler）是一个图形化的建模工具，可以通过一个简单、易用的图形界面提供创建复杂模型的功能。在 QGIS 菜单栏中选择"Processing"—"✳Graphical Modeler…"命令即可打开模型构建器，并创建一个新的地理处理模型，如图 11-8 所示。

模型构建器窗口包括模型画布、工具栏、模型属性（Model properties）面板、输入项（Inputs）面板、算法（Algorithms）面板几部分。输入项面板和算法面板在默认情况下组合在一起，形成选项卡。

模型画布是模型构建器的主体，用于通过图形的方式绘制和表达模型的工具流。

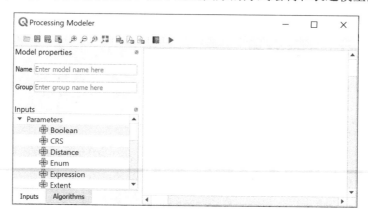

图 11-8　模型构建器窗口

模型构建器工具栏提供以下功能。

（1）模型打开与保存操作：在文件系统中，模型通过 XML 的方式组织并存储在以"model3"为后缀名的文件中。在工具栏中，单击"📁"按钮可以打开模型；单击"💾"按钮可以保存模型；单击"🖫"按钮可以另存模型；单击"🖳"按钮可以将模型保存在

QGIS 工程中，便于与工程一起传递模型算法。被保存在工程中的模型可以在 QGIS 工具箱的"Project models"节点内找到并打开。

（2）模型画布缩放、平移操作：在工具栏中单击"🔍⁺"、"🔍⁻"、"1:1"和"🔍"按钮可以分别放大模型画布、缩小模型画布、将模型画布缩放到原始比例和将模型画布缩放到可以显示整个模型的比例。

（3）模型图形的导出操作：在工具栏中单击"🖼"、"📄"和"🖼"按钮可以分别将模型画布中的工作流导出为 PNG、PDF 或 SVG 文件。

（4）模型帮助的制作操作：在工具栏中单击"🔲"按钮制作该模型的说明文档。

（5）模型运行操作：在工具栏中单击"▶"按钮可以直接运行模型，通常用于测试模型的可用性。

11.2.2　模型构建方法

构建一个 QGIS 模型需要经过以下三个步骤。

（1）定义模型名称和分组：在模型属性面板中，通过"Name"和"Group"选项可以分别输入模型的名称和分组名称。模型名称为必填选项，没有定义名称的模型无法保存。另外，模型的名称和分组名称体现在 QGIS 工具箱中，与保存模型的文件名没有直接关系。

（2）定义输入项：定义模型输入的数据与参数，并直接显示在模型运行的对话框中。

（3）定义工作流：根据地理处理的工作流程，用户需要按照顺序逐一在模型画布中增加已有的算法工具，并将其与输入项连接起来。在模型工作流尾端的算法工具上，需要定义模型的输出选项。

下面主要介绍定义输入项和工作流的基本操作方法。

1. 定义输入项

模型构建器的"Inputs"面板中包含 QGIS 支持的所有类型的模型输入项。插入模型输入项的方法如下。

（1）双击任何一个输入项，或者将输入项拖入模型画布，弹出"Parameter Definition"对话框，如图 11-9 所示。

图 11-9　"Parameter Definition"对话框

（2）在"Parameter name"选项中输入参数名称，勾选"Mandatory"复选框后即可将其设置为必填参数，否则其为选填参数。

（3）单击"OK"按钮，模型画布中会出现一个带有""图标的黄色矩形框，代表一个模型输入项，显示名称为在"Parameter name"选项中设置的名称，如图 11-10 所示。此时，拖动黄色矩形框可以移动输入项；双击矩形框或单击其右下角的"..."图形可以编辑输入项；单击"×"图形可以删除输入项。

图 11-10　加入画布的模型输入参数

QGIS 支持的各种模型输入项说明如下，各种模型输入项在模型运行界面显示的控件样式如图 11-11 所示。

（1）Boolean（布尔值）：在工具对话框中表现为单选框。创建布尔值参数输入项时，可以通过"Checked"选项选择默认的选择状态。

（2）CRS（坐标系）：可以通过"Default value"选项设置默认的坐标系。

（3）Distance（距离）：输入特定的投影地图的距离。在"Linked input"选项中可以设置距离对应的参考坐标系选项，为坐标系输入项或图层输入项；在"Min value"和"Max value"选项中可以设置距离设定的最小值和最大值；在"Default value"选项中可以设置距离的默认值。

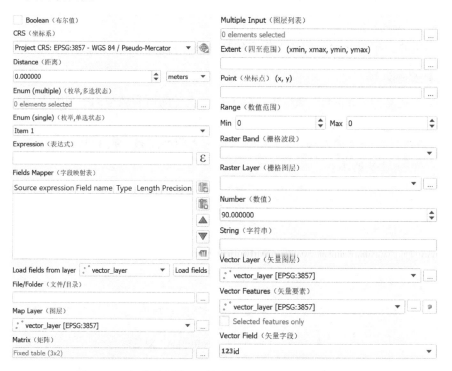

图 11-11　各种模型输入项在模型运行界面显示的控件样式

（4）Enum（枚举）：枚举在工具对话框中表现为下拉列表框，或者通过弹出对话框的形式提供多选能力。创建枚举输入项时，列表显示所有枚举项，单击右侧的"➕"、"➖"和"🧹"按钮可以分别增加、删除和清空枚举项；通过"Allow multiple selection"选项可以切换枚举的单选状态和多选状态。

（5）Expression（表达式）：在"Default value"选项中可以输入默认表达式；在"Parent layer"选项可以选择其父图层（通过"None"选项可以不指定父图层）。例如，当指定某个矢量图层作为其父图层时，表达式编辑器的"Fields and Values"中可以显示其矢量图层的各个字段，并用于分析。

（6）Extent（四至范围）：用于输入或选择地理处理的四至范围。

（7）Fields Mapper（字段映射表）：可以输入或选择多个参与地理处理的字段，以及相应的源表达式（Source expression）、字段类型（Type）、长度（Length）和精度（Precision）等。

（8）File/Folder（文件/目录）：可以选择参与地理处理的文件或目录，在"Type"选项中可以指定切换其选择文件模式（File）或目录模式（Folder）。

（9）Map Layer（图层）：可以使所有图层（包括矢量图层和栅格图层）均以下拉列表的形式供用户选择。

（10）Matrix（矩阵）：利用表格提供矩阵输入工具，常用于卷积分析、重分类等工具中。创建该输入项时，选择"Fixed number of rows"选项时，行数将不能被修改。

（11）Multiple Input（图层列表）：通过弹出对话框的形式提供多个图层的选择功能。创建该输入项时，通过"Data type"选项指定可被选择的图层类型，包括所有图层（Any Map Layer）、无几何对象矢量图层［Vector (No Geometry Required)］、点要素矢量图层［Vector (Point)］、线要素矢量图层［Vector (Line)］、面要素矢量图层［Vector (Polygon)］、所有矢量图层［Vector (Any Geometry Type)］、栅格图层（Raster）和文件（File）。

（12）Number（数值）：在"Min value"和"Max value"选项中可以设置其最小值和最大值；在"Default value"选项中可以使其保持默认值。

（13）Point（坐标点）：在"Default value"选项中可以使其保持默认坐标点。

（14）Range（数值范围）：提供输入最小数值（Min）和最大数值（Max）两个选项。

（15）Raster Band（栅格波段）：在"Parent layer"选项中指定其父图层。

（16）Raster Layer（栅格图层）：提供栅格图层的选择选项。

（17）String（字符串）：在"Default value"选项中可以使其保持默认字符串。

（18）Vector Features（矢量要素）：提供矢量要素的选项。与矢量图层不同的是，该选项右侧存在"🔁"按钮，用于矢量迭代。创建该输入项时，在"Geometry Type"选项中可以选择其类型要求，包括无几何对象的要素（Geometry Not Required）、点要素（Point）、线要素（Line）、面要素（Polygon）和任何具有几何对象的要素（Any Geometry Type）。

（19）Vector Field（矢量字段）：创建该输入项时，在"Parent layer"选项中选择其父图层；在"Allowed data type"选项中选择其类型要求，包括所有（Any）、数值字段

（Number）、字符串字段（String）和日期或时间字段（Date/time）等；选中"Accept multiple fields"选项后，可以通过弹出对话框的形式提供字段的多选能力；在"Default value"选项中可以选择默认字段的字段名。

（20）Vector Layer（矢量图层）：提供矢量图层的选项，不提供矢量迭代的选项。在创建该输入项时，在"Geometry Type"选项中可以选择其类型要求，包括无几何对象的要素（Geometry Not Required）、点要素（Point）、线要素（Line）、面要素（Polygon）和任何具有几何对象的要素（Any Geometry Type）。

2. 定义工作流

通过插入一个或多个算法工具，并且每个工具都需要和输入项连接，或者与其他算法工具连接，并最终定义模型输出的方式定义工作流。

添加算法工具的方法如下。

（1）在"Algorithms"面板中，双击任何一个算法工具（可以在上方的搜索框输入关键词查找工具），或者将算法工具拖入模型画布中，弹出相应的工具插入对话框。例如，添加"GDAL"—"Raster analysis"—"Slope"算法工具时，弹出如图 11-12 所示对话框。

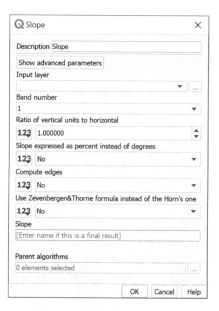

图 11-12　添加"Slope"工具

（2）在"Description"选项中输入工具的描述，并在工具的各选项中选择每个参数（数据图层）或参数（数据图层）来源。

- 对于栅格图层、矢量图层、矢量要素、图层列表、四至范围等输入项，需要从下拉菜单中选择输入项、其他算法工具的运行结果，或者单击"…"按钮选择文件系统的外部数据。

- 对于数值、数值范围等输入项，可以单击其左侧的按钮，并在弹出的下拉菜单中选择参数来源，包括设定数值（**123** Value）、预计算数值（ε Pre-calculated Value）、模型输入项（✿ Model Input）和算法输出项（⚙ Algorithm Output）。当参数来源选择数值时，需要在其右侧的选项中选择或输入一个固定参数值。预计算数值参数来源是指通过表达式进行参数的动态定义。

另外，如果该工具存在高级参数设置选项，单击"Show advanced parameters"按钮可以显示高级参数选项。

如果该算法工具的输出文件为模型最后的输出结果，则需要在相应输出文件的文本框中输入参数名称。例如，如图 11-12 所示的"Slope"工具的"Slope"输出项为模型的输出，则在"Slope"的文本框中输入参数名称，否则留空，由其他算法工具调用。

（3）在"Parent algorithms"中选择其父算法工具，子算法总是在父算法之后运行，从而定义工作流各个工具的执行顺序。单击"OK"按钮即可添加算法工具。

算法工具用白色矩形框表示，包括算法工具的图标，以及创建工具时在"Description"中定义的名称。拖动矩形框可以移动算法工具；双击矩形框或单击右下角的"..."图形即可编辑算法工具；单击"×"图形可以删除算法工具。

算法工具和算法工具之间及输入项与算法工具之间通过黑色实线相连，方向从一个算法工具（或模型输入项）的输入部分（矩形框上方的"In"字样）到另一个算法工具（或模型输出结果）的输出部分（矩形框下方的"Out"字样），如图 11-13 所示。单击"In"右侧的"+"按钮，即可显示该工具所有的输入参数；单击"Out"右侧的"+"按钮，即可显示该工具所有的输出数据。展开算法工具的输入/输出项后，连接线的端点从"+"按钮变到具体的参数项上。

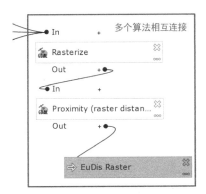
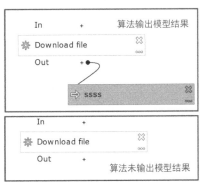

图 11-13　算法工具之间的关系

如果创建算法工具时，某个选项指定了从某个输入项或其他算法工具结果提供参数值时，连接线会自动添加。如果算法输出没有指定模型输出，则需要创建另外一个引用该结果输出的算法模型的参数指定该模型输出时添加连接线。如果算法输出指定了模型输出，则模型画布中会自动生成一个带有"➡"图标的绿色矩形框，用于指示模型输出。

【小提示】被创建的模型（包括 Python 脚本）可以作为子模型被嵌套到另外一个模型中。当制作复杂模型时，可以将其划分为多个子模型，并将其组合到一个总模型中，以便于调试和复用。

3. 编辑模型

（1）调整模型布局。模型输入项、算法工具、模型输出项均被称为模型元素（Element），可以通过拖曳的方式在画布中移动这些元素，以便于调整布局，使模型结构更清晰。

（2）元素编辑。除了模型输出项，在模型元素上右击，在弹出的快捷菜单中选择"Remove"和"Edit"命令可以分别删除和编辑模型输入项和算法工具。另外，在算法工具的右键菜单中选择"Activate"和"Deactivate"命令，可以激活或停用算法工具。

4. 模型帮助

"好记性不如烂笔头"，为模型设置帮助文档是一个好习惯，能为新用户提供各个输入参数的说明。单击工具栏中的" ? "按钮打开"Help Editor"对话框，可以为模型设置帮助信息与元数据，如图 11-14 所示。

图 11-14 "Help Editor"对话框

"Help Editor"对话框的上方显示帮助预览；单击"Select element to edit"列表的每个说明项后，"Element description"文本框显示其插入内容。帮助文档采用 HTML 语言构建，因此为说明文档增加 HTML 标签增加副文本内容。

工具说明文档中包括算法描述（Algorithm description）、简短描述（Short description）、输入参数（Input parameters）、输出数据（Outputs）、算法创建人（Algorithm created by）、算法文档创建人（Algorithm help written by）、算法版本（Algorithm version）、文档帮助 URL（Documentation help URL）等部分。

11.2.3　实例：矢量图层欧式距离分析

上一章介绍了如何对点要素进行欧式距离的分析方法，包括将基站位置数据转为栅格数据和距离分析两个步骤，过程较烦琐。本小节以该流程为例，构建矢量图层欧式距离分析模型工具，并运行该工具。

1. 构建矢量图层欧式距离分析模型

具体操作如下。

（1）选择"Processing"—"✿Graphical Modeler..."命令，打开模型构建器。

（2）在"Model properties"面板的"Name"和"Group"选项中设置模型名称"矢量图层欧式距离分析"和模型分组名称"栅格工具"。

（3）在模型画布中增加矢量图层输入项、四至范围输入项和数值输入项，分别表示参与欧式距离分析的矢量图层、生成栅格数据的四至范围和分辨率大小，并将其分别命名为"目标矢量图层"、"输出栅格图层范围"和"输出栅格图层分辨率"，如图 11-15 所示。创建"目标矢量图层"时，选择"Geometry Type"选项为"Any Geometry Type"，表示支持任何具有几何要素的矢量图层。

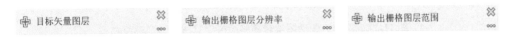

图 11-15　添加构建矢量图层欧式距离分析模型的输入项

（4）在"Algorithms"面板中，打开"GDAL"—"Vector conversion"—"Rasterize (vector to raster)"工具，弹出如图 11-16 所示对话框。

图 11-16　添加"Rasterize (vector to raster)"工具

在"Description"选项中设置工具描述"矢量图层转栅格图层";在"Input layer"选项中选择"目标矢量图层"输入项;在"A fixed value to burn"选项中设置固定数值"1"。

在"Output raster size units"选项中设置地理单位"Georeferenced units",并将"Width/Horizontal resolution"和"Height/Vertical resolution"选项设置为输入项"输出栅格图层分辨率"(单击左侧的按钮并选择"Model Input",在右侧的下拉菜单中选择相应的选项)。

在"Output extent"选项中设置输入项"输出栅格图层范围"。由于该工具的结果数据不是最终的模型输出,因此"Rasterized"选项留空,其余选项保持默认设置,单击"OK"按钮添加该算法工具,如图 11-17 所示。

图 11-17　添加"矢量图层转栅格图层"算法工具到模型画布

(5)在"Algorithms"面板中,打开"GDAL"—"Raster analysis"—"Proximity (raster distance)"工具,弹出如图 11-18 所示对话框。

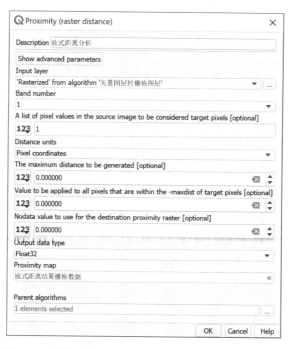

图 11-18　添加"Proximity (raster distance)"到模型画布

在"Description"选项中输入算法描述"欧式距离分析";在"Input layer"选项中

选择"'Rasterized' from algorithm '矢量图层转栅格图层'",表示输出数据为由"矢量图层转栅格图层"算法工具在"Rasterized"选项上输出的数据。由于上述栅格数据只有一个波段,因此在"Band number"中设置"1"。

在"A list of pixel values in the source image to be considered target pixels"选项中设置距离分析的目标像元值"1"(由"A fixed value to burn"选项中的数值确定)。在"Distance units"选项中设置"Pixel coordinates",表示以像元坐标为基础进行计算,其他选项保持默认设置。

(6)在"Parent algorithms"选项中设置父算法为"矢量图层转栅格图层",保证该算法在父算法之后执行。由于"Proximity map"选项中输出的栅格数据文件为模型输出,因此在"Proximity map"中设置输出文件的文字描述"欧式距离结果栅格数据",单击"OK"按钮添加工具。

最终的模型结构如图 11-19 所示。单击"▤"按钮将其保存在默认目录(工具箱自定义模型目录)中,在 QGIS 工具箱的"Models"—"栅格工具"—"矢量图层欧式距离分析"中即可找到该工具(图 11-20)。

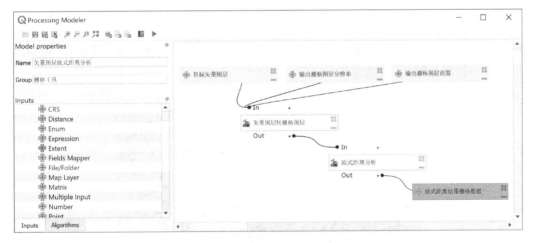

图 11-19　"矢量图层欧式距离分析"模型结构

图 11-20　创建后的"矢量图层欧式距离分析"在 QGIS 工具箱中的位置

2. 执行矢量图层欧式距离分析模型

具体操作流程如下。

(1)运行 QGIS 工具箱中的"Models"—"栅格工具"—"矢量图层欧式距离分析"工具后,出现如图 11-21 所示对话框。

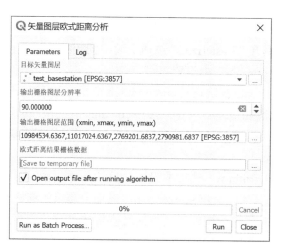

图 11-21　"矢量图层欧式距离分析"对话框

（2）在"目标矢量图层"选项中选择测试数据"test_basestation"图层；将"输出栅格图层分辨率"选项设置为"90"；在"输出栅格图层范围"选项中设置与"test_dom.tif"数据文件相同的四至范围"10984534.6367,11017024.6367,2769201.6837,2790981.6837 [EPSG:3857]"。

（3）在"欧式距离结果栅格数据"选项中选择输出文件位置，单击"Run"按钮执行工具，结果如图 11-22 所示。

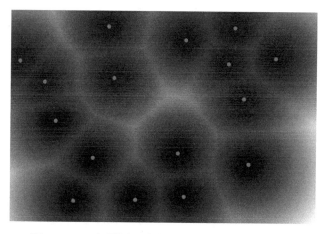

图 11-22　"矢量图层欧式距离分析"模型运行结果

由此可见，构建矢量图层欧式距离分析模型简化了操作流程，减少了用户不关注的参数，简单明了，操作迅速。该工具可以在示例文件"test.model3"中找到。

11.3　PyQGIS 脚本

自 QGIS 0.9 版本开始支持 Python 语言，而且随着 QGIS 的发展逐渐完善，形成了 PyQGIS 体系工具。通过 PyQGIS 可以在 Python 控制台控制 QGIS 窗体的各个部件、创建脚本工具及插件，甚至可以通过 PyQGIS 对 QGIS 进行二次开发，制作独立的应用程序。

PyQGIS API 完整文档可参见 https://qgis.org/pyqgis/。

11.3.1　PyQGIS 与 Python 控制台

1. PyQGIS

PyQGIS 包括四个类库，分别是核心库（qgis.core）、图形用户界面库（qgis.gui）、分析库（qgis.analysis）和服务器库（qgis.server）。PyQGIS 的各项功能通过类封装，绝大多数 PyQGIS 类均以"Qgs"作为前缀。PyQGIS 四个类库的功能如下。

- 核心库中包括 QGIS 所有的基本核心功能，如矢量图层类（QgsVectorLayer）、栅格图层类（QgsRasterLayer）、栅格金字塔类（QgsRasterPyramid）等。
- 图形用户界面库包括 QGIS 界面的各种定义，如界面类（QgisInterface）、地图画布类（QgsMapCanvas）、属性对话框类等（QgsAttributeDialog）。
- 分析库封装 QGIS 原生算法工具，如栅格计算器类（QgsRasterCalculator）、栅格对齐类（QgsAlignRaster）、区域统计类等（QgsZonalStatistics）。
- 服务器库提供 QGIS Server 的访问接口，如服务器类（QgsServer）、服务类（QgsService）等。

2. Python 控制台

在 QGIS 菜单栏中选择"Plugins"—"Python Console"命令（或者单击插件工具栏中的"🐍"按钮，快捷键：Ctrl+Alt+P）打开 Python 控制台，如图 11-23 所示。在 Python 控制台可以采用交互方式控制 QGIS 主窗体中的工程、图层、要素等，也可以执行工具。

- 🧹 Clear Console：清空控制台。
- 🐍 Run Command：执行 Python 命令操作。
- 📝 Show Editor：打开/关闭 Python 代码编辑器，编辑独立的 Python 文件。
- 🔧 Options…：进行 Python 控制台设置。
- ❓ Help…：打开帮助文档，通过浏览器访问 QGIS 官方网站。

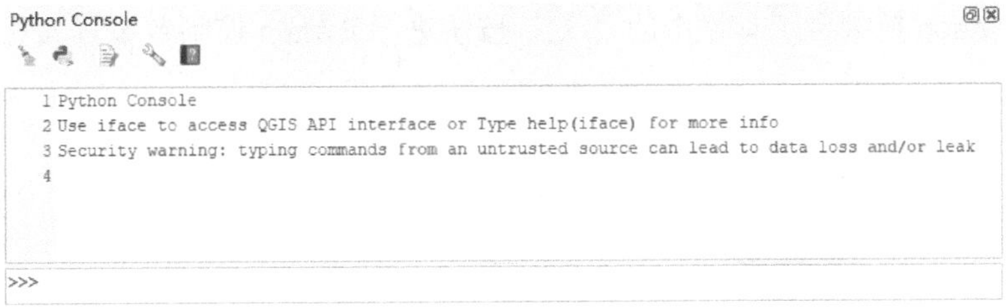

图 11-23　Python 控制台

在控制台中，使用 Python、PyQGIS、PyQt5、QScintilla2 和 osgeo-gdal-ogr 等类库时，代码包括自动补全和提示功能。在输入代码时，按"Ctrl+Alt+Space"组合键使用自动补全功能；按回车键执行代码；按"Ctrl+E"组合键执行选中的代码；按上/下箭头键可以查看历史输入的命令；按"Ctrl+Shift+空格"组合键可以查看所有的命令历史，如图 11-24 所示。历史命令不随 QGIS 的关闭而清空。

图 11-24　Python 控制台的命令历史对话框

【小提示】在 Python 控制台中，使用"_api"命令可以打开 QGIS C++ API 网站；使用"_pyqgis"命令可以打开 QGIS Python API 网站；使用"_cookbook"命令可以打开 PyQGIS 官方教程。

3. Python 代码编辑器

Python 代码编辑器通过 Python 控制台工具栏中的"📝"按钮打开，如图 11-25 所示。Python 代码编辑器可以通过单独的 Python 脚本文件存储代码。相对于交互式 Python 代码，Python 脚本文件的优势在于可以方便地组织多行代码、可以添加注释和便于分享代码等。

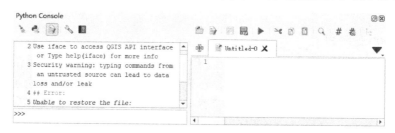

图 11-25　Python 控制台与 Python 代码编辑器

在 Python 代码编辑器中，按"Ctrl+Space"组合键可以查看自动补全的列表；按"Ctrl+4"组合键可以检查语法等。

4. Python 控制台设置选项

单击 Python 控制台工具栏中的"🔧"按钮进行 Python 控制台设置（见图 11-26）。

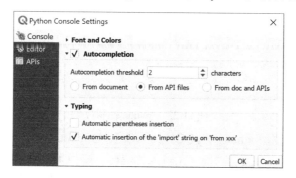

图 11-26　Python 控制台设置

在"Console"选项卡中可以设置控制台的相关特性,在"Font and Colors"中可以设置代码字体和颜色;利用"Autocompletion"可以启动/关闭自动补全功能,并设置弹出自动补全列表的最小字符数等;在"Typing"中可以设置是否自动插入括号,以及是否自动在"from xxx"后插入"import"代码。

在"Editor"选项卡中可以设置 Python 代码编辑器的相关设置,包括运行和调试(Run and Debug)设置、字体和颜色(Font and Colors)设置、自动补全(Autocompletion)设置、输入(Type)设置等。

在"APIs"选项卡中可以自定义 Python 控制台可以使用的 API 文件。

11.3.2　PyQGIS 及其常用交互操作

下面介绍如何使用 PyQGIS 与 QGIS 窗体的交互操作。

在 Python 控制台中可以通过 iface 对象(QgisInterface 类的实例)控制 QGIS 窗体中的各个部件。

1. QGIS 主窗口

通过 iface 对象的 mainWindow 方法可以获取 QGIS 主窗口对象。在 QGIS 中,该窗口是 QgisApp 的实例对象。

1)获取主窗口标题

通过 QMainWindow 对象的 windowTitle 方法可以提取窗口的文件名,打印标题的代码如下:

```
>>> title = iface.mainWindow().windowTitle() # 获取主窗口标题字符串
>>> print(title)
Untitled Project - QGIS
```

主窗口标题打印为"Untitled Project - QGIS"。

2)设置主窗口标题

通过 QMainWindow 对象的 setWindowTitle 方法可以为主窗口设置标题(见图 11-27),代码如下:

```
>>> iface.mainWindow().setWindowTitle("测试 QGIS 标题")    # 设置主窗口新标题
>>> print(iface.mainWindow().windowTitle())               # 打印主窗口标题
测试 QGIS 标题
```

新设置的主窗口标题为"测试 QGIS 标题"。

3)设置主窗口图标

通过 QMainWindow 对象的 setWindowIcon 方法可以为主窗口设置图标(见图 11-27),代码如下:

```
>>> icon = QIcon("D:/qgis_test.svg")             # 通过 SVG 文件创建 QIcon 对象
>>> iface.mainWindow().setWindowIcon(icon)       # 设置主窗口图标
```

图 11-27 通过 Python 控制台修改 QGIS 主窗口标题与图标

2. QGIS 菜单

通过 iface 对象的 projectMenu（工程）、viewMenu（视图）、helpMenu（帮助）等方法可以获得相应的菜单（QMenu）对象。

1）删除菜单

通过 QMenu 对象的 parentWidget 方法可以获得菜单栏（QMenubar）对象。QMenubar 对象的 removeAction 方法可以用于删除菜单，删除"Raster"菜单的方法如下：

```
>>> rstmenu = iface.rasterMenu()                    # 获得"Raster"菜单对象
>>> menubar = rstmenu.parentWidget()                # 获得菜单栏对象
>>> menubar.removeAction(rstmenu.menuAction())  #利用菜单栏的 removeAction 方法
删除菜单
```

2）修改菜单标题

通过 QMenu 对象的 setTitle 方法可以修改菜单名称。例如，修改"Vector"菜单名称为"矢量"的方法如下：

```
>>> vctmenu = iface.vectorMenu()                    # 获得"Vector"菜单对象
>>> vctmenu.setTitle("矢量")                         # 设置菜单名称
```

3. QGIS 工具栏

通过 iface 对象的 pluginToolBar、attributesToolBar 等方法可以获得相应的工具栏（QToolbar）对象。

显示/隐藏插件工具栏可以通过插件工具栏对象的 setVisible 方法进行设置，代码如下：

```
>>> iface.pluginToolBar().setVisible(True)
```

【小提示】QGIS 采用 Qt 软件框架开发，因此 QGIS 窗口、菜单栏、工具栏的设置主要依靠 Qt API 中的 QMainWindow、QMenu、QToolbar、QAction 等对象。读者可以查阅 Qt 相关文档。

4. 推送消息

通过 iface 对象的 messageBar 方法即可获得信息条（QgsMessageBar）对象，通过该对象的 pushMessage 方法即可推送一般信息（INFO）、警告信息（WARNING）、严重信息（CRITICAL）和成功信息（SUCCESS），代码如下：

```
>>> msgBar = iface.messageBar()
>>> msgBar.pushMessage("一般信息", level=Qgis.Info)
>>> msgBar.pushMessage("警告信息", level=Qgis.Warning)
```

```
>>> msgBar.pushMessage("严重信息", level=Qgis.Critical)
>>> msgBar.pushMessage("成功信息", level=Qgis.Success)
```

日志信息面板中的显示如图 11-28 所示。

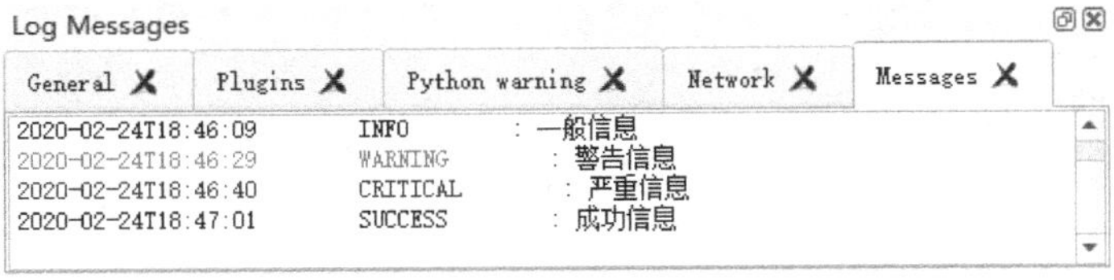

图 11-28　日志信息面板

在 QGIS 画布的上方也会显示相应的提示信息，如图 11-29 所示。

图 11-29　通过 Python 控制台向 QGIS 窗口推送消息

5. 工程

工程类（QgsProject）是一个单例类，通过 instance 类方法获取单例对象。利用工程类的 read 和 write 方法加载和保存工程。

打开"jilin_dist.qgz"工程的方法如下：

```
>>> project = QgsProject.instance()                    # 获得工程实例对象
>>> project.read("D:/sampledata/jilin_dist.qgz")       # 加载工程文件
```

关闭当前工程并创建新工程可以采用工程对象的 clear 方法，代码如下：

```
>>> QgsProject.instance().clear()
```

值得注意的是，通过上述方法关闭工程并不会提示是否保存工程，关闭工程时修改将丢失。

保存当前工程可以采用工程对象的 write 方法，并返回保存是否成功的布尔值。write 方法包括保存和另存为两个重载方法。

保存工程的代码如下：

```
>>> QgsProject.instance().write()
```

如果该工程为新建的工程且没有被保存，该方法返回 False。

将工程另存在"D:/test.qgz"目录的代码如下：

```
>>> QgsProject.instance().write("D:/aa.qgz")
```

6. 地图画布与图层操作

通过 iface 对象的 mapCanvas 方法即可获得地图画布（QgsMapCanvas）对象，通过 iface 对象的 addVectorLayer 和 addRasterLayer 方法可以分别添加矢量图层和栅格图层。

1）添加矢量图层

添加矢量图层的代码如下：

```
>>> vctlayer = iface.addVectorLayer("D:\sampledata\jilin_dist.shp", "吉林省行政区", "ogr")
>>> print("加载成功" if vctlayer is not None else "加载失败")  # 判断图层是否加载成功
```

iface 对象的 addVectorLayer 方法的第一个参数为数据的 URI 位置；第二个参数为图层名称；第三个参数为提供者。例如，如果通过 OGR 库读取矢量数据，则传入 "ogr" 字符串。常见的提供者字符串包括 ogr（OGR 库）、delimitedtext（字符分隔文本，读取 CSV、TXT 等文件）、gpx（读取 GPX 文件）、spatialite（SpatiaLite 数据库）、postgres（PostGIS 数据库）、WFS（WFS 服务）等。如果图层加载成功，则 addVectorLayer 返回矢量图层（QgsVectorLayer）对象，否则返回空（None）。

2）添加栅格图层

添加栅格图层的代码如下：

```
>>> rstlayer = iface.addRasterLayer("D:\sample_data\jilin_srtm.tif", "吉林省高程")
>>> print("加载成功" if rstlayer is not None else "加载失败")  #判断图层是否加载成功
```

iface 对象的 addRasterLayer 方法的第一个参数为数据的 URI 位置；第二个参数为图层名称。与矢量图层的加入方法类似，如果图层加载成功，则 addRasterLayer 返回矢量图层（QgsRasterLayer）对象，否则返回空（None）。

3）获取图层列表与活动图层

图层列表中显示 QGIS 工程中的所有图层，因此需要借助工程对象获取列表。通过 mapLayers 方法取得所有图层字典对象，键为图层 ID（由图层名称和 UUID 组成的字符串），值为矢量图层（QgsVectorLayer）或栅格图层（QgsRasterLayer）对象。

```
>>> maplayers_dict = QgsProject.instance().mapLayers() #获取图层字典对象
>>> maplayers = list(maplayers_dict.values())          #获取图层列表，并转为列表对象
>>> print("图层数量为：", len(maplayers))              #打印图层数量
```

地图画布中的图层（可见图层）需要通过图层画布对象获取列表对象：

```
>>> visiblelayers = iface.mapCanvas().layers()#获取所有可见图层列表
>>> print("可见图层数量为：", len(visiblelayers))#打印可见图层数量
```

选中图层通过图层列表视图对象获取列表：

```
>>> selectedlayers = iface.layerTreeView().selectedLayers()   #获取所有选中图层列表
>>> print("选中图层数量为：", len(visiblelayers))             #打印选中图层数量
```

通过 iface 对象的 activeLayer 方法可以获取活动图层，即选中图层的第一个图层：

```
>>> activelayer = iface.activeLayer() #获取活动图层
>>> print(activelayer.name())            #打印活动图层名称
```

4）图层可见性控制

下面介绍如何在地图画布中隐藏图层名为"吉林省高程"的图层。工程对象的 mapLayersByName 方法可以利用图层名称提取图层对象。但是图层可见性控制是通过图层列表中的图层树图层（QgsLayerTreeLayer）对象进行控制的，因此在图层树（QgsLayerTree）对象的 findLayer 方法通过图层 ID 获取相应的图层树图层后，可以通过其 setItemVisibilityChecked 方法隐藏图层。

```
#通过图层名称获取图层对象
>>> targetLayer = QgsProject.instance().mapLayersByName('吉林省高程')[0]
#通过图层 ID 获取相应的图层树图层
>>> targetLTLayer = QgsProject.instance().layerTreeRoot().findLayer(targetLayer.id())
#通过图层树图层对象控制图层的可见性
>>> targetLTLayer.setItemVisibilityChecked(False)
```

7. 使用算法工具

通过 Python 语言可以轻松调用 QGIS 工具箱的各项工具。下面以点要素简单缓冲区为例，介绍算法工具的使用。

QGIS 工具箱中所有的工具都可以使用 processing 模块的 run 方法执行，该方法的第一个参数为算法标识字符串；第二个参数是输入选项和输出选项。

具体的输入选项和输出选项采用 JSON 键值对的方式提交。算法工具的各个输入选项和输出选项的键可以从 QGIS 官方用户手册中查询，网址为：https://docs.qgis.org/3.4/en/docs/user_manual/processing_algs。

另外，可以执行一次算法工具后在 QGIS 历史管理器中查看具体的 Python 代码，其中包含工具标识字符串、输入选项和输出选项等。

例如，对"test_basestation.shp"矢量文件中的点要素创建 1000 米的缓冲区，按照相应的选项执行操作后，在 QGIS 历史管理器中选择选项接口并找到下述代码：

```
processing.run("native:buffer", {'INPUT':'D:/sample_data/test_basestation.
shp','DISTANCE':1000,'SEGMENTS':5,'END_CAP_STYLE':0,'JOIN_STYLE':0,'MITER_LIM
IT':2,'DISSOLVE':False,'OUTPUT':'memory:'})
```

由此可见，缓冲区工具标识字符串为"native:buffer"。通常，run 方法返回的对象即工具的结果字典。在 Python 控制台输入以下代码即可与执行该算法工具达到类似的效果：

```
>>> resultlayer = processing.run("native:buffer", {'INPUT':'D:/sample_data/
test_basestation.shp','DISTANCE':1000,'SEGMENTS':5,'END_CAP_STYLE':0,'JOIN_ST
YLE':0,'MITER_LIMIT':2,'DISSOLVE':False,'OUTPUT':'memory:'})  #执行工具
>>> QgsProject.instance().addMapLayer(resultlayer['OUTPUT'])    #在工程中添加
结果图层
```

11.3.3 创建 PyQGIS 脚本

PyQGIS 脚本是指通过脚本文件的形式将流程化的 PyQGIS 代码持久化。被持久化的 PyQGIS 代码可以备份、复用及分享给其他 GIS 工作者。

在 Python 控制台的工具栏单击 "▤" 按钮，可以编辑并存储 PyQGIS 脚本文件。Python 代码编辑器工具栏包括打开 PyQGIS 脚本（▤）、在第三方编辑器中打开 PyQGIS 脚本（▤）、保存脚本（▤）、另存为脚本（▤）、运行脚本（▶）、文本剪切（✂）、文本复制（▤）、文本粘贴（▤）、搜索文本（🔍）、注释（#）、取消注释（▤）、显示 Python 类结构（▤）、创建新脚本（✚）等按钮。

当需要使用 PyQGIS 脚本文件时，打开 Python 控制台运行即可。上述代码中的所有内容均可以在脚本文件中直接使用，没有任何差别。但是，利用上述方式创建的 PyQGIS 脚本只能在 QGIS 环境下使用。如果希望在不启动 QGIS 的情况下使用 PyQGIS 脚本，则需要按照一定的代码格式进行编辑，并在运行时设置系统环境变量。下面将介绍如何在不启动 QGIS 主窗口的情况下创建和使用 PyQGIS 脚本文件。

1. 创建 PyQGIS 脚本

在不打开 QGIS 程序的情况下执行 PyQGIS 脚本，需要在代码中使用 QgsApplication 类提供 QGIS 环境，使用模板如下：

```
from qgis.core import *                        #引入 qgis.core 下的所有类

QgsApplication.setPrefixPath("<QGIS 的安装目录>", True)  #指定 QGIS 的安装目录
qgs = QgsApplication([], False)                #创建 QgsApplication 对象
qgs.initQgis()                                 #初始化 QGIS 环境，加载各种数据、算法的提供者
#在此处进行地图图层、算法工具等操作

qgs.exitQgis()                                 #退出 QGIS 环境，清理内存
```

需要将 "<QGIS 的安装目录>" 字符串替换为实际的 QGIS 安装位置，QgsApplication 的第二个参数表示是否加载图形用户界面。

例如，缓冲区分析的脚本分析代码如下：

```
from qgis.core import *

QgsApplication.setPrefixPath("<QGIS 的安装目录>", True)
qgs = QgsApplication([], False)
qgs.initQgis()
processing.run("native:buffer", {'INPUT':'D:/sample_data/test_basestation.shp','DISTANCE':1000,'SEGMENTS':5,'END_CAP_STYLE':0,'JOIN_STYLE':0,'MITER_LIMIT':2,'DISSOLVE':False,'OUTPUT':'D:/output/buffered.shp'})
qgs.exitQgis()
```

加粗的代码分别表示输入数据和输出文件位置。将上述代码保存为 "test.py" 文件。

2. 设置环境变量

在使用 PyQGIS 脚本之前，需要对系统的环境变量进行设置，以便于脚本正确执行。

在 Windows 系统中，设置环境变量的命令如下：

```
set PYTHONPATH=\<QGIS 的安装目录>\python
```

在 Linux 系统中，设置环境变量的命令如下：

```
export PYTHONPATH=/<QGIS 的安装目录>/share/qgis/python
```

在 Mac OS 系统中，设置环境变量的命令如下：

```
export PYTHONPATH=/<QGIS 的安装目录>/Contents/Resources/python
```

其中，"<QGIS 的安装目录>"字符串需要被替换为实际的 QGIS 安装位置，否则在导入类库时可能出现找不到模块的错误：

```
>>> import qgis.core
ImportError: No module named qgis.core
```

在 Windows 系统中，默认的 QGIS 安装目录类似于 "C:\Program Files\QGIS 3.4\apps\qgis-ltr"，此时需要使用以下命令：

```
set PYTHONPATH= C:\Program Files\QGIS 3.4\apps\qgis-ltr\python
```

3. 执行脚本工具

在命令行工具中进入代码所在的目录，并输入以下命令，即可执行脚本：

```
python test.py
```

如果提示以下问题，则说明环境变量设置不正确。

```
>>> import qgis.core
ImportError: libqgis_core.so.3.2.0: cannot open shared object file:
No such file or directory
```

在 Linux 系统中，将 QGIS 安装目录下的 lib 目录加入 LD_LIBRARY_PATH 环境变量中，命令如下：

```
export LD_LIBRARY_PATH=/<QGIS 的安装目录>/lib
```

在 Windows 系统中，将 QGIS 安装目录下的 bin 目录及其 apps\qgis-ltr\bin 目录加入 PATH 环境变量中，命令如下：

```
PATH=<QGIS 的安装目录>\bin;<QGIS 的安装目录>\apps\qgis-ltr\bin;
```

"<QGIS 的安装目录>"字符串需要被替换为实际的 QGIS 安装位置，如果读者安装的不是 QGIS 长期支持版，而是普通发行版或开发版，需将 "qgis-ltr" 替换为 "qgis" 或 "qgis-ltr"。

网络数据源的发布与读取

随着互联网的发展，网络数据源成为重要的 GIS 数据来源。对于 QGIS 体系来说，QGIS Server 承担了发布网络数据源的重要使命，它可以通过 CGI 的方式提供符合 OGC 标准的 GIS 服务。相对于成熟的 MapServer 和 GeoServer，QGIS Server 更加轻量化，并且可以与 QGIS Desktop 软件完美结合。

在 QGIS Desktop 中可以轻松地读取各类 GIS 服务器提供的符合 OGC 标准的 WMS、WFS、WMTS 等服务，也可以使用 ArcGIS Server 提供的地图服务和要素服务。

本章介绍如何使用 QGIS Server 发布和使用 WMS，以及如何在 QGIS Desktop 中使用各类网络数据源。

12.1 初识 QGIS Server

本节介绍 QGIS Server 及其在 Windows 系统下的安装方法。

12.1.1 为什么使用 QGIS Server

QGIS Server 是 QGIS 大家庭中不可或缺的一员，是符合 OGC 标准的开源 GIS 服务器软件。QGIS Server 支持的 OGC 标准的服务包括：

- WMS 1.1.0 和 WMS 1.3.0。
- WFS 1.0.0 和 WFS 1.1.0。
- WFS 3 (OGC API - Features)。
- WCS 1.1.1。
- WMTS 1.0.0。

QGIS Server 具有以下优势。

1）与 QGIS Desktop 高度整合

QGIS Server 可以直接将项目文件"qgs"和"qgz"发布为 WMS。由于 QGIS Server 和 QGIS Desktop 采用相同的可视化组件，因此通过 QGIS Server 发布的地图服务的显示效果与在 QGIS Desktop 中的显示效果相同。

然而，MapServer、GeoServer 等服务器需要额外的符号化配置工作。例如，MapServer 需要通过 Mapfile 配置符号表达，GeoServer 需要 SLD（Styled Layer Descriptor）文件配置符号表达。

【小提示】QGIS 图层的符号化配置可以导出为 SLD 文件，以便用于 GeoServer 的发布。

2）轻量化

与 MapServer 类似，QGIS Server 的本质是一个采用 C++编写的 FastCGI/CGI 程序，因此需要配合支持 FastCGI 的服务器（如 Apache、Lighttpd 等）使用。因此，QGIS Server 非常容易和现有的服务器融合。

3）可扩展性强

QGIS Server 具有插件功能。通过 Python 插件可以为 QGIS Server 提供新的服务功能，从而提供较强的可扩展性。

12.1.2　安装 QGIS Server

本小节在 Windows 10 操作系统中，以 QGIS Server 长期支持版（qgis-ltr-server 3.10.3-1）和 Apache 2.4 为例，介绍 QGIS Server 的安装方法。具体操作如下。

1. 安装 QGIS Server 软件包

打开 OSGeo4W，选择"Advanced Install"模式，并在安装包界面找到 Desktop 节点下面的 qgis-ltr-full 包，以及 Web 节点下的 qgis-ltr-server 包，在这两个软件包左侧的"New"列下将"🜨Skip"符号切换为"🜨3.10.x"符号（见图 12-1），即可同时安装 QGIS Desktop 和 QGIS Server。

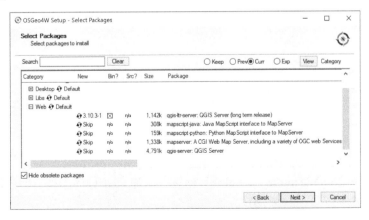

图 12-1　通过 OSGeo4W 安装 QGIS Server

【小提示】如果已经通过 OSGeo4W 软件安装了 QGIS Desktop，则只安装 QGIS Server 即可。

安装完成后，可以在 OSGeo4W 的安装目录下找到 "qgis_mapserv.fcgi.exe" 文件。在 64 位的 OSGeo4W 中，默认的位置为：

```
C:\OSGeo4W64\apps\qgis-ltr\bin\qgis_mapserv.fcgi.exe
```

该文件就是 QGIS Server 的 CGI 主程序。

2. 安装 Apache

由于 Apache 官方不提供编译后的 Apache 服务器程序，因此本小节采用 Apache Lounge 2.4 版本的 Apache 程序 "httpd-2.4.41-win64-VS16.zip"，读者可以在 https://www.apachelounge.com/download/下载该软件。

将该压缩包解压后即可使用，本例将压缩包放置在 "C:\Apache24" 目录下。

3. 配置 QGIS Server

此处需要通过 Apache 的 "httpd.conf" 文件设置 CGI 程序目录及环境变量等。操作步骤如下。

（1）打开 "httpd.conf" 文件，默认位置为：

```
C:\Apache24\conf\httpd.conf
```

（2）将 "cgi-bin" 设置为 CGI 程序所在的目录位置，即将 "httpd.conf" 文件中的以下代码：

```
ScriptAlias /cgi-bin/ "${SRVROOT}/cgi-bin/"
```

修改为：

```
ScriptAlias /cgi-bin/ "c:/OSGeo4W64/apps/qgis-ltr/bin/"
```

（3）将 "httpd.conf" 文件中的以下代码：

```
<Directory "${SRVROOT}/cgi-bin">
    AllowOverride None
    Options None
    Require all granted
</Directory>
```

替换为：

```
<Directory "c:/OSGeo4W64/apps/qgis-ltr/bin">
    SetHandler cgi-script
    AllowOverride None
    Options ExecCGI
    Require all granted
</Directory>
```

（4）在 "<IfModule mime_module>" 标签中添加 CGI 程序类型，即添加以下代码：

```
AddHandler cgi-script .cgi .pl .asp .exe
```

（5）在"httpd.conf"文件的末尾添加 QGIS 的环境变量：

```
SetEnv GDAL_DATA "C:\OSGeo4W64\share\gdal"
SetEnv QGIS_AUTH_DB_DIR_PATH "C:\OSGeo4W64\apps\qgis\resources"
SetEnv PYTHONHOME "C:\OSGeo4W64\apps\Python37"
SetEnv PATH "C:\OSGeo4W64\bin;C:\OSGeo4W64\apps\qgis\bin;C:\OSGeo4W64\apps\
Qt5\bin;C:\WINDOWS\system32;C:\WINDOWS;C:\WINDOWS\System32\Wbem"
SetEnv QGIS_PREFIX_PATH "C:\OSGeo4W64\apps\qgis"
SetEnv QT_PLUGIN_PATH "C:\OSGeo4W64\apps\qgis\qtplugins;C:\OSGeo4W64\apps\
Qt5\plugins"
SetEnv QT_QPA_FONTDIR "C:\Windows\Fonts"
```

其中，"C:\OSGeo4W64"即 OSGeo4W 的 64 位软件的安装位置。

4. 测试 QGIS Server

运行 Apache 的主程序"httpd.exe"，该程序默认在以下目录位置：

```
C:\Apache24\bin\httpd.exe
```

双击运行该程序，如果没有闪退，则运行成功；如果出现闪退，则检查 80 端口是否被其他程序占用。

在浏览器中访问以下网址，出现如图 12-2 所示页面即说明 QGIS Server 安装成功。

```
http://localhost/cgi-bin/qgis_mapserv.fcgi.exe?
```

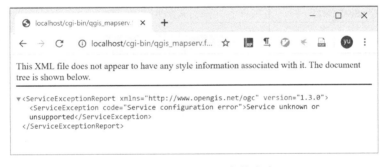

图 12-2　QGIS Server 安装成功

12.2　发布和使用 WMS

本节介绍如何使用 QGIS Server 发布和使用 WMS。在 QGIS Server 中，WMS 提供 GetCapabilities、GetMap 等多种请求方法。

- GetCapabilities：获取服务信息与服务能力。
- GetMap：获取地图数据。
- GetFeatureInfo：获取要素信息，用于空间查询。
- GetLegendGraphic：获取地图图例。
- GetPrint：获取打印布局。

- GetProjectSettings：获取工程设置信息。

其中，"GetPrint" 和 "GetProjectSettings" 方法为 QGIS Server 特有的；其他方法均为 OGC 的 WMS 标准定义。

12.2.1 获取地图数据

通过 GetMap 方法可以获取地图数据。GetMap 方法包括的参数如表 12-1 所示。

表 12-1 GetMap 方法包括的参数

参　　数		必 填 项	说　　明
OGC 定义	SERVICE	√	服务类型，传入 WMS
	VERSION		服务版本
	REQUEST	√	请求方法，传入 GetMap
	LAYERS		显示图层
	STYLES		图层样式
	CRS（或 SRS）	√	坐标系标识符
	BBOX		地图范围
	WIDTH	√	地图横向分辨率（单位：像素）
	HEIGHT	√	地图纵向分辨率（单位：像素）
	FORMAT		地图格式
	TRANSPARENT		是否透明背景
QGIS 定义	MAP	√	QGIS 项目文件位置
	BGCOLOR		指定地图背景颜色
	DPI		输出分辨率
	IMAGE_QUALITY		JPEG 格式压缩程度
	OPACITIES		图层透明度设置
	FILTER		过滤显示的要素
	SELECTION		选择要素
	FILE_NAME		输出 DXF 文件的名称
	FORMAT_OPTIONS		输出 DXF 文件的导出选项
	TILED		使用切片模式

本小节以 "jilin_dem.qgz" 项目为例，介绍 GetMap 方法的常用操作。首先，为了方便，将 "jilin_dem.qgz" 项目文件，以及它包含的数据 "jilin_dist.shp" 和 "jilin_srtm.tif" 一同复制到 "qgis_mapserv.fcgi.exe" 程序所在目录下的 "data" 目录（需要创建），例如：

```
C:\OSGeo4W64\apps\qgis-ltr\bin\data
```

然后，在 Apache 服务器启动的情况下访问以下网址：

```
http://localhost/cgi-bin/qgis_mapserv.fcgi.exe?MAP=./data/jilin_dem.qgz&
SERVICE=WMS&REQUEST=GetMap&CRS=EPSG:4551&WIDTH=800&HEIGHT=600&LAYERS=高程,行政
区划&BBOX=90837.928,4497417.731,1017523.607,5165522.97
```

其中，MAP 参数指定了"qgis_mapserv.fcgi.exe"的相对目录下的"jilin_dem.qgz"项目文件；SERVICE 参数指定了 WMS 服务类型；REQUEST 参数指定了 GetMap 方法；CRS 指定了坐标系类型"EPSG:4551"；WIDTH 和 HEIGHT 参数分别指定了返回地图图片的宽度和高度，分别为 800 像素和 600 像素；LAYERS 指定了返回的图层名称"高程"和"行政区划"；BBOX 返回了地图坐标的四至范围。

下面介绍 GetMap 方法中主要参数的使用方法。

（1）VERSION 参数：指定服务版本，包括"1.1.0"和"1.3.0"两种，默认为"1.3.0"。

（2）LAYERS 参数：指定显示的图层，可以通过名称（Name）、短名（Short name）或图层 ID 三种方式指定图层。名称可以在图层列表中查看，或者在图层属性的"Information"选项卡中找到；短名可以在图层属性"QGIS Server"选项卡的"Short name"选项中设置；图层 ID 即项目属性"Variables"选项卡中的"layer_id"变量。使用图层 ID 作为 LAYERS 参数前，需要在项目属性的"QGIS Server"选项卡的"WMS capabilities"组合框中选择"Use layer ids as names"选项，多个图层之间用逗号分隔。

（3）STYLES 参数：指定各个图层的样式，默认为"default"。多个图层样式之间用逗号分隔。

（4）CRS（或 SRS）参数：指定地图的坐标系。在 WMS 1.1.0 版本中使用 SRS 参数，在 WMS 1.3.0 版本中使用 CRS 参数。但是在 QGIS Server 中，CRS 和 SRS 参数可以混用。

（5）BBOX 参数：指定地图的四至范围，包括四个坐标值，各坐标值之间用逗号隔开。在 WMS 1.1.0 版本中，这四个坐标值的顺序为 X 坐标最小值、Y 坐标最小值、X 坐标最大值和 Y 坐标最大值，即"xmin,ymin,xmax,ymax"。但是在 WMS 1.3.0 版本中，坐标值顺序为 Y 坐标最小值、X 坐标最小值、Y 坐标最大值和 X 坐标最大值，即"ymin,xmin,ymax,xmax"。

（6）FORMAT 参数：指定返回地图的格式，包括 JPG、PNG 和 DXF 三种类型，其值可以为 jpg、jpeg、image/jpeg、image/png、image/png; mode=1bit、image/png; mode=8bit、image/png; mode=16bit 和 application/dxf。

当地图类型为"image/png"时，"mode"指 PNG 图片格式的位深度，包括 1bit（二值图）、8bit（256 色）和 16bit（65536 色）三种；当地图类型为"application/dxf"时，还需要为 DXF 格式指定 FILE_NAME 和 FORMAT_OPTIONS 参数。

（7）TRANSPARENT 参数：指定背景是否透明，包括"true"和"false"（默认）两个选项，仅适用于 PNG 格式。

（8）BGCOLOR 参数：指定背景颜色，如"green"或"0x00FF00"等。当 TRANSPARENT 参数为"true"时，该参数失效。

（9）DPI 参数：指定地图输出的分辨率。

（10）IMAGE_QUALITY 参数：当输出格式为 JPG 时，指定图片质量，范围为 10～100，值越高图片质量越好。

（11）OPACITIES 参数：指定图层的透明度，值为 0～255。当值为 0 时，图层为完全透明；当值为 255 时，图层为完全不透明。各图层透明度之间用逗号隔开。

（12）FILTER 参数：过滤显示的要素。例如，仅显示长春市要素，可以使用以下代码：

```
http://localhost/cgi-bin/qgis_mapserv.fcgi.exe?
MAP=./data/jilin_dem.qgz
&SERVICE=WMS&REQUEST=GetMap
&CRS=EPSG:4551
&WIDTH=800&HEIGHT=600
&LAYERS=高程,行政区划&BBOX=90837.928,4497417.731,1017523.607,5165522.97
&Filter=行政区划:"DIST_CODE" = '220100'
```

（13）SELECTION 参数：选择要素。例如，选择行政区划图层属性表中第三行的要素（长春市），可以使用以下代码：

```
http://localhost/cgi-bin/qgis_mapserv.fcgi.exe?
MAP=./data/jilin_dem.qgz
&SERVICE=WMS&REQUEST=GetMap
&CRS=EPSG:4551&WIDTH=800&HEIGHT=600
&LAYERS=高程,行政区划&BBOX=90837.928,4497417.731,1017523.607,5165522.97
&SELECTION=行政区划:3
```

（14）FILE_NAME 参数：指定 DXF 文件的名称。

（15）FORMAT_OPTIONS 参数：使用键值对的方式指定 DXF 文件的导出选项。

- SCALE：符号比例尺。
- MODE：导出模式，包括无符号（NOSYMBOLOGY）、要素符号（FEATURESYMBOLOGY）、符号图层符号（SYMBOLLAYERSYMBOLOGY）三个选项。
- LAYERSATTRIBUTES：图层属性设置。
- USE_TITLE_AS_LAYERNAME：使用图层标题作为图层名称。
- CODEC：指定解码器，默认为"ISO-8859-1"。
- NO_MTEXT：使用 TEXT 作为标注类型，而不使用 MTEXT。
- FORCE_2D：强制使用 2D 输出。

（16）TILED 参数：是否启用切片模式，包括"true"和"false"（默认）两个选项。

12.2.2 获取地图图例

通过 GetLegendGraphic 方法即可获取地图图例。例如，可以使用以下代码获得"jilin_dem.qgz"工程文件的图例：

```
http://localhost/cgi-bin/qgis_mapserv.fcgi.exe?MAP=./data/jilin_dem.
qgz&SERVICE=WMS&REQUEST=GetLegendGraphic&LAYERS=高程,行政区划
```

其中，MAP 参数指定了"qgis_mapserv.fcgi.exe"的相对目录下的"jilin_dem.qgz"项目文件；SERVICE 参数指定了 WMS 服务类型；REQUEST 参数指定了 GetLegendGraphic 方法；LAYERS 参数指定了返回的图层名称"高程"和"行政区划"，

图层顺序与图例的显示顺序相反，得到的图例结果如图 12-3 所示。

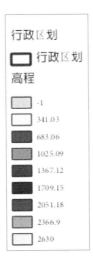

图 12-3　通过 GetLegendGraphic 方法获取地图图例

GetLegendGraphic 方法包括的参数如表 12-2 所示。

表 12-2　GetLegendGraphic 方法包括的参数

参　　数	必 填 项	说　　明
SERVICE	√	服务类型，传入 WMS
VERSION		服务版本
REQUEST	√	请求方法，传入 GetMap
LAYERS		显示图层
BOXSPACE		图例边距（单位：mm）
LAYERSPACE		图层间距（单位：mm）
LAYERTITLESPACE		图层标题间距（单位：mm）
SYMBOLSPACE		符号间距（单位：mm）
ICONLABELSPACE		符号与文字间距（单位：mm）
SYMBOLWIDTH		符号宽度（单位：mm）
SYMBOLHEIGHT		符号高度（单位：mm）
LAYERFONTFAMILY（ITEMFONTFAMILY）		图层（图例项）字体
LAYERFONTBOLD（ITEMFONTBOLD）		图层（图例项）是否加粗，默认为"false"
LAYERFONTSIZE（ITEMFONTSIZE ）		图层（图例项）文字大小（单位：pt）
LAYERFONTITALIC（ITEMFONTITALIC）		图层（图例项）是否为斜体，默认为"false"
LAYERFONTCOLOR（ITEMFONTCOLOR）		图层（图例项）文字颜色
LAYERTITLE（RULELABEL）		是否显示图层标题（图例项文字）
BBOX		设置图例覆盖的地图四至范围（动态图例）
CRS 或 SRS		BBOX 参数对应的地图坐标系
WIDTH 与 HEIGHT		设置地图高度和宽度，从而按比例缩放图例

12.2.3　QGIS Server 服务设置

本小节逐一介绍地图的元数据、WMS、WFS 等的常见配置方法。

QGIS Server 的各类服务可以通过项目属性的"QGIS Server"选项卡进行设置（见图 12-4）。勾选"Service Capabilities"复选框后，即可在其下方的各个选项中设置图层的基本信息，包括短名（Short name）、标题（Title）、制图组织（Organization）、在线资源（Online resource）、制图人（Person）、地址（Position）、电子邮箱（E-Mail）、联系电话（Phone）、摘要（Abstract）、费用（Fees）、权限限制（Access constraints）、关键词列表（Keyword list）等。

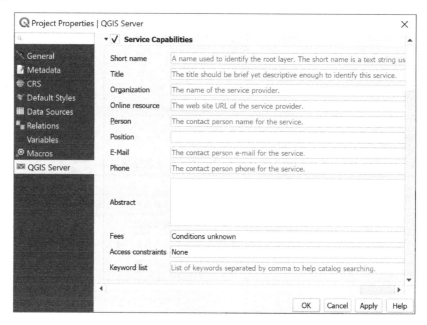

图 12-4　项目属性的"QGIS Server"选项卡

"Service Capabilities"组合框的下方还包括"WMS capabilities"、"WMTS capabilities"、"WFS capabilities (also influences DXF export)"、"WCS capabilities"组合框，可以分别对工程对应的 WMS、WMTS、WFS、WCS 进行基本设置。在"Test Configuration"组合框中可以验证上述设置。

图层的基本信息可以通过图层属性的"QGIS Server"选项卡进行设置（见图 12-5），至少包括描述（Description）、数据来源（Attribution）、元数据（MetadataUrl）、图例（LegendUrl）等，矢量图层还包括维度（Dimensions）的设置选项。

这些基本信息可以在 OGC 服务（包括 WMS、WFS 等）的 GetCapacities 方法或 GetProjectSettings 方法中查看。GetCapacities 方法是符合 OGC 规则的方法，而 GetProjectSettings 方法中涉及的项目配置信息则更全面。

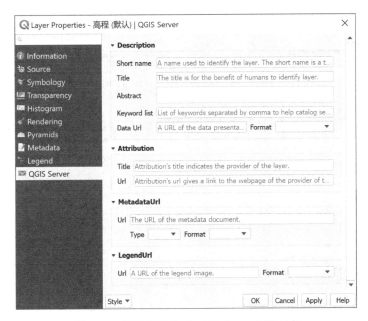

图 12-5　图层属性的"QGIS Server"选项卡

12.3　网络数据源读取

QGIS Desktop 可以采用多种方式访问网络地理空间数据源，下面介绍常用的 OGC 标准服务和互联网底图服务的访问方式。

12.3.1　OGC 标准服务

QGIS 支持符合 OGC 标准的多种地图服务，如 WMS、WMTS、WFS 和 WCS 等。本小节以 WFS 和 WMTS 为例，介绍如何在 QGIS 中使用 OGC 标准服务。

1. WFS

在 QGIS 中使用 WFS 的方法如下。

（1）在菜单栏中选择"Layer"—"Add Layer"—"Add WFS Layer…"命令，弹出数据库管理器对话框，如图 12-6 所示。单击"New"按钮弹出"Create a New WFS Connection"对话框，添加服务器连接，如图 12-7 所示。该步骤也可以通过在"Browser"面板的"WFS"节点的右键菜单中选择"New Connection…"命令进行操作。

（2）在"Create a New WFS Connection"对话框中，在"Name"选项中输入连接名称"sampleWFS"；在"URL"选项中输入连接网址，可以通过以下网址进行测试：

```
https://nsidc.org/cgi-bin/atlas_south?version=1.1.0
```

"Version"选项中包括"1.0"、"1.2"和"2.0"三种 WFS 版本。由于 WFS 版本是向上兼容的，因此一般情况下选择最大值"Maximum"即可，单击"OK"按钮完成创建。

347

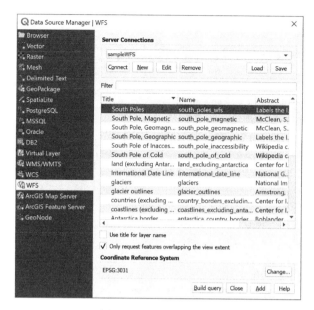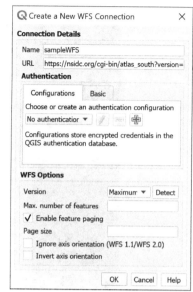

图 12-6　数据库管理器　　　　　　　　图 12-7　添加服务器连接

（3）在数据库管理器对话框中，选择"sampleWFS"连接，单击"Connect"按钮即可获取该地址下所有的 WFS。选中需要加载的图层后单击"Add"按钮即可将 WFS 图层添加到 QGIS 地图画布中。另外，新建服务器连接后，在"Browser"面板中，通过拖曳的方式可以添加 WFS 图层，如图 12-8 所示。

图 12-8　"Browser"面板

由于 WFS 可以将完整的矢量数据传输到客户端，因此 WFS 图层可以与存储在本地或数据库中的矢量图层一样进行查询、过滤等一般操作。

2. WMTS

WMTS 以切片的形式提供地图数据服务。

　　在 QGIS 中使用 WMTS 的方法与使用 WFS 类似，本小节以 ESRI 提供的美国人口
分布地图数据为例添加 WMTS。WMTS 的地址如下：

```
https://services.arcgisonline.com/arcgis/rest/services/Demographics/USA_
Population_Density/MapServer/WMTS/
```

　　（1）在菜单栏中选择"Layer"—"Add Layer"—"🌐 Add WMS/WMTS Layer…"
命令（快捷键：Ctrl+Shift+W），打开数据源管理器。

　　（2）在"Layers"选项卡中单击"New"按钮创建连接，在"Name"选项中输入连接
名称"USA_POP"；在"URL"选项中选择 URL 地址，单击"OK"按钮确认，如图 12-9
所示。

　　（3）回到数据源管理器，单击"Layer"选项卡中的"Connect"按钮。当 QGIS 请
求到 WMTS 的图层列表后，自动跳转到"Tilesets"选项卡，选择需要的数据，单击"Add"
按钮即可将数据添加到 QGIS 地图视图中，如图 12-10 所示。

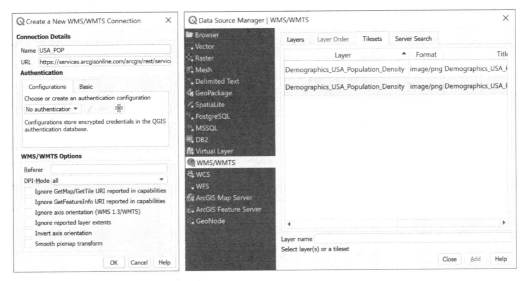

图 12-9　连接 WMTS　　　　　　　　　　　　　图 12-10　访问 WMTS

　　WMTS 通过切片提供数据服务，因此 WMTS 具有数据响应快的优势，但是由于其
不包含数据的属性信息，因此一旦用户有查询、筛选、渲染等方面的需求，需要进一步
请求服务器，这会提高应用的复杂度。因此，服务提供者和终端用户要针对需求选择合
适的服务类型，这样才可以高效地完成工作。

　　【小提示】QGIS 还针对 ESRI 发布的 ArcGISMapServer 和 ArcGISFeatureServer
提供了访问接口，用户可以从 QGIS 菜单栏"Layer"—"Add Layer"下的"🌐 Add
ArcGIS MapServer Layer…"和"🌐 Add ArcGIS FeatureServer Layer…"命令进入数
据源管理器的"ArcGIS Map Server"和"ArcGIS Feature Server"选项卡。

12.3.2 互联网底图服务

许多互联网服务商提供多种多样的底图服务，以便于支撑其应用业务。例如，高德地图、百度地图提供的交通底图服务；ArcGIS Online、Supermap 提供的专业化底图服务；还有一些开源的底图服务，如 OpenStreetMap。这些底图服务有的也提供了符合 WMTS 标准的服务，但是有些服务并不符合标准，可以通过 XYZ Tile Server 功能将这些底图添加到 QGIS 中。XYZ Tile Server 通过一个 URL 地址传递三个参数（Z：缩放等级；X：行号；Y：列号）来请求切片数据，服务器通过这三个参数返回切片图片。因此，只需要为 QGIS 提供一个 URL 模板，并且这三个参数分别用{x}、{y}、{z}符号表示即可。例如，Google 地图底图的 URL 模板格式为：

```
https://mt1.google.cn/vt/lyrs=m&x={x}&y={y}&z={z}
```

通过 XYZ Tile Server 添加互联网底图服务的操作方法如下。

（1）在"Browser"面板中的"XYZ Tiles"节点上右击，在弹出的快捷菜单中选择"New Connection..."菜单即可打开"XYZ Connection"对话框，如图 12-11 所示。

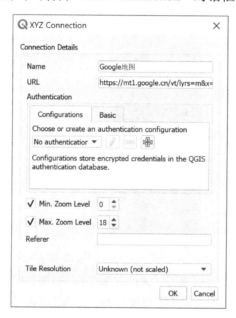

图 12-11　"XYZ Connection"对话框

（2）在"Name"选项中输入连接名称；在"URL"选项中输入 XYZ 连接模板网址，单击"OK"按钮即可。

类似的，还可以通过以下网址添加 OpenStreetMap、高德地图等底图服务。

OpenStreetMap 的底图服务地址为：

```
https://tile.openstreetmap.org/{z}/{x}/{y}.png
```

高德地图的底图服务 URL 地址模板为：

```
http://wprd02.is.autonavi.com/appmaptile?x={x}&y={y}&z={z}&lang=zh_cn&size=1&scl=2&style=6
```

【小提示】通过 QGIS 的 QuickMapServices 插件可以轻松地使用多种类型的底图服务，读者可以自行尝试。

值得注意的是，无论是 WMTS、XYZ Tile Server，还是采用插件的方式添加进来的底图，都不适合直接出图打印。因为屏幕浏览和打印合成的 DPI 和尺寸的设置不同，往往打印出来的地图和 QGIS 地图视图中采用的切片层级（Z 值）不同，从而导致底图的渲染效果、字号与出图的分辨率不匹配。

如果希望将互联网底图作为打印图件的一部分，建议读者采用其他第三方软件下载并拼接切片，再将其加到 QGIS 地图画布中，以达到更佳的出图效果。

表达式函数

在表达式编辑对话框中，函数选择器包括聚合统计（Aggregates）、数组（Arrays）、颜色（Color）、条件（Conditionals）、转换（Conversions）、自定义（Custom）、日期和时间（Date and Time）、字段和值（Fields and Values）、文件和路径（Files and Paths）、模糊匹配（Fuzzy Matching）、通用（General）、几何图形（Geometry）、布局（Layout）、地图图层（Map Layers）、地图（Maps）、数学（Math）、操作符（Operators）、处理（Processing）、栅格（Rasters）、记录和属性（Record and Attributes）、字符串（String）、变量（Variables）、最近使用的表达式（Recent (generic)）等节点。本附录介绍上述节点包含的函数、操作符、图层对象、字段（值）对象、变量等及其具体功能。

1. 聚合统计节点

聚合统计节点包括用于计算矢量图层字段或表达式的聚合统计特征等多种算法，如附表 1 所示。聚合统计特征包括反映数据集中程度的特征，如平均值、中位数、众数等；也包括反映数据离散程度的特征，如标准差等。

附表 1　聚合统计节点包含的函数及其功能

函　　数	函　数　说　明
aggregate	返回矢量图层某字段或表达式的聚合统计特征
array_agg	返回矢量图层某字段或表达式的聚合统计特征数组
collect	通过表达式组合多部件几何图形（Multi-part geometry）
concatenate	将矢量图层某字段或表达式的所有值组合为字符串（通过分隔符分隔）
concatenate_unique	将矢量图层某字段或表达式的所有唯一值组合为字符串（通过分隔符分隔）
count	返回某表达式匹配的要素数量
count_distinct	返回矢量图层某字段或表达式匹配的唯一值的数量
count_missing	返回矢量图层某字段或表达式匹配的空值的数量

函　　数	函　数　说　明
iqr	返回矢量图层某字段或表达式的四分位数间距
majority	返回矢量图层某字段或表达式的众数（出现次数最多的数据）
max_length	返回矢量图层某字段或表达式的最大字符串长度
maximum	返回矢量图层某字段或表达式的最大值
mean	返回矢量图层某字段或表达式的平均值
median	返回矢量图层某字段或表达式的中位数
min_length	返回矢量图层某字段或表达式的最小字符串长度
minimum	返回矢量图层某字段或表达式的最小值
minority	返回矢量图层某字段或表达式的寡数（出现次数最少的数）
q1	返回矢量图层某字段或表达式的第一四分位数
q3	返回矢量图层某字段或表达式的第三四分位数
range	返回矢量图层某字段或表达式的值域
relation_aggregate	返回通过图层关系（Relations）匹配子要素的聚合统计特征
stdev	返回矢量图层某字段或表达式的标准差
sum	返回矢量图层某字段或表达式的数值总和

2. 数组节点

数组节点包括处理数组（如合并、筛选、切割、遍历等）的各类函数，如附表 2 所示。数组由多个元素（Element）构成，不包含任何元素的数组称为空数组。在 QGIS 表达式中，数组中的元素可以为数值，也可以为字符串，甚至可以为地图、图层等对象，并且一个数组中可以包含多种不同类型的元素。在表达式的输出结果中，数组用中括号表示，每个元素之间用逗号隔开。

附表 2　数组节点包含的函数及其功能

函　　数	函　数　说　明
array	通过传递参数的方式新建数组
array_all	判断一个数组是否包含另外一个数组的所有元素
array_append	在数组末尾追加一个元素并返回新数组
array_cat	将多个数组合并为一个数组
array_contains	判断数组中是否包括某元素
array_distinct	返回一个数组的唯一值数组
array_filter	通过表达式筛选数组
array_find	查找数组元素，并返回其索引号（下标）。如果没有找到元素则返回-1
array_first	返回数组的第一个元素
array_foreach	通过表达式遍历数组，并返回新的数组
array_get	根据索引号（下标）获取数组元素
array_insert	在数组的特定位置插入一个元素，并返回新的数组
array_intersect	判断两个数组是否存在相同的元素，即相交关系
array_last	返回数组的最后一个元素

函　　数	函 数 说 明
array_length	返回数组的长度
array_prepend	在数组开头插入一个元素，并返回新数组
array_remove_all	删除数组中所有为特定值的元素，并返回新的数组
array_remove_at	根据索引号（下标）删除数组中的某个元素
array_reverse	反转元素顺序，并返回新的数组
array_slice	根据两个索引号（下标）切割数组
array_sort	对数组的元素进行排序
array_to_string	通过指定的分隔符将数组转为字符串
generate_series	创建一个等差数列数组
regexp_matches	利用正则表达式匹配数组中的元素，并将匹配成功的元素组合为新的数组
string_to_array	通过指定的分隔符将字符串转为数组

3. 颜色节点

颜色节点包括生成、处理颜色字符串或梯度渐变配色方案的各类函数，如附表 3 所示。

附表 3　颜色节点包含的函数及其功能

函　　数	函 数 说 明
color_cmyk	通过 CMYK（青、品红、黄、黑）的方式创建一个颜色字符串
color_cmyka	通过 CMYKA（青、品红、黄、黑、透明度）的方式创建一个颜色字符串
color_grayscale_average	返回一个颜色字符串对应的灰度颜色字符串，即灰度化处理
color_hsl	通过 HSL（色相、饱和度、亮度）的方式创建一个颜色字符串
color_hsla	通过 HSLA（色相、饱和度、亮度、透明度）的方式创建一个颜色字符串
color_hsv	通过 HSV（色相、饱和度、明度）的方式创建一个颜色字符串
color_hsva	通过 HSVA（色相、饱和度、明度、透明度）的方式创建一个颜色字符串
color_mix_rgb	将两个 RGB 颜色字符串融合为一个新的颜色字符串，即颜色叠加处理
color_part	返回一个颜色字符串的组分，如红色组分、绿色组分等
color_rgb	通过 RGB（红、绿、蓝）的方式创建一个颜色字符串
color_rgba	通过 RGBA（红、绿、蓝、透明度）的方式创建一个颜色字符串
create_ramp	通过一组颜色及其位置创建一个梯度渐变配色方案（Gradient ramp）
darker	将一个颜色字符串变深
lighter	将一个颜色字符串变浅
project_color	通过颜色名称返回预定义的颜色字符串
ramp_color	返回梯度渐变配色方案某个位置的颜色字符串
set_color_part	改变一个颜色字符串的组分，如红色组分、绿色组分等

4. 条件节点

条件节点包括 CASE、if 等条件判断语句与函数，如附表 4 所示。

附表 4　条件节点包含的函数及其功能

函　　　数	函　数　说　明
CASE	创建一个 CASE 语句
coalesce	返回多个表达式中的第一个非空值
if	创建一个 if 语句
regexp_match	利用正则表达式匹配子字符串，并返回第一个匹配位置（如果未匹配到子字符串，则返回 0）
nullif(a,b)	判断对象 a 与对象 b 是否相同，如果相同则返回空值，如果不相同则返回对象 a
try	创建一个 try 语句

5. 转换节点

转换节点包括的函数如附表 5 所示，可用于字符串与数值之间，与日期、日期时间、时间对象之间进行转换，也可用于地理坐标在小数与度、分、秒之间的转换。

附表 5　转换节点包含的函数及其功能

函　　　数	函　数　说　明
to_date	将字符串转为日期（date）对象
to_datetime	将字符串转为日期时间（datetime）对象
to_dm	将地理坐标转为度、分
to_dms	将地理坐标转为度、分、秒
to_int	将字符串转为整型数值
to_interval	提取日期（或日期时间、时间字符串）的一部分，例如，从日期中提取年、月、日等
to_real	将字符串转为浮点型数值
to_string	将数值转为字符串
to_time	将字符串转为时间（time）对象

6. 自定义节点

自定义节点包括用户自定义的函数。

7. 日期和时间节点

日期和时间节点包括日期、日期时间、时间、时间间隔等对象的相关函数，如附表 6 所示。

附表 6　日期和时间节点包含的函数及其功能

函　　　数	函　数　说　明
age	返回两个日期或日期时间的时间间隔
day	返回日期、日期时间对象的当月天数，或者返回时间间隔对象的间隔天数
day_of_week	返回日期、日期时间对象的星期数
epoch	返回日期、日期时间对象的 UNIX 时间戳（以毫秒为单位）
hour	返回日期、日期时间对象的小时数，或者返回时间间隔对象的间隔小时数
minute	返回日期、日期时间对象的分钟数，或者返回时间间隔对象的间隔分钟数

函　数	函　数　说　明
month	返回日期、日期时间对象的月份，或者返回时间间隔对象的间隔月数
now	返回当前时间的日期时间对象
second	返回日期、日期时间对象的秒数，或者返回时间间隔对象的间隔秒数
week	返回日期、日期时间对象的当年的星期序数，或者返回时间间隔对象的间隔星期序数
year	返回日期、日期时间对象的年份或时间间隔的年数

8. 字段和值节点

字段和值节点包括矢量数据各字段和 NULL 值，用于插入表达式中。

9. 文件和路径节点

文件和路径节点包括的函数如附表 7 所示，用于文件和目录的基本操作。

附表 7　文件和路径节点包含的函数及其功能

函　数	函　数　说　明
base_file_name	通过全路径返回文件名（不包含后缀名）
file_exists	判断文件是否存在
file_name	通过文件路径返回文件名
file_path	通过文件路径返回所在目录
file_size	返回文件大小（单位：bytes）
file_suffix	通过文件路径返回后缀名
is_directory	判断全路径是否为目录
is_file	判断全路径是否为文件

10. 模糊匹配节点

模糊匹配节点包括的函数如附表 8 所示，可以比较字符串及其发音的相似程度，用于模糊匹配字符串。

附表 8　模糊匹配节点包含的函数及其功能

函　数	函　数　说　明
hamming_distance	返回两个等长字符串的汉明（Hamming）距离。汉明距离越小，字符串越相似
levenshteim	返回两个字符串的 Levenshtein 距离。Levenshtein 距离越小，两个字符串越相似
longest_common_substring	返回两个字符串的最长公共子字符串
soundex	返回一个字符串的 Soundex 编码。相似发音的字符串的 Soundex 编码可能相同。该函数用于匹配语音相似的字符串

11. 通用节点

通用节点包括的函数如附表 9 所示。

附表 9　通用节点包含的函数及其功能

函　　数	函　数　说　明
env	获取 QGIS 环境变量（如果找不到指定变量，则范围为 NULL）
eval	执行字符串形式的表达式，可以通过上下文变量和字段来传递动态参数
is_layer_visible	判断图层是否可见
layer_property	返回图层的属性或元数据，如图层名称、CRS、要素类型、要素数量等
var	返回一个变量的值
with_variable	创建一个临时变量，并执行表达式（在表达式中可以使用这个临时变量）。当表达式中的某个复杂变量出现多次时，使用该函数可以简化表达式

12. 几何图形节点

几何图形节点包括的函数如附表 10 所示。

附表 10　几何图形节点包含的函数及其功能

函　　数	函　数　说　明
$area	返回当前要素的面积
$geometry	返回当前要素的几何对象
$length	返回当前线要素的长度
$perimeter	返回当前面要素的周长
$x	返回当前点要素的 X 坐标
$x_at(n)	返回当前要素第 n 个节点的 X 坐标
$y	返回当前点要素的 Y 坐标
$y_at(n)	返回当前要素第 n 个节点的 Y 坐标
angle_at_vertex	返回线要素某节点处两线段所夹平分线的方向角（以正北为基准的顺时针角度，单位：°）
area	返回面要素的面积
azimuth	返回两个点所连线段的方向角（以正北为基准的顺时针角度，单位：弧度）
boundary	返回几何对象的边界
bounds	返回几何对象的最小外接矩形面对象
bounds_height	返回几何对象的最小外接矩形高度
bounds_width	返回几何对象的最小外接矩形宽度
buffer	创建几何对象的缓冲区几何对象
buffer_by_m	根据线要素节点的 M 值创建缓冲区几何对象
centroid	返回几何对象的几何中心
closest_point	返回一个几何对象距离另一个几何对象最近的节点
collect_geometries	将多个几何对象组合为一个多部件几何对象
combine	组合两个几何对象
contains(a,b)	判断几何对象 A 是否包含几何对象 B
convex_hull	返回几何对象的凸包（Convex Hull）
crosses	判断两个几何对象是否轮廓交叉
difference(a,b)	求几何对象 A 不包含几何对象 B 的部分

函　　数	函　数　说　明
disjoint	判断几何对象是否不相交
distance	求两个几何对象的最小距离
distance_to_vertex	求几何对象的起点距离指定位置的节点的最小距离
end_point	返回几何对象的最后一个节点
extend	延长线对象开始和结尾的线段
exterior_ring	返回面对象的外环的线对象（如果传入非面对象，则返回 NULL）
extrude(geom,x,y)	通过指定的 X 值和 Y 值拉伸线对象，并形成面对象
flip_coordinates	交换几何对象的 X 坐标和 Y 坐标
force_rhr	强制面对象遵守"右手规则（Right-Hand-Rule）"，外环节点顺时针排列，内环节点逆时针排列（如果传入非面对象，则几何对象不改变）
geom_from_gml	利用 GML 创建几何对象
geom_from_wkt	利用 WKT 创建几何对象
geom_to_wkt	返回几何对象的 WKT 字符串
geometry	返回要素的几何对象
geometry_n	返回几何对象集合中的第 n 个对象
hausdorff_distance	返回两个几何对象的 Hausdorff 距离（值越小越相似）
inclination	返回两个点对象（包含 Z 值）之间的倾角（0～180°）
interior_ring_n	返回一个面对象第 n 个内环的几何对象（如果传入非面对象，则返回 NULL）
intersection	返回两个几何对象的交集（相交部分）
intersects	判断两个几何对象是否相交
intersects_bbox	判断两个几何对象的最小外接矩形是否相交
is_closed	判断线对象是否闭合（起点和终点在同一个位置）
length	返回线对象或字符串的长度
line_interpolate_angle	返回沿着一个线对象在特定距离处所在线段的方向角（以正北为基准的顺时针角度，单位：°）
line_interpolate_point	返回沿着一个线对象在特定距离处的点对象
line_locate_point	找到线对象上距离某个点对象最近的点位置，并返回沿线对象到这个点位置的距离
line_substring	沿着线对象，以一个距离作为起点，另一个距离作为终点，切割该线对象
line_merge	合并线对象（集合）中相连的线对象
m	返回点对象的 M 值
make_circle	通过圆心点对象和半径创建一个圆形面对象
make_ellipse	通过圆心、长短半轴和方位角创建一个椭圆形面对象
make_line	通过多个点对象创建线对象
make_point(x,y,z,m)	通过 X 坐标、Y 坐标、Z 值和 M 值创建点对象
make_point_m(x,y,m)	通过 X 坐标、Y 坐标和 M 值创建点对象
make_polygon	通过外环和内环（可选）创建面对象
make_rectangle_3points	通过三个点对象创建三角形面对象
make_regular_polygon	创建正多边形
make_square	通过对角线的两个点对象创建正方形面对象

函　　数	函　数　说　明
make_triangle	通过三个点对象创建三角形线对象
minimal_circle	返回几何对象的最小外接圆
nodes_to_points	提取多节点几何对象的所有节点，并将其组合成一个多点对象
num_geometries	返回几何对象集合的对象数量（如果传入非集合对象，则返回 NULL）
num_interior_rings	返回面对象或几何对象集合的内环数量（如果传入非集合对象且非面对象，则返回 NULL）
num_points	返回几何对象的节点数
num_rings	返回面对象或几何对象集合的环数（包括外环）（如果传入非集合且非面对象，则返回 NULL）
offset_curve	通过指定的距离沿 X 轴方向扩缩线、面要素
order_parts	通过指定的法则对多部件几何对象的部件进行排序
oriented_bbox	返回几何对象的可旋转最小外接矩形
overlaps	判断几何对象是否重叠
perimeter	返回面对象的周长
point_n	返回几何对象的第 n 个节点
point_on_surface	返回几何对象表面的一个点
pole_of_inaccessibility	返回面对象的近似不可达极点，即距离面对象边界最远的内部点
project	通过距离和方位角在坐标系中投影一个点对象
relate	返回两个几何对象在 DE-9IM 拓扑模型下的关系
reverse	反转线要素节点的顺序，从而改变线要素的方向
segments_to_lines	拆分线对象的线段，并生成一个多线对象
shortest_line	返回两个几何对象的最短连接线段
simplify	通过距离阈值删除节点的方式简化线、面对象
simplify_vw	通过面积阈值删除节点的方式简化线、面对象
single_sided_buffer	对线对象的一侧生成缓冲区
smooth	平滑几何对象
start_point	返回几何对象的起点（第一个节点）
sym_difference	返回两个几何对象的差集部分
tapered_buffer	沿着线对象创建锥形缓冲区
touches	判断两个几何对象是否相接
transform	转换几何对象的坐标系
translate	通过 X 和 Y 的偏移量移动几何对象
union	合并两个几何对象，例如，将两个点对象组合为多点对象
wedge_buffer	通过方位角、角度、内外半径参数创建点对象的楔形缓冲区
within (a,b)	判断集合对象 A 是否被集合对象 B 包含
x	返回点对象的 X 坐标或非点对象的几何中心 X 坐标
x_min	返回几何对象的最小 X 坐标
x_max	返回几何对象的最大 X 坐标
y	返回点对象的 Y 坐标或非点对象的几何中心 Y 坐标

续表

函　　数	函 数 说 明
y_min	返回几何对象的最小 Y 坐标
y_max	返回几何对象的最大 Y 坐标
z	返回点对象的 Z 值

13. 布局节点

布局节点包含"item_variables"函数，详见附表 11。

附表 11　布局节点包含的函数及其功能

函　　数	函 数 说 明
item_variables	在当前打印布局中，通过物件 ID 返回该物件的变量键值对

14. 地图图层节点

地图图层节点包含当前图层列表中所有的图层对象及"decode_uri"函数，功能详见附表 12。

附表 12　地图图层节点包含的函数及其功能

函　　数	函 数 说 明
decode_uri	通过图层的 URI 解码并获取图层 ID、图层名称、图层数据源等信息

15. 地图节点

地图节点包含的函数如附表 13 所示，主要为对地图对象的各种操作方法。

附表 13　地图节点包含的函数

函　　数	函 数 说 明
from_json	通过 json 字符串创建地图、数组等对象
hstore_to_map	通过 hstore 键值对创建地图对象
json_to_map	通过 json 字符串创建地图对象
map	通过参数键值对的方式创建地图对象
map_akeys	以数组的方式返回地图中所有的键
map_avals	以数组的方式返回地图中所有的值
map_concat	合并两个地图对象。如果两个地图对象具有相同的键，则以第二个传入的地图对象键值对为准
map_delete	删除地图对象中的某个键值对
map_exist	判断地图对象是否存在某个键
map_get	获取地图对象中某个键的值
map_insert	增加地图对象中的键值对
map_to_hstore	将地图对象转为 hstore 键值对
map_to_json	将地图对象转为 json 字符串
to_json	将地图、数组等对象转为 json 字符串

16. 数学节点

数学节点包含三角函数、指数、对数、取整、最值等多种常见的数学函数，如附表 14 所示。

附表 14 数学节点包含的函数及其功能

函 数	函 数 说 明
abs	返回一个数值的绝对值
acos	求反余弦值（弧度）
asin	求反正弦值（弧度）
atan	求反正切值（弧度），返回值的值域为[-Π/2~+Π/2]
atan2(y,x)	求 y/x 的反正切值，返回值的值域为[-Π~+Π]
azimuth(a,b)	返回点对象 A 和点对象 B 所成线段在以正北为基准、顺时针方向的方位角
ceil	向上取整
clamp	将数值限制在一个给定的区间。如果输入数值超过最大值则返回最大值，超过最小值则返回最小值
cos	求余弦值（输入角度，以弧度为单位）
degrees	将弧度转为角度
exp	求指数
floor	向下取整
inclination	返回点对象 A 和点对象 B（包含 Z 值）所成线段的倾角（0~180°）
ln	求自然对数值（以常数 e 为底数的对数）
log	求对数值
log10	求常用对数值（以 10 为底数的对数）
max	求多个数值的最大值
min	求多个数值的最小值
pi	圆周率 π 的值
radians	将角度转为弧度
rand	返回指定数值范围内的随机整数
randf	返回指定数值范围内的随机浮点数
round	四舍五入求整
scale_exp	根据指定的指数关系缩放数值
scale_linear	根据指定的线性关系缩放数值
sin	求正弦值（输入角度，以弧度为单位）
sqrt	求平方根（输入角度，以弧度为单位）
tan	求正切值（输入角度，以弧度为单位）

17. 操作符节点

操作符节点包含数值计算、逻辑判断等各类操作符，如附表 15 所示。

附表 15　操作符节点包含的操作符及其功能

操　作　符	操作符说明
a + b	求 a 和 b 的数值和
a - b	求 a 和 b 的数值差
a * b	求 a 乘以 b 的值
a / b	求 a 除以 b 的值
a % b	取 a 除以 b 的余数
a ^ b	求 a 的 b 次幂
a < b	判断 a 是否小于 b
a <= b	判断 a 是否不大于 b
a <> b	判断 a 是否不等于 b
a = b	判断 a 是否等于 b
a != b	判断 a 是否不等于 b（与"a <> b"操作符作用相同）
a > b	判断 a 是否大于 b
a >= b	判断 a 是否不小于 b
a ~ b	a 匹配正则表达式 b
||	连接字符串（如果其中一个字符串为 NULL，则返回 NULL）
'\n'	换行符（UNIX 系统中的回车键）
LIKE	模式匹配
ILIKE	模式匹配（大小写敏感）
a IS b	判断两值是否相同
a OR b	逻辑或
a AND b	逻辑与
NOT	逻辑非
"column name"	双引号内包含的字段名称用于获取字段值
'string'	单引号及其内部的字符用于生成常量字符串
NULL	空值
a IS NULL	判断 a 是否为空
a IS NOT NULL	判断 a 是否为非空
a IN (value[,value])	判断某数值列表是否包含 a（小括号表示数值列表，中括号表示下标），例如，表达式"array(1,2,3)[0]"返回数值 1
a NOT IN (value[,value])	判断某数值列表是否不包含 a

18. 处理节点

处理节点包含的函数如附表 16 所示，具有操作处理算法等功能。

附表 16　处理节点包含的函数及其功能

函　　数	函　数　说　明
parameter	返回处理算法输入参数的值

19. 栅格节点

栅格节点包含的函数如附表 17 所示，用于获取栅格统计信息及某位置的像元值。

附表 17 栅格节点包含的函数及其功能

函 数	函 数 说 明
raster_statistic	返回栅格数据的统计信息
raster_value	根据点对象和波段号获取栅格像元值

20. 记录和属性节点

记录和属性节点包含的函数如附表 18 所示。

附表 18 记录和属性节点包含的函数及其功能

函 数	函 数 说 明
$currentfeature	当前要素
$id	当前要素的 ID。"$id"与"@row_number"不同，后者用于获取记录行号
attribute	根据属性名称（字段）返回要素的某个属性值（字段值）
attributes	返回要素属性键值对
get_feature	根据属性值返回第一个匹配的要素
get_feature_by_id	根据要素 ID 获取并返回要素
is_selected	判断要素是否被选中
num_selected	返回图层中被选择要素的数量
represent_value	返回一个字段值的格式化值
sql_fetch_and_increment	管理 SQLite 数据库中的自增字段值
uuid	创建一个 UUID 字符串

21. 字符串节点

字符串节点包含的函数如附表 19 所示。

附表 19 字符串节点包含的函数及其功能

函 数	函 数 说 明
char	通过 Unicode 码创建一个字符
concat	连接多个字符串
format	格式化字符串
format_date	格式化日期、时间、日期时间、包含有时间信息的字符串等对象
format_number	格式化数字，增加千位分隔符并保留小数位数
left(string, n)	从起始位置开始到第 n 个字符，切割字符串
length	返回字符串或线对象的长度
lower	将字符串中所有的字符转为小写
lpad	根据指定的填充字符，从字符串左侧将字符串填充到指定的宽度
regexp_match	利用正则表达式匹配子字符串，并返回第一个匹配位置（如未匹配到子字符串，则返回 0）
regexp_replace	利用正则表达式替换字符串

续表

函　　数	函 数 说 明
regexp_substr	利用正则表达式匹配子字符串，并返回第一个匹配的子字符串
replace	替换字符串中的一部分
right(string, n)	从末尾倒数到右侧第 n 个字符，切割字符串
rpad	根据指定的填充字符，从字符串右侧将字符串填充到指定的宽度
strpos	返回一个字符串在另一个字符串中的第一个匹配位置（如果未匹配到子字符串，则返回 0）
substr	切割字符串
title	将英文字符串的大小写转换为标题形式
trim	移除字符串两侧的空白字符（空格符、制表符等）
upper	将字符串中所有的字符转为大写
wordwrap	根据指定的字符数将字符串自动换行

22. 变量节点

变量节点包含当前可用的变量，如附表 20 所示。在表达式中使用变量时，需要在变量名前加 "@" 符号。

附表 20　变量节点包含的变量及其功能

变　　量	变 量 说 明
algorithm_id	返回算法的标识符 ID
atlas_feature	返回当前地图集要素
atlas_featureid	返回当前地图集 ID
atlas_featurenumber	返回当前地图集要素数量
atlas_filename	返回当前地图集名称
atlas_geometry	返回当前地图集要素几何对象
atlas_layerid	返回当前地图集分幅图框图层 ID
atlas_layername	返回当前地图集分幅图框图层名称
atlas_pagename	返回当前地图集页面名称
atlas_totalfeatures	返回当前地图集要素总量
canvas_cursor_point	返回地图画布上的最后一个光标位置的点对象（在 QGIS 项目的坐标系下）
cluster_color	返回点聚合的符号颜色（如果符号具有混合颜色，则返回 NULL）
cluster_size	返回点聚合的符号数
current_feature	返回属性表中正在编辑的要素
current_geometry	返回属性表中正在编辑的要素的几何对象
fullextent_maxx	整个画布四至范围（包括所有图层）的最大 x 值
fullextent_maxy	整个画布四至范围（包括所有图层）的最大 y 值
fullextent_minx	整个画布四至范围（包括所有图层）的最小 x 值
fullextent_miny	整个画布四至范围（包括所有图层）的最小 y 值
geometry_part_count	返回已渲染要素几何对象的部件数量
geometry_part_num	返回当前渲染要素几何对象的部件号
geometry_point_count	返回已渲染要素几何对象的点数量

变　　量	变 量 说 明
geometry_point_num	返回已渲染要素几何对象的点号
grid_axis	返回当前网格对象
grid_number	返回当前网格值
item_id	返回布局物件的 ID
item_uuid	返回布局物件的 UUID
layer	返回当前图层
layer_id	返回当前图层 ID
layer_name	返回当前图层名称
layout_dpi	返回布局的分辨率（DPI）
layout_name	返回布局名称
layout_numpages	返回布局页面数量
layout_page	返回布局部件所在的页面号
layout_pageheight	返回当前页面的高度
layout_pagewidth	返回当前页面的宽度
legend_column_count	返回图例的列数
legend_filter_by_map	返回图例内容是否被地图过滤
legend_filter_out_atlas	返回地图集是否已从图例中滤除
legend_split_layers	返回是否可以在图例中拆分图层图例内容
legend_title	返回图例标题
legend_wrap_string	返回包裹图例文本的字符（串）
map_crs	返回当前地图的 CRS
map_crs_acronym	返回当前地图的 CRS 的首字母缩写
map_crs_definition	返回当前地图的 CRS 的完整定义
map_crs_description	返回当前地图的 CRS 的名称
map_crs_ellipsoid	返回当前地图的 CRS 的椭球体的首字母缩写
map_crs_proj4	返回当前地图的 CRS 的 Proj4 定义
map_crs_wkt	返回当前地图的 CRS 的 WKT 定义
map_extent	返回当前地图画布四至范围几何对象
map_extent_center	返回当前地图画布中心点对象
map_extent_height	返回当前地图画布高度
map_extent_width	返回当前地图画布宽度
map_id	返回当前地图 ID（在地图画布渲染情况下返回 "canvas"，在布局中返回布局物件的 ID）
map_layer_ids	返回地图中可见图层的 ID 列表
map_layers	返回地图中可见图层的列表
map_rotation	返回地图的旋转角度
map_scale	返回地图的分辨率
map_units	返回地图的单位
notification_message	发布 QGIS 通知消息

变　　量	变量说明
parent	获取要素的父要素（通过关联关系）
project_abstract	返回 QGIS 项目摘要
project_area_units	返回 QGIS 项目的面积单位
project_author	返回 QGIS 项目的作者
project_basename	返回 QGIS 项目的文件名（不包括后缀名）
project_creation_date	返回 QGIS 项目的创建时间
project_crs	返回 QGIS 项目的 CRS
project_crs_definition	返回 QGIS 项目的 CRS 完整定义
project_distance_units	返回 QGIS 项目的距离单位
project_ellipsoid	返回 QGIS 项目的椭球体的名称
project_filename	返回 QGIS 项目的文件名
project_folder	返回 QGIS 项目文件所在的目录
project_home	返回 QGIS 项目的家（Home）目录
project_identifier	返回 QGIS 项目 ID
project_keywords	返回 QGIS 项目的关键词
project_path	返回 QGIS 项目的全路径（包括所在目录和文件名）
project_title	返回 QGIS 项目的标题
qgis_locale	返回当前语言
qgis_os_name	返回当前操作系统名称
qgis_platform	返回 QGIS 平台
qgis_release_name	返回 QGIS 发行版名称
qgis_short_version	返回 QGIS 短版本号
qgis_version	返回 QGIS 版本号
qgis_version_no	返回 QGIS 版本号数字
snapping_results	可以在数字化功能时访问捕捉结果（仅在添加功能中可用）
scale_value	返回当前比例尺距离值
symbol_angle	返回用于要素渲染符号角度（仅对标记符号有效）
symbol_color	返回用于要素渲染符号颜色
user_account_name	返回当前操作系统的账户名
user_full_name	返回当前操作系统的用户名
row_number	返回当前要素（记录）的行号
value	返回当前值
with_variable	创建一个临时变量，并执行行表达式（表达式中可以使用这个临时变量）。当表达式中的某个复杂变量出现多次时，使用该函数可以简化表达式

23. 最近使用的表达式节点

最近使用的表达式节点包括最近使用的表达式。

反侵权盗版声明

电子工业出版社依法对本作品享有专有出版权。任何未经权利人书面许可，复制、销售或通过信息网络传播本作品的行为；歪曲、篡改、剽窃本作品的行为，均违反《中华人民共和国著作权法》，其行为人应承担相应的民事责任和行政责任，构成犯罪的，将被依法追究刑事责任。

为了维护市场秩序，保护权利人的合法权益，我社将依法查处和打击侵权盗版的单位和个人。欢迎社会各界人士积极举报侵权盗版行为，本社将奖励举报有功人员，并保证举报人的信息不被泄露。

举报电话：（010）88254396；（010）88258888

传　　真：（010）88254397

E-mail：dbqq@phei.com.cn

通信地址：北京市万寿路 173 信箱

　　　　　电子工业出版社总编办公室

邮　　编：100036